高等学校智能建筑技术教材

Jianzhu Xiaofang yu Anfang

建筑消防与安防

（第二版）

孙 萍 姚小春 主 编
魏立明 袁 红 副主编

U0299500

人民交通出版社股份有限公司
China Communications Press Co.,Ltd.

内 容 提 要

本书依据《火灾自动报警系统设计规范》(GB 50116—2013)及《安全防范工程技术规范》(GB 50348—2004)等规范,对第一版的内容作了全面的修订。详细地介绍了消防及安防各子系统的组成、功能、工作原理及其工程设计内容及设计方法等。

本书理论联系实际,具有先进、系统、实用的特点,每章均有小结、复习思考题。

本书可作为高等院校建筑电气与智能化、电气工程及其自动化、自动化等专业的教材用书,也可作为从事建筑电气工程设计、施工及管理人员的参考用书。

图书在版编目(CIP)数据

建筑消防与安防 / 孙萍, 姚小春主编. —2 版. —北京 : 人民交通出版社股份有限公司, 2018.6

ISBN 978-7-114-14408-0

Ⅰ. ①建… Ⅱ. ①孙… ②姚… Ⅲ. ①建筑物—消防—安全管理 Ⅳ. ①TU998.1

中国版本图书馆 CIP 数据核字(2018)第 050103 号

书　　名:建筑消防与安防(第二版)
著 作 者:孙　萍　姚小春
责任编辑:刘永芬　周　凯　朱明周
责任校对:张　贺
责任印制:张　凯
出版发行:人民交通出版社股份有限公司
地　　址:(100011)北京市朝阳区安定门外外馆斜街 3 号
网　　址:http://www.ccpress.com.cn
销售电话:(010)59757973
总 经 销:人民交通出版社股份有限公司发行部
经　　销:各地新华书店
印　　刷:北京鑫正大印刷有限公司
开　　本:787×1092　1/16
插　　页:11
印　　张:16.75
字　　数:382 千
版　　次:2007 年 2 月　第 1 版
2018 年 7 月　第 2 版
印　　次:2018 年 7 月　第 2 版　第 1 次印刷　累计第 6 次印刷
书　　号:ISBN 978-7-114-14408-0
定　　价:52.00 元

前　言

随着我国建筑业的蓬勃发展，高层建筑及建筑群体越来越多，建筑弱电系统在建筑电气工程中占有举足轻重的地位，电子技术、网络技术、自动化控制技术、通信技术、传感器技术等一系列先进技术的引入，为建筑电气工程的发展提供了广阔的天地。建筑使用功能现代化的需求和相关技术的进步共同促进了建筑弱电技术的高速发展。本书侧重电气消防及安全防范系统两部分。

全书分为两篇，第一篇消防控制系统，分7章，详细讲述了火灾自动报警系统的组成、分类及各子系统的主要消防设备选择及设置等内容，并结合工程实例介绍火灾自动报警系统平面图及系统图的设计内容和设计方法；第二篇安全防范系统，分8章，详细讲述了视频安防监控系统、入侵报警系统、出入口管理系统、访客对讲系统、电子巡查系统、停车库(场)自动管理系统的组成、分类及各子系统的主要设备选择及设置等内容，并结合工程实例介绍安全防范各系统平面图及系统图的设计内容和设计方法。

本书由吉林建筑大学孙萍、姚小春担任主编，魏立明、袁红担任副主编。第一、二章由魏立明编写，第三、四章由长春建筑学院李可编写，第五、八、九、十、十一章由孙萍编写，第十二、十三、十四章由长春建筑学院张旭、张欣编写，第七、十五章由姚小春、袁红编写。全书由孙萍教授统稿。

本书在编写过程中，海湾安全技术有限公司提供了有关资料，在此表示衷心的感谢。本书在编写过程中参考了许多相关资料，主要参考文献列于书末，谨向作者及资料的提供者致以衷心谢意。

本书配有电子课件，可免费提供给选用本书的授课老师。本书第七、十五章部分插图见所附图册。

编者虽然努力，但由于水平有限，书中难免存在不妥和错误之处，敬请广大读者和同行批评指正。

编　者

2017年7月

目　　录

第一篇　消防控制系统

第二篇 安全防范系统

第一篇

消防控制系统

第一章 概 述

智能建筑的出现,使建筑尤其是高层建筑电气技术成为一门综合性的应用技术。火灾自动报警与控制是智能楼宇自动化系统的一个重要组成部分,它的工作可靠性、技术先进性是控制火灾蔓延、及时有效扑灭、减少灾害的关键。

火灾是发生频率较高的一种灾害,它不仅在顷刻间可以烧掉大量的财富,甚至可以危及人们的生命。尤其是近几年来高层建筑大量增加,一旦发生火灾,灭火的难度更大。疏散人员、抢救物资、通信联络等都更加复杂。地下商场等地下建筑物,对消防工作有特殊的要求。对此我们应有足够的认识。

消防是防火和灭火的总称。防,可以减少火灾的发生;消,可以减少损失和伤亡。两者相辅相成,融为一体。

有效监测建筑火灾、控制火灾、迅速扑灭火灾,保障人民生命与财产安全,是建筑消防系统的首要任务。建筑消防系统就是为完成上述任务而建立的一套完整、有效的体系,该体系就是在建筑物内部,按国家有关规范规定设置必需的火灾探测报警系统、联动控制系统等消防设施。

第一节 建筑火灾发生、发展的过程

建筑火灾发生、发展过程大致可分为初期增长阶段、充分发展阶段和衰减阶段。图 1-1 为建筑室内火灾温度—时间曲线。

一、初期增长阶段

室内火灾发生后,最初只局限于着火点处的可燃物燃烧。局部燃烧形成后,可能会出现以下 3 种情况:一是以最初着火的可燃物燃尽而终止;二是因通风不足,火灾可能自行熄灭,或受到较弱供养条件的支持,以缓慢的速度维持燃烧;三是有足够的可燃物,且有良好的通风条件,火灾迅速发展至整个房间。

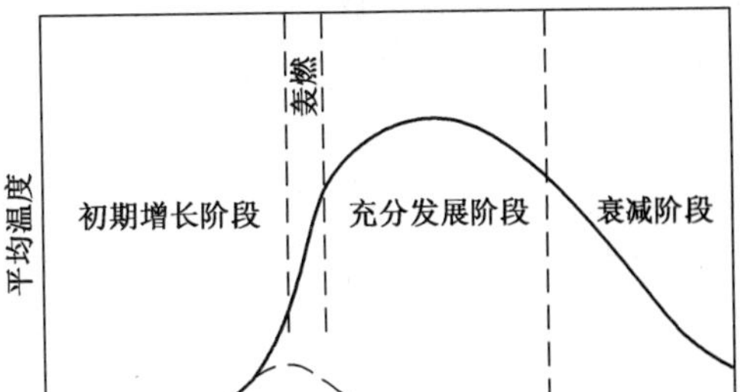

图 1-1 建筑室内火灾温度—时间曲线

这一阶段着火点局部温度较高,燃烧的面积不大,室内各点的温度不平衡。由于可燃物性能、分布和通风、散热等条件的影响,燃烧的发展大多比较缓慢,有可能形成火灾,也有可能中途自行熄灭,燃烧发展不稳定。火灾初期阶段持续时间的长短不定。

二、充分发展阶段

建筑室内燃烧持续一定时间后，燃烧范围不断扩大，温度升高，室内的可燃物在高温的作用下，会释放出可燃气体，当房间内温度达到 400～600℃时，室内绝大部分可燃物起火燃烧，这种在一限定空间内可燃物的表面全部卷入燃烧的瞬变状态，称为轰燃。轰燃的出现是燃烧释放的热量在室内逐渐累积与对外散热共同作用、燃烧速率急剧增大的结果。通常，轰燃的发生标志着室内火灾进入充分发展阶段。

轰燃发生后，室内可燃物出现全面燃烧，可燃物热释放速率很大，室温急剧上升，并出现持续高温，温度可达到 800～1000℃。之后，火焰和高温烟气在火风压的作用下，会从房间的门窗、孔洞等处大量涌出，沿走廊、吊顶迅速向水平方向蔓延扩散。同时，由于烟囱效应的作用，火势会通过竖向管井、共享空间等向上蔓延。

三、衰减阶段

在火灾全面发展阶段的后期，随着室内可燃物数量的减少，火灾燃烧速度减慢，燃烧强度减弱，温度逐渐下降，当降到其最大值的 80% 时，火灾进入熄灭阶段。随后房间内温度下降显著，直到室内外温度达到平衡为止，火灾完全熄灭。

第二节　消防设施在建筑火灾中的作用

一、建筑火灾消防过程

在“以人为本，生命第一”的今天，建筑物内设置消防系统的首要任务就是保障人的生命安全，这是消防系统设计最基本的理念。从这一基本理念出发，需要注意以下几点：尽早发现火灾，及时报警，启动有关消防设施，引导人员疏散；如果火灾发展到需要启动自动灭火设施，就应启动相应的自动灭火设施，扑灭初期火灾；启动防火分隔设施，防止火灾蔓延。自动灭火系统启动后，火灾现场中的人员需要依靠消防救援人员帮助逃生，因为火灾发展到这个阶段时，滞留人员由于毒气、高温等原因有可能已经丧失了自我逃生的能力。图 1-2 列出了与火灾相关的几个消防过程。

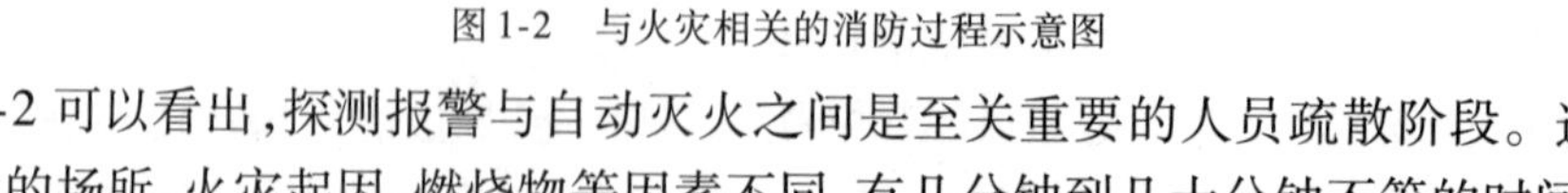

图 1-2　与火灾相关的消防过程示意图

由图 1-2 可以看出，探测报警与自动灭火之间是至关重要的人员疏散阶段。这一阶段根据火灾发生的场所、火灾起因、燃烧物等因素不同，有几分钟到几十分钟不等的时间，可以说这是直接关系到人身安全最重要的阶段。因此，在任何需要保护人身安全的场所，设置火灾自动报警系统均具有不可替代的重要作用。

只有设置了火灾自动报警系统，才会形成科学有效的疏散，也才会有科学有效的应急预案。疏散是指有组织的、按预定方案撤离危险场所的行为，确定的火灾发生部位是疏散预案的起点。没有组织的离开危险场所的行为只能叫逃生，不能称为疏散。而人员疏散之后，只有火灾发展到一定程度，才需要启动自动灭火系统。自动灭火系统的主要功能是扑灭初期火灾，防止火灾扩散和蔓延，不能直接保护人们的生命财产安全，不可能替代火灾自动报警系统的作用。

在保护建筑物及建筑物内的财产方面，火灾自动报警系统也有着不可替代的作用。目前，功能复杂的高层建筑、超高层建筑及大体量建筑比比皆是，其火灾危险性很大，一旦发生火灾会造成重大财产损失。重要场所均应设置火灾预警系统。在火灾发生前，火灾预警系统探测可能引起火灾的征兆，防止火灾发生或在火势很小尚未成灾时就及时报警。电气火灾监控系统和可燃气体探测报警均属火灾预警系统。

二、消防设施在建筑火灾中的作用

消防设施在火灾的不同发展阶段的作用是不同的。建筑火灾从初期增长、充分发展到最终衰减的全过程，是随着时间的推移而变化的。受火灾现场可燃物、通风条件及建筑结构等多种因素的影响，建筑火灾各个阶段的发展以及从一个阶段发展至下一个阶段并不是一个时间函数，即发展过程所需的时间具有很大的不确定性，但是火灾在发展到特定的阶段时会具有一定共性的火灾特征。建筑内设置的消防设施，其功能是针对火灾不同阶段的火灾特征而有所不同，这也是指导火灾探测报警、联动控制设计的基本设计思想。

1. 火灾的早期探测和人员疏散

建筑火灾在初期增长阶段一般首先会释放大量的烟雾，设置在建筑内的感烟火灾探测器在监测到防护区域烟雾变化时作出报警响应，并发出火灾报警，警示建筑内的人员火灾事故的发生；其次启动消防应急广播系统，指导建筑内的人员进行疏散，同时启动应急照明及疏散指示系统、防排烟系统，为人员疏散提供必要的保障条件。

2. 初期火灾的扑救

随着火灾的进一步发展，可燃物从阴燃状态发展为明火燃烧，伴有大量的热辐射，温度的升高会启动设置在建筑中的自动喷水灭火系统；或导致火灾区域设置的感温火灾探测器等动作，火灾自动报警系统按照预设的控制逻辑，启动其他自动灭火系统对火灾进行扑救。

3. 有效阻止火灾的蔓延

在充分发展阶段，火灾开始在建筑中蔓延，这时火灾自动报警系统将根据火灾探测器的动作情况，按照预设的控制逻辑联动控制防火卷帘、防火门及水幕系统等防火分隔系统，以阻止火灾向其他区域蔓延。

综上所述，设计人员应首先根据保护对象的特点，确定建筑的消防安全目标，系统设计的各个环节必须紧紧围绕设定的消防安全目标进行。同时，设计人员应了解火灾不同阶段的火灾特征，清楚建筑各消防系统（设施）的消防功能，并掌握火灾自动报警系统和其他消防系统在火灾时动作的关联关系，以保证在火灾发生时，各建筑消防系统（设施）能按照设计要求协同、有效地动作，从而确保实现设定的消防安全目标。

第三节　民用建筑分类及相关区域的划分

建筑物按其高度和层数，可分为低层建筑、多层建筑、高层建筑和超高层建筑；按其用途，又可分为民用建筑和工业建筑。民用建筑按使用功能，可分为居住建筑和公共建筑两大类。它们在防火要求、措施及防火设计指导思想上都有所区别。本节主要介绍建筑分类及其特点、相关区域划分等内容。

一、建筑分类及其特点

不同的建筑有不同的火灾危险性和保护价值，在消防安全要求、防火技术措施和保护范围等方面应做区别对待。作为设计人员，应首先了解建筑是如何分类的、哪些属于多层建筑、哪些属于高层建筑，这样才能把握不同建筑防火设计宽严的尺度，作出既符合我国国情又达到防火要求的设计方案。不同的建筑应采取不同的保护方式。建筑分类是建筑消防系统设计的主要依据之一。

1. 民用建筑分类

《建筑设计防火规范》(GB 50016—2014)规定：民用建筑根据其建筑高度和层数，可分为单、多层民用建筑和高层民用建筑。

高层建筑定义：建筑高度大于27m的住宅建筑和建筑高度大于24m的非单层厂房、仓库和其他民用建筑定义为高层建筑。高层民用建筑根据其建筑高度、使用功能和楼层的建筑面积可分为一类和二类。民用建筑的分类应符合表1-1的规定。这对于新建、扩建和改建的民用建筑均适用。

民用建筑的分类　　表1-1

名称	高层民用建筑		单、多层民用建筑
	一类	二类	
住宅建筑	建筑高度大于54m的住宅建筑(包括设置商业服务网点的住宅建筑)	建筑高度大于27m，但不大于54m的住宅建筑(包括设置商业服务网点的住宅建筑)	建筑高度不大于27m的住宅建筑(包括设置商业服务网点的住宅建筑)
公共建筑	1. 建筑高度大于50m的公共建筑； 2. 建筑高度24m以上部分任一楼层建筑面积大于1000m^{2}的商店、展览、电信、邮政、财贸金融建筑和其他多种功能组合的建筑； 3. 医疗建筑、重要公共建筑； 4. 省级及以上的广播电视和防灾指挥调度建筑、网局级和省级电力调度建筑； 5. 藏书超过100万册的图书馆、书库	除一类高层公共建筑外的其他高层公共建筑	1. 建筑高度大于24m的单层公共建筑； 2. 建筑高度不大于24m的其他公共建筑

注：1. 表中未列入的建筑，其类别应根据本表类比确定。

2. 除另有规定外，宿舍、公寓等非住宅类居住建筑的防火要求，应符合GB 50016—2014有关公共建筑的规定。

3. 除GB 50016—2014另有规定外，裙房的防火要求应符合GB 50016—2014有关高层民用建筑的规定。

局部突出屋顶的瞭望塔、冷却塔、水箱间、微波天线间或设施、电梯机房、排风和排烟机房以及楼梯出口小间等辅助用房占屋面面积不大于1/4者,可不计入建筑高度;对于住宅建筑,地下室或半地下室的顶板面高出室外设计地面的高度不大于1.5m的部分,可不计入建筑高度。

裙房为与高层建筑相连的建筑高度不超过24m的附属建筑。

2. 起始高度划分的依据

高层建筑起始高度的划分是由一个国家的经济条件和消防装备等情况确定的。

(1)登高消防器材

登高消防器材主要是指登高平台消防车、高空喷射消防车和云梯车。它们统称为登高消防车。国产CT22型直升云梯车,其最大工作高度为22m,从国外引进的多数在24~30m,所以确定24m为高层建筑的起始高度较符合实际。

(2)消防车供水能力

我国解放牌消防车的最大工作高度约为24m。

3. 高层建筑的特点

(1)高层建筑电气设备特点

高层建筑具有建筑面积大、高度高、功能复杂、建筑设备多、能耗大、管理要求严等特点。因而高层建筑与一般的单层或多层建筑相比,对电气设备的要求便有所不同,也就是说高层建筑的电气设备有其自身的特点。

①用电设备种类多

高层建筑,如高级宾馆、商住楼等,必须具备比较完善的、能够满足各种功能要求的设施,如空调系统、给排水系统等,以使其具有良好的硬件服务环境。所以,高层建筑中用电设备种类较多。

②用电量大,且负荷密度高

由于高层建筑的用电设备多,尤其是空调负荷大,占总用电负荷的40%~50%,所以,总的来说,高层建筑的用电量大,负荷密度高。如高级旅馆和酒店、高层商住楼、高层办公楼、高层综合楼等高层建筑的负荷密度都在60W/m^2以上,有的甚至高达150W/m^2,即便是高级住宅或公寓,负荷密度也有10W/m^2,有的也达到50W/m^2。

③供电可靠性要求高

高层建筑中大部分电力负荷为二级负荷,如高层建筑的客梯、生活水泵电力、宾馆的客房照明等,也有相当数量的一级负荷,如宾馆的计算机系统电源、医院的主要电力和照明、高层建筑的电话站电源、一类防火建筑的消防用电等。所以,高层建筑对供电可靠性要求高,一般均要求有两个及以上的供电电源。为了满足一级负荷供电可靠性要求,在很多情况下还需设置柴油发电机组(或燃气轮发电机组)作为备用电源。

④电气系统复杂

由于高层建筑的功能比较复杂、用电设备种类多、供电负荷多且可靠性要求高,这就必然使得高层建筑的电气系统很复杂。除电气子系统多之外,各子系统也相当复杂。例如,对于供电系统而言,为保证向一级负荷供电的可靠性,除了在变电所高低压主结线上采取两路电源或两个回路的切换措施外,还需考虑自备应急柴油发电机的启动和投入的切换。又比如,对于火灾报警与联动控制系统而言，由于探测点的数量多、联动控制设备多，这就使得系统变得更为复杂。

⑤电气线路多

电气系统复杂，电气线路也就多。不仅有高压供电线路、低压配电线路，而且还有火灾报警及消防联动控制线路、音响广播线路、通信线路等。

⑥电气用房多

复杂的电气系统必将对电气用房提出更多的要求。例如，为了使供电深入负荷中心，除了把变电所设置在地下层、底层外，有时还设置在大楼顶层和中间层。而电话站、音控室、消防中心、监控中心等都要占用一定的房间。另外，为了解决种类繁多的电气线路在竖向上的敷设，以及干线至各层的分配，必须设置电气竖井和电气小室。

⑦自动化程度高

根据高层建筑的实际情况，为了降低能耗、减少设备的维修和更新费用、延长设备的使用寿命、提高管理水平，就要求对其设备进行自动化管理，对各类设备的运行、安全状况、能源使用状况及节能等实行综合自动监测、控制与管理，以实现对设备的最优化控制和最佳管理。特别是计算机与光纤技术的应用，以及人们对信息社会的要求，高层建筑正沿着自动化、节能化、信息化和智能化方向发展。

（2）高层建筑的火灾特点

①火势凶猛且蔓延极快

高层建筑的楼梯间、电梯井、管道井、风道、电缆井、排气道等竖向井道，如果防火分隔不好，发生火灾时就形成“烟囱效应”。据测定，在火灾初起阶段，因空气对流，在水平方向造成的烟气扩散速度为0.3m/s，在火灾燃烧猛烈阶段，可达0.5～3m/s；烟气沿楼梯间或其他竖向管井扩散速度为3～4m/s。另外，风速对高层建筑火势蔓延也有较大影响。据测定，在建筑物10m高处风速为5m/s，而在30m高处风速就为8.7m/s，在60m高处为12.3m/s，在90m处风速可达15.0m/s。

②疏散十分困难

由于层数多，垂直距离长，疏散引入地面或其他安全场所的时间也会长些，再加上人员集中，烟气由于竖井的作用，向上蔓延快，都增加了疏散难度。

③扑救困难大

由于楼层过高，消防无法接近着火点，一般应立足自救。

高层建筑消防应坚持“立足自防、自救，采用可靠的防火措施，做到安全适用、技术先进、经济合理”。

二、相关区域划分

1. 防火分区及其划分

防火分区指在建筑物内部采取规定要求的防火墙、楼板、防火门、防火卷帘及宽度不小于6m的水幕带等划分防火分区，用以控制和防止火灾向其邻近区域蔓延的封闭空间。

防火分区的作用在于发生火灾时，可将火势控制在一定范围内。建筑设计中应合理划分防火分区，以有利于灭火援救，减少火灾损失。

目前，根据我国的经济水平以及灭火援救能力和建筑防火实际情况，对民用建筑防火分区的建筑面积规定如下：一类高层民用建筑，如高级旅馆与住宅、重要的办公楼、科研楼、档案楼及建筑高度超过50m的教学楼等，其内部装修、陈设等可燃物多，且有贵重设备、空调系统等，火灾危险性大、火灾后果严重，每个防火分区的建筑面积不应大于1500m²；二类高层民用建筑及建筑高度不超过50m的教学楼和普通的旅馆、办公楼、科研楼、档案楼等，其火灾危险性与火灾损失、影响相对较小，每个防火分区的建筑面积不应大于2500m²。但防火分区内设有自动灭火系统时，建筑物的安全度将大为提高，建筑防火分区最大允许建筑面积按表1-2规定增加1.0倍。不同耐火等级建筑的允许建筑高度或层数、防火分区最大允许建筑面积应附合表1-2的规定。

不同耐火等级建筑的允许建筑高度或层数、防火分区最大允许建筑面积 表1-2

<table>
<tr><th>名 称</th><th>耐火等级</th><th>防火分区的最大允许建筑面积(m^2)</th><th>备 注</th></tr>
<tr><td>高层民用建筑</td><td>一、二级</td><td>1500</td><td rowspan="2">对于体育馆，剧场的观众厅，防火分区的最大允许建筑面积可适当增加</td></tr>
<tr><td rowspan="3">单、多层民用建筑</td><td>一、二级</td><td>2500</td></tr>
<tr><td>三级</td><td>1200</td><td>—</td></tr>
<tr><td>四级</td><td>600</td><td>—</td></tr>
<tr><td>地下或半地下建筑(室)</td><td>一级</td><td>500</td><td>设备用房的防火分区最大允许建筑面积不应大于1000m²</td></tr>
</table>

设在高层建筑内的商业营业厅、展览厅等，当设有火灾自动报警系统和自动灭火系统，并采用不燃烧或难燃烧材料装修时，每个防火分区的允许最大建筑面积为4000m²，地下部分防火分区的允许最大建筑面积为2000m²。

2. 防烟分区及其划分

防烟分区的作用是在于发生火灾时，可防止烟气扩散，以满足人员安全疏散和消防工作的需要。合理划分防烟分区，以避免造成伤亡事故。

防烟分区可采用挡烟垂壁、隔墙或从顶棚下突出来不小于0.5m的梁划分。防烟分区的划分原则：

(1)设置排烟设施的走道、净高不超过6m的房间，应采用挡烟垂壁、隔墙或从顶棚下突出不小于0.5m的梁划分防烟分区。

(2)每个防烟分区的建筑面积不宜超过500m²，且防烟分区不应跨越防火分区。人防工程中，每个防烟分区的面积不应大于400m²，但是当顶棚(或顶板)高度在6m以上时，可不受此限制。

(3)有特殊用途的场所，如防烟楼梯间、避难层(间)、地下室、消防电梯等，应单独划分防烟分区。

(4)防烟分区一般不跨越楼层,但如果一层面积过小,允许一个以上楼层为一个防烟分区,但不宜超过三层。

(5)不设排烟设施的房间(包括地下室)和走道不划分防烟分区。

(6)走道和房间(包括地下室)按规定都设排烟设施时,可根据具体情况分设或合设排烟设施,并按分设或合设情况划分防烟分区。

(7)防烟分区根据建筑物种类及要求的不同,可按用途、面积、楼层来划分。

本章小结

本章首先对建筑火灾的产生原因及发展过程进行全面的介绍,其次根据建筑火灾的消防过程,阐述消防设施在建筑火灾中的作用,最后介绍高层建筑定义、分类和火灾的特点,建筑防火分区和防烟分区的划分,为后续课程的学习奠定基础。

复习思考题

1. 简述建筑火灾发展过程。
2. 高层建筑定义和特点是什么？高层建筑如何分类？

第二章　火灾自动报警系统

第一节　火灾自动报警系统概述

随着我国建筑业的发展,建筑弱电系统在建筑电气工程乃至建筑工程整体中占有举足轻重的位置,已被世人普遍认同与接受。建筑弱电技术发展很快,它是电子技术、通信技术、网络技术、计算机技术、自动控制技术、传感器技术等一系列最先进技术飞速发展的结果,尤其是智能建筑工程,它作为弱电工程的延伸与发展,综合性强,涉及的专业领域更广。

消防系统的发展过程大致经历以下三个阶段:

(1)多线制开关量式火灾探测报警系统,这是第一代产品,目前基本上处于被淘汰状态。

多线制系统形式与火灾探测器的早期设计、探测器与控制器的连接方式等有关,即探测器与控制器是采用硬线一一对应关系,有一个探测点便需要一组线到控制器,依靠直流信号工作和检测。多线制系统设计、施工与维护复杂。

(2)总线制可寻址开关量式火灾探测报警系统,这是第二代产品,尤其是二总线制开关量式探测报警系统目前正被大量采用。

总线制系统形式是在多线制系统形式的基础上发展起来的。随着微电子器件、数字脉冲电路及微型计算机应用技术等用于火灾自动报警系统,改变了以往多线制系统的直流巡检功能,代之以使用数字脉冲信号巡检和信息压缩传输,采用了大量编码和译码逻辑电路来实现探测器与控制器的协议通信,大大减少了系统线制,为工程布线带来了灵活性,并形成支状和环状两种布线结构。

(3)模拟量传输式智能火灾报警系统,这是第三代产品。目前我国已经从传统的开关量式火灾探测报警技术,跨入具有先进水平的模拟量式智能火灾探测报警技术的新阶段,大幅度地提高了报警的准确性和可靠性。

随着电子技术迅速发展和计算机软件在现代消防技术中的大量应用,火灾自动报警系统的结构、形式越来越灵活多样。

火灾自动报警系统是火灾探测报警与消防联动控制系统的简称,是以实现探测火灾早期特征、发出火灾报警信号,为人员疏散、防止火灾蔓延和启动自动灭火设备提供控制与指示的消防系统。

火灾自动报警系统由火灾探测报警系统、消防联动控制系统、可燃气体探测报警系统及电气火灾监控系统组成。

一、火灾探测报警系统组成

火灾探测报警系统是探测火灾早期特征、发出火灾报警信号,这人员疏散、防止火灾蔓延和启动自动灭火设备提供控制和指示的消防系统。

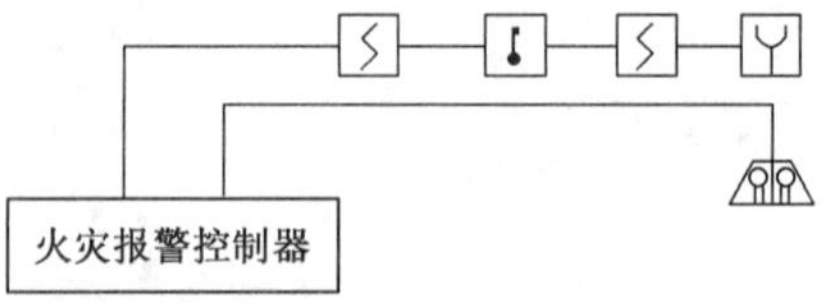

图 2-1　火灾自动报警系统组成示意图

一般由火灾触发器件(火灾探测器和手动火灾报警按钮)、声和/或光警报器、火灾报警控制器等组成。火灾自动报警系统组成示意图,如图 2-1 所示。

1. 触发器件

触发器件是在火灾自动报警系统中自动或手动产生火灾报警信号的器件,火灾探测器是自动触发器件,手动火灾报警按钮是手动触发器件。在火灾自动报警系统设计时,自动和手动两种触发装置应同时按照规范要求设置,尤其是手动报警可靠易行,是系统必设器件。

2. 火灾报警控制器

火灾报警控制器是火灾报警系统中的核心组成部分。火灾报警控制器担负着为火灾探测器提供稳定的工作电源,监视探测器及系统自身的工作状态,接收、转换、处理火灾探测器输出的报警信号,进行声光报警;指示报警的具体部位;执行相应辅助控制等诸多任务。火灾报警控制器功能的多少反映出火灾自动报警系统的技术构成、可靠性、稳定性和性价比等因素,是评价火灾自动报警系统先进性的一项重要指标。

3. 火灾警报装置

火灾警报装置在火灾自动报警系统中用以发出区别于环境声、光的火灾警报信号。它以声、光等方式向报警区域发出火灾警报信号,以警示人们迅速采取安全疏散、灭火救灾措施。

二、火灾探测报警系统工作原理

火灾发生时,安装在保护区域的火灾探测器,将火灾产生的烟雾、热量和光辐射等火灾特征参数转变为电信号,经数据处理后,将火灾特征参数信息传输至火灾报警控制器;或直接由火灾探测器做出火灾报警判断,将报警信息传输到火灾报警控制器。火灾报警控制器在接收到探测器的火灾特征参数信息或报警信息后,经报警确认判断,显示火灾报警探测器的部位,记录探测器火灾报警的时间。处于火灾现场的人员,在发现火灾后可立即触发安装在现场的手动火灾报警按钮,手动火灾报警按钮便将报警信息传输到火灾报警控制器,火灾报警控制器在接收到手动火灾报警按钮的报警信息后,经报警确认判断,显示发出火灾手动报警按钮的部位,记录手动火灾报警按钮报警的时间。火灾报警控制器在确认火灾后,驱动火灾警报装置,发出火灾警报,警示处于被保护区域内的人员火灾的发生。火灾探测报警系统工作原理框图,如图 2-2 所示。

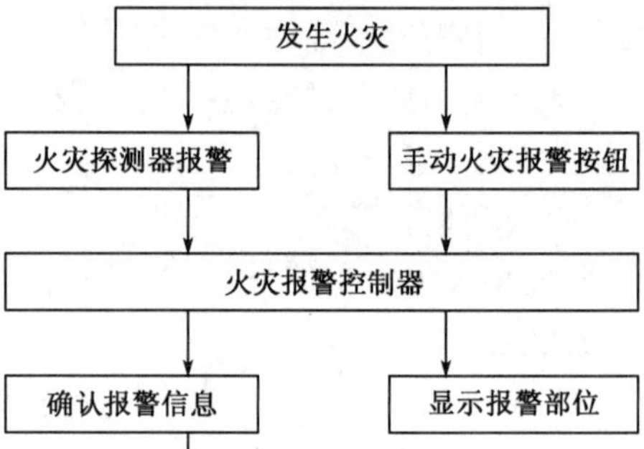

图 2-2　火灾探测报警系统工作原理框图

第二节　火灾探测器

20 世纪 40 年代末，瑞士的耶格（W. C. Jaeger）和梅利（E. Meili）等人根据电离后的离子受烟雾粒子影响会使电离电流减小的原理，发明了离子感烟探测器，极大地推动了火灾探测技术的发展。70 年代末，人们根据烟雾颗粒对光产生散射效应和衰减效应发明了光电感烟探测器。由于光电感烟探测器具有无放射性污染、受风流和环境湿度变化影响小、成本低等优点，光电感烟探测技术逐渐取代离子感烟探测技术。

一、探测器的结构、分类、型号及性能指标

1. 火灾探测器的结构

火灾探测器通常由敏感元件、相关电路、固定部件和外壳三部分组成。

（1）敏感元件

敏感元件的作用是将火灾燃烧的特征物理量转换成电信号。因此，凡是对烟雾、温度、辐射光和气体浓度等敏感的传感元件都可使用。它是火灾探测器的核心部件。

（2）相关电路

相关电路的作用是对敏感元件转换所得的电信号进行放大并处理成火灾报警控制器所需的信号，通常由转换电路、保护电路、抗干扰电路、指示电路和接口电路等组成。

①转换电路

转换电路的作用是将敏感元件输出的电信号变换成具有一定幅值，并符合火灾报警控制器要求的报警信号。它通常由匹配电路、放大电路和阈值电路（有的消防报警系统探测器的阈值比较电路被取消，其功能由报警控制器取代）等部分组成。

②保护电路

保护电路是用于监视探测器和传输线路故障的电路，检查和试验自身电路的元件、部件是否完好，监视探测器工作是否正常；检查传输线路是否正常（如探测器与火灾报警控制器之间连接导线是否连通）。它由监视电路和检查电路两部分组成。

③抗干扰电路

由于外界环境条件，如温度、风速、强电磁场等因素，会使不同类型的探测器正常工作受到影响，或者造成假信号使探测器误报。为了提高探测器信号感知度的可靠性，防止或减少误报，探测器必须具有一定的抗干扰功能，如采用滤波、延时、补偿和积分电路。

④指示电路

用以指示探测器是否动作。探测器动作后，自身应给出动作信号，这种自身动作显示一般在探测器上都设置动作信号灯，称为确认灯。

⑤接口电路

用以完成火灾探测器之间、火灾探测器和火灾报警控制器之间的电气连接，信号的输入和输出，保护探测器不致因安装错误而损坏等。

（3）固定部件和外壳

它是探测器的机械结构。固定部件和外壳用于固定探测器。其作用是将传感元件、电路印刷板、接插件、确认灯和紧固件等部件有机地连成一体,保证一定的机械强度,达到规定的电气性能,以防止其所处环境(如烟雾、气流、光源、灰尘、高频电磁波等)干扰和机械力的破坏。

2. 火灾探测器分类

火灾探测器的基本功能就是对烟雾、温度、火焰和燃烧气体等火灾参量作出有效反应,即通过敏感元件将表征火灾参量的物理量转化为电信号,送到火灾报警控制器。火灾探测器种类很多,通常可以按照结构形式、被探测参数及使用环境等进行分类,其中以被探测参数分类最为多见,也多为通常工程设计所采用。

(1)按结构形式分类

常见的有点型火灾探测器和线型火灾探测器。

①点型火灾探测器

这是一种响应空间某一点周围的火灾参数的火灾探测器。目前生产量最大,民用建筑中几乎都使用点型火灾探测器。点型火灾探测器是目前采用最为普遍的探测器,设置于被保护区域的某"点"。

②线型火灾探测器

这是一种响应某一连续线路周围的火灾参数的火灾探测器。其连续线路可以是"硬"的(可见的),也可以是"软"的(不可见的)。如空气管线型差温火灾探测器,是由一条细长的铜管或不锈钢构成"硬"的(可见的)连续线路。又如红外光束线型感烟火灾探测器,是由发射器和接收器之间的红外光束构成的"软"(不可见)的连续线路。线型探测器多用于工业设备及民用建筑中一些特定场合。如电缆隧道等狭长区域,它可以是管状的线管式火灾探测器,也可以是不可见的红外光束线型火灾探测器。

(2)根据火灾探测器探测火灾特征参数的不同分类

火灾探测器根据其探测火灾特征参数的不同,可分为感烟、感温、感光、气体、复合五种基本类型。每种类型的火灾探测器根据其工作原理又可分为若干种。

①感烟火灾探测器

感烟火灾探测器能探测物质燃烧初期在周围空间所形成的烟雾粒子浓度,因此,它具有非常好的早期火灾探测报警功能,对火灾前期及早期报警很有效,应用最广泛,应用数量最大。有的国家称感烟探测器为"早期发现"探测器。

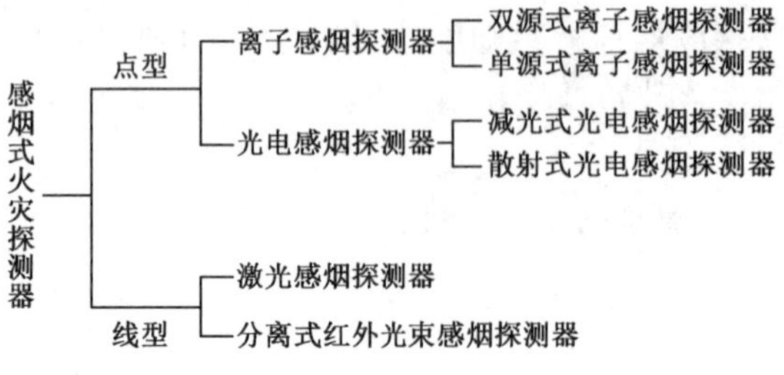

图 2-3　感烟火灾探测器分类

根据烟雾粒子可以直接或间接改变某些物理量的性质或强弱,常用的感烟探测器又可分为离子型、光电型、红外光束、吸气型等,其中光电型按其动作原理不同,又分为遮光型和散光型两种。感烟探测器分类,如图 2-3 所示。

②感温火灾探测器

感温火灾探测器根据其响应异常温度、温升速率和温差变化等参数的不同,有定温、差温和差定温三种。

定温探测器用于响应环境温度达到或超过预定值的场合。差温探测器用于响应环境温度异常升温及升温速率超过预定值的场合。差定温探测器兼有差温和定温两种探测器的功能。

感温探测器由于采用的敏感元件不同，有热电偶、双金属片、易熔金属、膜盒、热敏电阻和半导体等类型。感温火灾探测器分类，如图2-4所示。

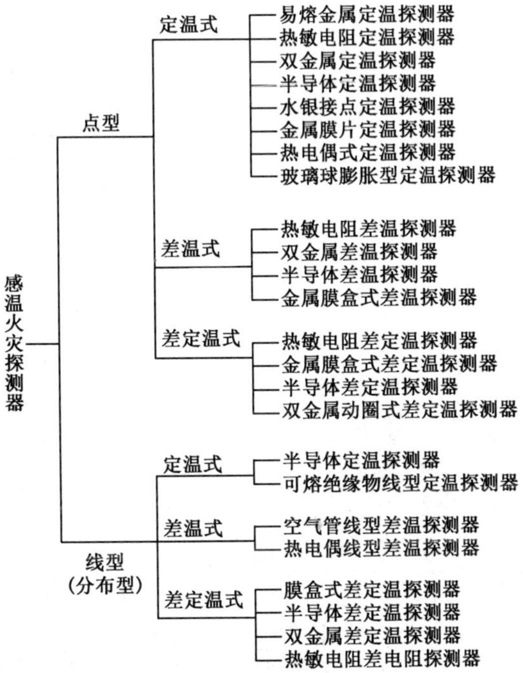

图 2-4　感温火灾探测器分类

③感光火灾探测器

感光火灾探测器是响应火焰发出的特定波段电磁辐射的探测器，又称为火焰探测器，进一步可分为紫外、红外等火灾探测器。

④气体火灾探测器

气体火灾探测器是响应燃烧或热解产生的气体的火灾探测器。

⑤复合式火灾探测器

复合式火灾探测器是将多种探测原理集中于一身的探测器，进一步可分为烟温复合、红外紫外复合等火灾探测器。其分类如图 2-5所示。

此外，还有一些特殊类型的火灾探测器，包括：使用摄像机、红外热成像器件等视频设备或它们的组合获取监控现场视频信息，进行火灾探测的图像型火灾探测器；探测漏电流大小的漏电流感应型火灾探测器；探测静电电位高低的静电感应型火灾探测器；在一些特殊场合使用的，要求探测极其灵敏、动作极为迅速，通过探测爆炸产生的参数变化（如压力变化等）信号来抑制、消灭爆炸事故发生的微压差型火灾探测器；利用超声原理探测火灾的超声波火灾探测器等。

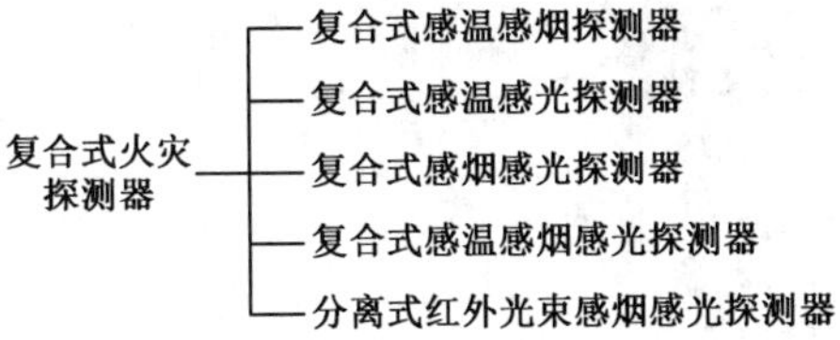

图 2-5　复合式火灾探测器分类

(3)根据火灾探测器是否具有复位（恢复）功能分类

火灾探测器根据其是否具有复位功能，分为复位和不可复位两种类型。

①可复位探测器

在响应后和在引起响应的条件终止时，不更换任何组件即可从报警状态恢复到监视状态的探测器。

②不可复位探测器

在响应后不能恢复到正常监视状态的探测器。

(4)根据火灾探测器是否具有可拆卸性分类

火灾探测器根据其维修和保养时是否具有可拆性，分为可拆卸和不可拆卸两种各类型。

①可拆卸探测器

探测器设计成容易从正常运行位置上拆下来，以便维修保养。

②不可拆卸探测器

在维修和保养时，探测器不容易从正常运行位置上拆下来。

3. 火灾探测器型号

火灾报警产品种类虽多，但都是按照国家标准要求命名的，型号均由汉语拼音大写首字母组合而成。只要掌握规律，从名称就可以看出产品类型和特征。火灾探测器，型号如图 2-6 所示。

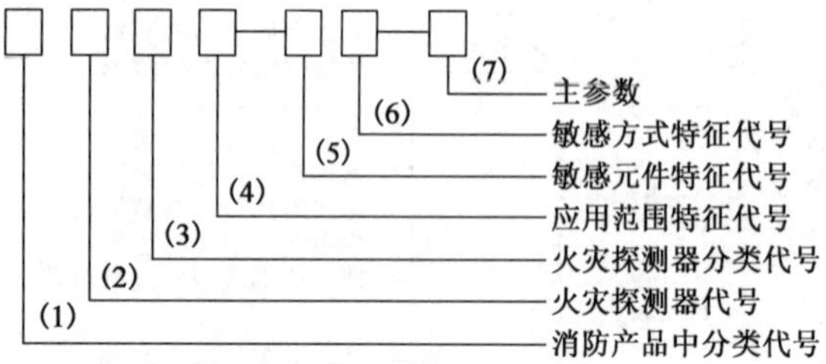

图 2-6　火灾探测器的型号

(1)J(警)——火灾报警设备。

(2)T(探)——火灾探测器代号。

(3)火灾探测器分类代号，各种类型火灾探测器的具体表示方法：

Y(烟)——感烟火灾探测器；

W(温)——感温火灾探测器；

G(光)——感光火灾探测器；

Q(气)——可燃气体探测器；

F(复)——复合式火灾探测器。

(4)应用范围特征代号表示方法：

B(爆)——防爆型(无“B”即为非防爆型，其名称也无须指出“非防爆型”)；

C(船)——船用型。

非防爆或非船用型可省略，无须注明。

(5)、(6)探测器特征表示法(敏感元件、敏感方式特征代号)：

LZ(离子)——离子；

MD(膜、定)——膜盒定温；

GD(光、电)——光电；

MC(膜、差)——膜盒差温；

SD(双、定)——双金属定温；

MCD(膜、差、定)——膜盒差定温；

SC(双、差)——双金属差温；

GW(光、温)——感光感温；

GY(光、烟)——感光感烟；

YW(烟、温)——感烟感温；

YW——HS(烟温—红束)——红外光束感烟感温；

BD(半、定)——半导体定温；

ZD(阻、定)——热敏电阻定温；

BC(半、差)——半导体差温；

ZC(阻、差)——热敏电阻差温；

BCD(半、差、定)——半导体差定温；

ZCD(阻、差、定)——热敏电阻差定温；
HW(红、外)——红外感光；
ZW(紫、外)——紫外感光。
(7)主参数:表示灵敏度等级(Ⅰ、Ⅱ、Ⅱ级)。
例如:
JTY-GD-G3 智能光电感烟火灾探测器；
JTY-HS-1401 红外光束感烟火灾探测器；
JTW-ZD-2700/015 热敏电阻定温火灾探测器；
JTY-LZ-651 离子感烟火灾探测器。

4. 火灾探测器的性能指标

(1)工作电压和允差

工作电压是指火灾探测器正常工作时所需的电源电压。

允差是指火灾探测器工作电压允许被动的范围。按照国家标准规定,允差为额定工作电压的 -15% ~10% 。

(2)响应阈值

响应阈值是指火灾探测器动作的最小参数值。不同类型火灾探测器的响应阈值单位量纲也不相同,点型感烟式火灾探测器响应阈值为减光系数 m 值(dB/m)或烟离子对电离室中电离电流作用的参数 Y 值(无量纲);线型感烟式火灾探测器响应阈值是采用代表紫外线辐射强度的单位长度、单位时间的脉冲数(光敏管受强光照射后发出的脉冲数);定温式火灾探测器响应阈值为温升速率值(℃/min);气体火灾探测器的响应阈值采用气体浓度值(mg/m^3)。

(3)监视电流

监视电流是指火灾探测器处于监视状态下的工作电流。监视电流表示火灾探测器在监视状态下的耗能,因此要求火灾探测器的监视电流越小越好。

(4)允许的最大报警电流

允许的最大报警电流是指火灾探测器处于报警状态时允许的最大工作电流。若超过此电流值,火灾探测器就可能损坏。允许的最大报警电流越大,表明火灾探测器的负载能力越强。

(5)报警电流

报警电流是指处于报警状态时的工作电流,此值小于最大报警电流。报警电流值和允差值决定了火灾探测报警系统中火灾探测器的最远安装距离。

(6)工作环境条件

工作环境条件是指环境温度、相对湿度、气流速度和清洁程度等。通常要求火灾探测器对工作环境的适应性越强越好。

二、典型火灾探测器的工作原理

1. 感烟火灾探测器

(1)点型离子感烟火灾探测器

离子感烟火灾探测器是根据烟粒子黏附电离离子,使电离电流变化这一原理设计的。

感烟火灾探测器有双源双室和单源双室之分。双源双室火灾探测器是由两块性能一致的放射源片(配对)制成相互串联的两个电离室及电子线路组成的火灾探测装置。一个电离室是开孔电离室,称为采样电离室(或外电离室),烟可以顺利进入;另一个是封闭电离室,称为参考电离室(或内电离室),烟无法进入,仅能与外界温度相通,如图 2-7a)所示。两电离室形成一个分压器。两电离室电压之和 $U_M + U_R$ 等于工作电压 U_B(例如 24V)。流过两个电离室的电流相等,同为 I_K。采用内、外电离室串联的方法,是为了减少环境温度、湿度、气压等自然条件对电离电流的影响,提高稳定性,防止误报。把采样电离室等效为烟敏电阻 R_M,参考电离室等效为固定或预调电阻 R_R,S 为电子线路,等效电路如图 2-7b)所示。两个电离室的特征曲线如图 2-8 所示,图中,A 为无烟存在时采样室的特征曲线,$B(B_1,B_2,B_3)$ 为有烟时采样时的特征曲线,(C_1,C_2,C_3) 为参考室的特征曲线,特征曲线 C_1 对应低灵敏度、C_2 对应中灵敏度、C_3 对应高灵敏度。

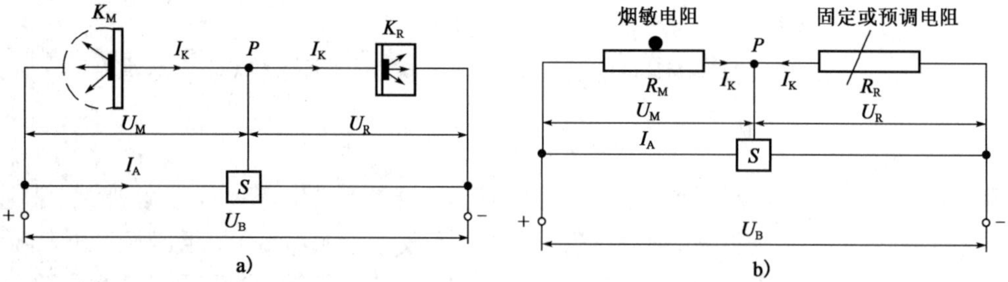

图 2-7　双源双室离子感烟火灾探测器电路示意图

a)双源双电离室;b)等效电路

在串联两个电离室两端直接接入 24V 直流电源,两个电离室形成一个分压器,两个电离室电压之和为 24V。外电离室是开孔的,烟可顺利通过,内电离室是封闭的,不能进烟,但能与周围环境缓慢相通,以补偿外电离室环境的变化对其工作状态发生的影响。

放射源由物质镅 241(Am 241)构成。放射源产生的 α 射线使内外电离室内空气电离,形成正负离子,在电离室电场作用下,形成通过两个电离室的电流。这样可以把两电离室看成两个串联的等效电阻,两电阻交接点与地之间维持某一电压值。双源双室离子感烟火灾探测器构造,如图 2-9 所示。

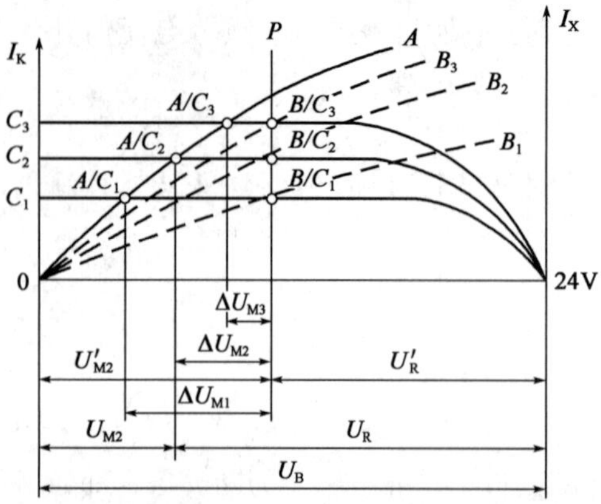

图 2-8　双源双室火灾探测器 I-U 特性曲线

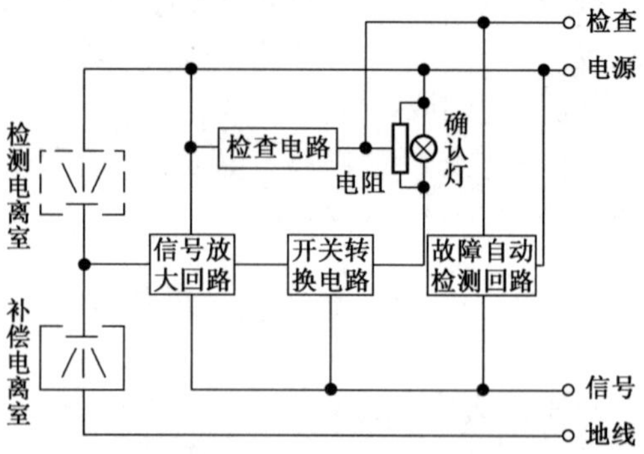

图 2-9　双源双室离子感烟火灾探测器构造图

双源双室离子感烟火灾探测器的工信原理：当发生火灾时，烟雾进入外电离室后，镅 241 产生的 α 射线被阻挡，电离能力降低，因而电离电流减小。正负离子被体积比其大得多的烟粒子吸附，外电离室等效电阻变大，而内电离室因无烟进入，电离室的等效电阻不变，因而引起两电阻交接点电压变化。当交接点电压变化到某一定值，即烟密度达到一定值时（由报警阈值确定）交接点的超阈部分经过处理后，开关电路动作，发出报警信号。

单源双室离子感烟探测器构造及外形，如图 2-10 所示。图中进烟孔既不敞开也不节流，烟气流通过防虫网从采样室上方扩散到采样室内部。采样电离室和参考电离室内部的构造及特性曲线，如图 2-11 所示。两电离室共用一块放射源，参考室包含在采样室中，参考室小、采样室大。采样室的 α 射线是通过中间电极的一个小孔放射出来的。在电路上，内外电离室同样是串联，在相同的大气条件下，电离室的电离平衡是稳定的，与双源双室探测器类似。当发生火灾时，烟的绝大部分进入采样室，采样室两端的电压变化为 $\Delta U = U'_0 - U_0$，当 ΔU 达到预定值（即阈值）时，探测器便输出火警信号。

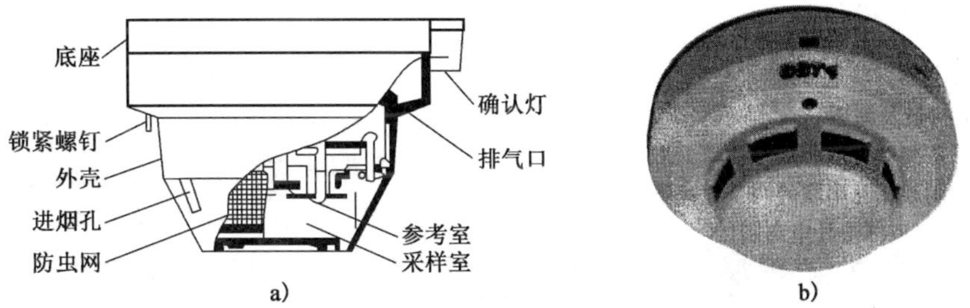

图 2-10　单源双室探测器的构造及外形

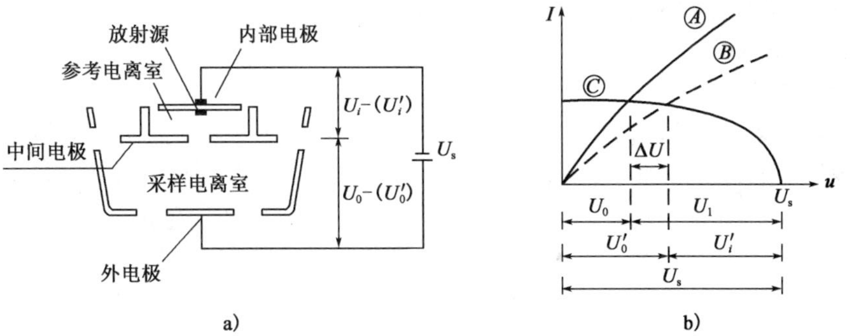

图 2-11　单源双室探测器的构造及 I-U 特性曲线

a）内部构造；b）特性曲线

U_s -加在内外电离室两端的电压；U_i -无烟时加在参考电离室两端的电压；U'_i -有烟时加在参考电离室两端的电压；U_0 -无烟时加在采样电离室两端的电压；U'_0 -有烟时加在采样电离室两端的电压

单源双室与双源双室离子感烟探测器特点比较如下：

①内电离室与外电离室连通，有利于抵抗温度、湿度、气压变化对探测器性能的影响。

②抗灰尘污秽的能力增强，当有灰尘轻微地沉积在放射源表面上时，采样室分压的变化不明显。

③能做成超薄型探测器，具有体积小、重量轻及美观大方的特点。

④只需较微弱的 α 放射源（比双源双室的源强减少一半），并克服了双源双室要求两源片相互匹配的缺点。

⑤源极和中间极的距离是连续可调的，能够比较方便地改变采样室的分压，便于探测器响应阈值的一致性调整，简单易行。

(2)点型光电式感烟火灾探测器

点型光电感烟探测器是利用火灾时产生的烟雾粒子对光线产生吸收遮挡、散射的原理并通过光电效应而制成的一种火灾探测器。

①散射型光电式感烟火灾探测器

散射型光电感烟探测器结构，如图2-12所示。无火灾时，红外光无散射作用，也无光线射在光敏二极管上，二极管不导通，无信号输出，探测器不动作。

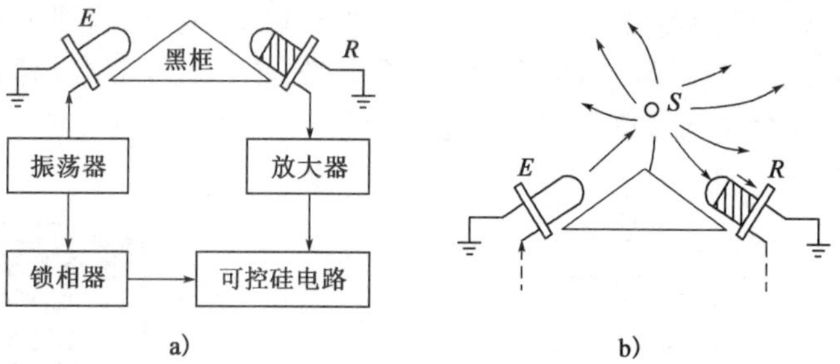

图2-12 散射型光电感烟火灾探测器结构图

a)结构图；b)工作原理示意图

工作原理：当发生火灾烟雾粒子进入暗室时，由于烟粒子对光的光敏散(乱)射作用，光敏二极管收到一定数量的散射光，接收散射光的数量与烟雾含量有关。当烟的含量到达一定程度时，光敏二极管导通，电路开始工作。由干扰电路确认是有两次(或两次以上)超过规定水平的信号时，探测器动作，向报警器发出报警信号。

②遮光型光电式感烟火灾探测器

遮光型光电感烟火灾探测器结构，如图2-13所示。遮光型(或减光型)光电式感烟火灾探测器由一个光源(发光二极管)和一个光敏元件(硅光电池)对应装置在暗箱(检测室)里构成。

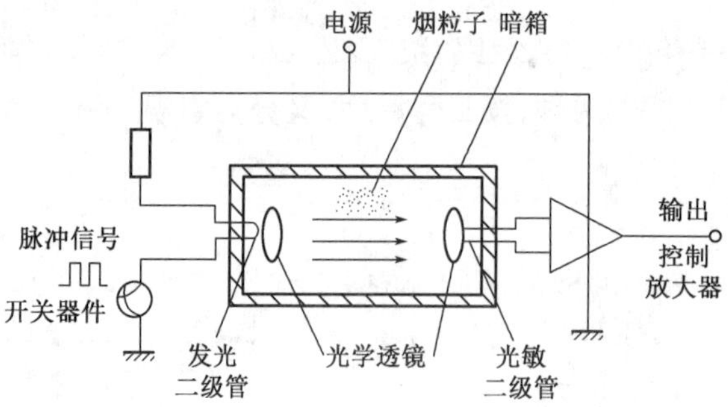

图2-13 遮光型光电感烟火灾探测器结构图

工作原理：在正常(无烟)情况下，光源发出的光通过透镜聚成光束，照射到光敏元件上，并将其转换成电信号，使整个电路维持正常状态，不发生报警。当发生火灾时，有烟雾进入检测室，烟粒子将光源发出的光遮挡(吸收)，到达光敏元件的光能减弱，其减弱程度与进入检测室的烟雾含量有关。当烟雾达到一定量，光敏元件接收的光强度下降到预定值时，起开关作用的电路动作，向火灾报警控制器送出报警信号。

(3)激光型感烟火灾探测器

激光型感烟火灾探测器应用于高灵敏度吸气式感烟火灾报警系统。点型激光感烟火灾探测器，其灵敏度是目前光电感烟火灾探测器灵敏度的50倍。点型激光感烟探测主要采用了光散射基本原理，但又与普通散射光火灾探测器有很大区别，激光感烟火灾探测器的光学探测室的发射激光二极管和组合透镜，使光束在光电接收器的附近聚焦成一个很小亮点，然后光线进入光阱被吸收掉。当有烟雾时，烟粒子在窄激光光束中的散射光通过特殊的反光镜（作用像一个光学放大器）被聚到光接收器上，从而探测到烟雾颗粒。在点型光电感烟火灾探测器中，烟粒子向所有方向散射光线，仅一小部分散射到光电接收器上，灵敏度较差，而激光火灾探测器采用光学放大器器件，将大部分散射光汇聚到光电接收器上，极大地提高了灵敏度，降低了误报率。

(4)感烟火灾探测器的灵敏度

感烟灵敏度（或称响应灵敏度）是火灾探测器响应烟参数的敏感程度。感烟火灾探测器分为高、中、低（或Ⅰ、Ⅱ、Ⅲ）级灵敏度，在烟雾相同的情况下，高灵敏度意味着可对较低的烟粒子数浓度响应。灵敏度等级为标准烟（试验气溶胶）在烟箱中引发感烟探测器响应的范围。

一般来讲，高灵敏度用于禁烟场所，中级灵敏度用于卧室等少烟场所，低级灵敏度用于多烟场所。高、中、低级灵敏度的火灾探测器的感烟动作率分别为10%、20%、30%。

(5)线型红外光束感烟火灾探测器

红外光束线型感烟火灾探测器是应用烟粒子吸收或散射红外光束强度发生变化的原理而工作的一种探测器，这种探测器一般由发射器和接收器两部分组成。

工作原理：在正常情况下，红外光束探测器的发射器发送一个不可见的、波长为940nm的脉冲红外光束，它经过保护空间不受阻挡地射到接收器的光敏元件上。当发生火灾时，由于受保护空间的烟雾气溶胶扩散到红外光束内，使到达接收器的红外光束衰减，接收器接收的红外光束辐射通量减弱，当辐射通量减弱到预定的感烟动作阈值（响应阈值）（例如，有的厂家设定在光束减弱超过40%且小于93%）时，如果保持衰减5s（或10s）时间，探测器立即动作，发出火灾报警信号。

2. 感温火灾探测器

感温火灾探测器是响应异常温度、温升速率和温差等参数的探测器。

感温火灾探测器按结构，可分为电子式和机械式两种；按工作原理，又分为定温、差温、差定温组合式三种。

(1)定温火灾探测器

①双金属定温火灾探测器

点型定温式火灾探测器是随着环境温度的升高，达到或超过预定值时响应的探测器。双金属定温火灾探测器是以具有不同热膨胀系数的双金属片为敏感元件的一种定温火灾探测器。常用的结构形式有圆筒状和圆盘状两种。圆筒状的结构如图2-14所示，由不锈钢管、铜合金片以及调节螺栓等组成。两个铜合金片上各装有一个电接点，其两端通过固定块分别固定在不锈钢管上和调节螺栓上。由于不锈钢管的膨胀系数大于铜合金片，当环境温度升高时，不锈钢外筒的伸长大于铜合金片，因此铜合金片被拉直。

在图2-14a)中，两接点闭合发出火灾报警信号；在图2-14b)中，两接点打开发出火灾报警信号。图2-15c)所示为双金属圆盘状定温火灾探测器结构示意图。

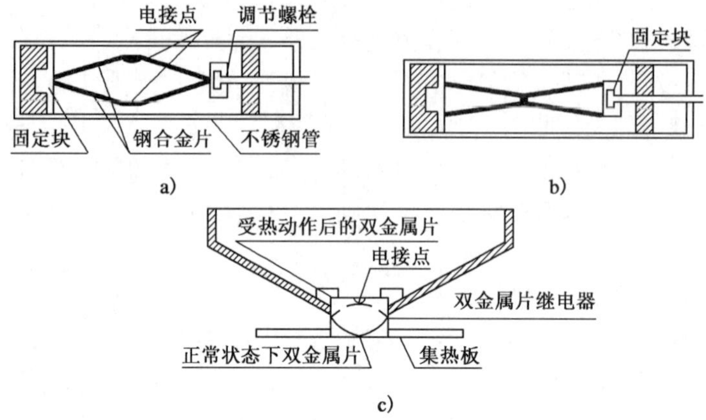

图 2-14　双金属定温火灾探测器结构图

②缆式线型定温火灾探测器

缆式线型感温火灾探测器即感温电缆。感温电缆一般由微机处理器、终端盒和感温电缆组成，根据不同的报警温度感温电缆可以分为 68℃、85℃、105℃、138℃、180℃（可以根据不同的颜色来区分）等。其系统构成示意，如图 2-15 所示。

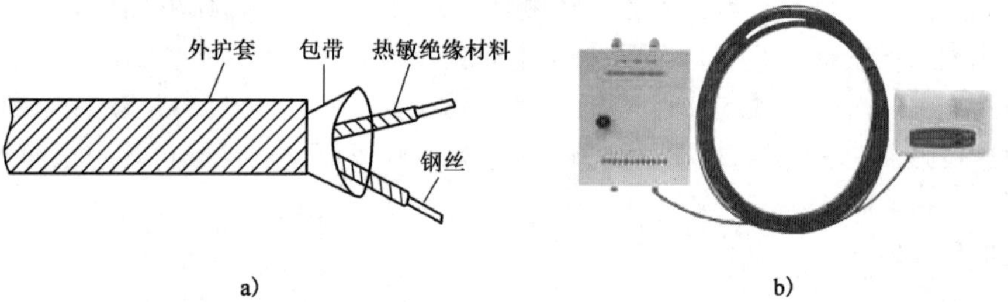

图 2-15　缆式线型定温火灾探测器构造及外形

a）缆式线型定温火灾探测器构造；b）智能线型缆式感温火灾探测器外形

感温电缆由两根用热敏材料制成的绝缘钢丝组成，其探测原理是缆式探测器受热后热敏材料电阻率降低，从而触发开关量的温度报警，其敷设方式采用接触性正弦波和围绕式敷设，最大的优点是造价低廉，为不可恢复式定温火灾探测器。该方式存在的问题是：

A. 只能对固定或设定的温度进行单级报警。

B. 在工业环境中，其简易的结构容易造成机械损伤；报警原理简单，电磁兼容性差，容易受电磁干扰造成误报，从而降低可靠性。

C. 报警方式为一次性破坏式，不可重复使用。

平时在每一热敏电缆中有一极小的电流流动，但是，当热敏电缆线路上任何一点的温度（可以是电缆周围空气或它所接触物品的表面温度）上升达额定动作温度时，其绝缘材料熔化，两根钢丝互相接触，此时报警回路电流骤然增大，报警控制器发出声、光报警。探测器的动作温度，见表 2-1。

缆式线型定温探测器的动作温度表　　表 2-1

安装地点允许的温度范围(℃)	额定动作温度(℃)	备　注
-30~40	68±10	应用于室内、可架空及靠近安装使用
-30~55	85±10	应用于室内、可架空及靠近安装使用
-40~75	105±10	适用于室内外
-40~100	138±10	适用于室内外

缆式线型定温火灾探测器,可广泛应用于电力、钢铁、石化、交通、酿酒、烟草、矿山、通信等行业,电厂、钢厂、铝厂、选煤厂、电站、变压器、变电所、油库、油罐、化工储罐、冶金、配电盘、石化工厂、飞机库、仓库、大型纪念馆、展览馆、古建筑、大型商场、机场、造船、医院、地铁等,工矿企业电缆隧道、电缆竖井、电缆沟、电缆桥架、线槽、电缆夹层、传输带、电控设备以及室内外大型仓储设备、易爆堆垛的火灾探测报警。

(2)差温火灾探测器

差温探测器是当火灾发生时,室内温度升高速率达到预定值时响应的探测器。

①点型差温火灾探测器

当火灾发生时,室内局部温度将以超过常温数倍的异常速率升高。差温火灾探测器就是利用对这种异常速率产生感应而研制的一种火灾探测器。

当环境温度以不大于1℃/min的温升速率缓慢上升时,差温火灾探测器将不发出火灾报警信号,较为适用于产生火灾时温度快速变化的场所。点型差温火灾探测器主要有膜盒差温、双金属片差温、热敏电阻差温火灾探测器等几种类型。常见的是膜盒差温火灾探测器,它由感温外壳、波纹片、漏气孔及电接点等构成,其结构如图2-16所示。

这种探测器具有灵敏度高、可靠性好、不受气候变化影响的特点,因而应用较广泛。

②空气管式线型差温火灾探测器

空气管式线型差温火灾探测器是一种感受温升速率的火灾探测器,由敏感元件空气管(紫铜管,安装于要保护的场所)、传感元件膜盒和电路部分(安装在保护现场或装在保护现场之外)组成,如图2-17所示。

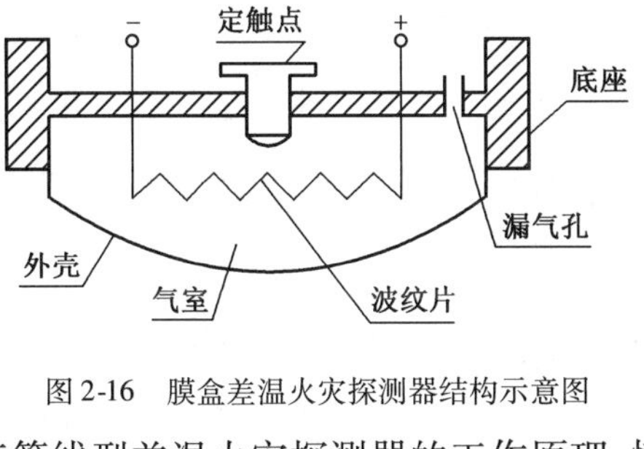

图2-16　膜盒差温火灾探测器结构示意图

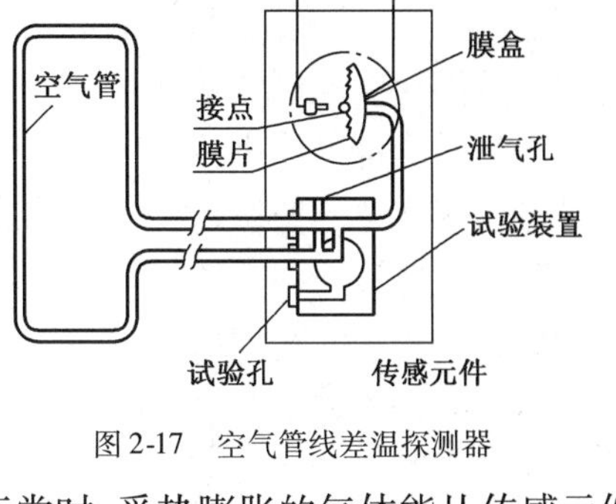

图2-17　空气管线差温探测器

空气管线型差温火灾探测器的工作原理:情况正常时,受热膨胀的气体能从传感元件泄气孔排出,不推动膜盒片,动、静接点不闭合;当发生火灾时,火灾区温度快速升高,使空气管感受到温度变化,管内的空气受热膨胀,泄气孔无法立即排出,膜盒内压力增加推动膜片,使之产生位移,动、静接点闭合,接通电路,输出报警信号。

空气管式线型差温火灾探测器的灵敏度分为三种，见表2-2。由于灵敏度不同，其使用场所也不同，表2-3引出了不同灵敏度空气管式线型差温火灾探测器的适用场合。

空气管式线型差温火灾探测器灵敏度 表2-2

种　类	动作温升速率（℃/min）	不动作温升速率
1	7.5	1℃/min 持续上升10min
2	15	2℃/min 持续上升10min
3	30	3℃/min 持续上升10min

注：以第2种规格为例，当空气管总长度的1/3感受到以15℃/min速率上升的温度时，1min之内会给出报警信号。而空气管总长度的2/3感受到以2℃/min速率上升的温度时，10min之内不应发出报警信号。

3种不同灵敏度空气管式线型差温火灾探测器的使用场合 表2-3

种　类	最大空气管长度（m）	使 用 场 合
1	<80	书库、仓库、电缆隧道、地沟等温度变化率较小的场所
2	<80	暖房设备等温度变化较大的场所
3	<80	消防设备中要与消防泵自动灭火装置联动的场所

以上所描述的差温和定温感温探测器中，除缆式线型定温火灾探测器因其特殊的用途还在使用外，其他均已被下面介绍的差定温组合式火灾探测器所取代。

（3）差定温组合式火灾探测器

这种火灾探测器是将温差、定温两种感温探测元件组合在一起，同时兼有两种功能。其中某一种功能失效，另一种功能仍能起作用，因而大大提高了可靠性，分为机械和电子两种。

机械差定温火灾探测器原理：图2-18为JW-JC型差定温火灾探测器的结构示意图，它的温差探测部分与膜盒形基本相同，而定温探测部分与易熔金属定温探测器相同。其工作原理是：差温部分，当发生火情时，环境温升速率达到某一数值，波纹片在受热膨胀的气体作用下，压迫固定在波纹片上的弹性接触片向上移动与固定触头接触，发出报警。定温部分，当环境温度达到一定值时，易熔金属熔化，弹簧片弹回，也迫使弹性接触片和固定触点接触，发出报警信号。

电子差定温火灾探测器原理：由感温电阻将现场的温度信号传至探测器内部的单片机，再由单片机根据其内部的火灾特征曲线判断现场是否着火，并将结果通过总线传至火灾报警主机上。这也是现在普遍使用的一种差定温感温火灾探测器，其接线方式与感烟探测器相同，外形如图2-19所示。

（4）感温火灾探测器灵敏度

火灾探测器在火灾条件下响应温度参数的敏感程度称为感温探测器的灵敏度。

感温火灾探测器分为Ⅰ、Ⅱ、Ⅲ级灵敏度。定温、差定温火灾探测器灵敏度级别标志如下：

Ⅰ级灵敏度（62℃）：绿色。

Ⅱ级灵敏度（70℃）：黄色。

Ⅲ级灵敏度（78℃）：红色。

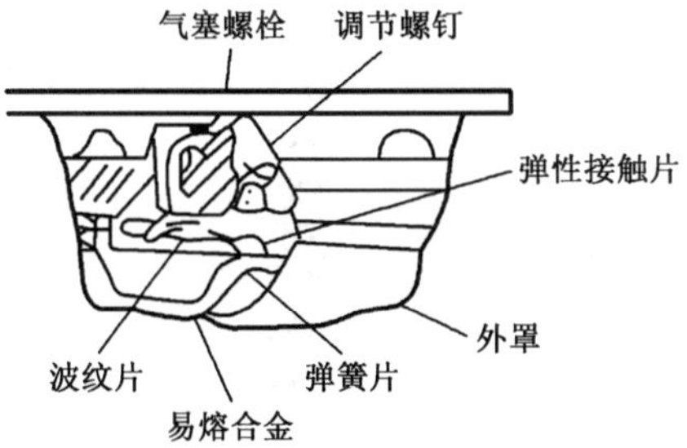

图 2-18　JW-JC 型差定温火灾探测器结构图

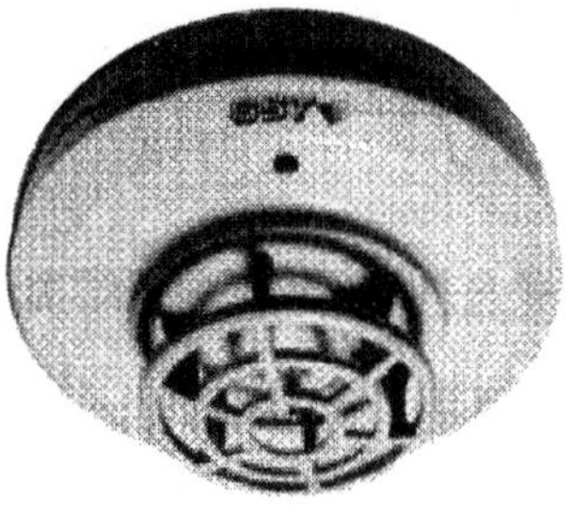

图 2-19　智能电子差定温感温火灾探测器 JTW-ZCD-G3N

3. 感光火灾探测器（火焰探测器）

火焰探测器是一种能对物质燃烧火焰的光谱特性、光照强度和火焰的闪烁频率敏感响应的火灾探测器。响应波长低于 400nm 辐射能通量的探测器称为紫外火焰探测器，响应波长高于 700nm 辐射能通量的探测器称作红外火焰探测器。

（1）感光火灾探测器的分类及特点

感光火灾探测器的分类及特点，见表 2-4。

感光火灾探测器的分类及特点　　表 2-4

序号	分类名称	特　点
1	单通道红外火焰探测器	优点：对大多数含碳氢化合物的火灾响应较好；对弧焊不敏感；透过烟雾及其他许多污染的能力强；日光盲；对一般的电力照明、人工光源和电弧不响应；其他形式辐射的影响很小； 缺点：透镜上结冰可造成探测器失灵，对受调制的黑体热源敏感。由于只能对具有闪烁特征的火灾响应，因而使得探测器对高压气体火焰的探测较为困难
2	双通道红外火焰探测器	优点：对大多含碳氢化合物的火灾响应较好；对电弧焊不敏感；能够透过烟雾和其他许多污染；日光盲；对一般的电力照明、人工光源和电弧不响应；其他形式辐射影响很小；对稳定的或经调制的黑体辐射不敏感，误报率较低； 缺点：灵敏度低
3	紫外火焰探测器	优点：对绝大多数燃烧物质能够响应，但响应的快慢有不同，最快响应可达 12ms，可用于抑爆等特殊场合；不要求考虑火焰闪烁效应；在高达 125℃的高温场合下，可采用特种形式的紫外探测器；对固定的或移动的黑体热源反应不灵敏，对日光辐射和绝大多数人工照明辐射不响应，可带自检机构，某些类型探测器可进行现场调整，调整探测器的灵敏度和响应时间，具有较大的灵活性； 缺点：易产生误报
4	紫外/红外火焰探测器	优点：对大多含碳氢化合物的火灾响应较好；对电弧焊不敏感；比单通道红外火焰探测器响应稍快，比紫外火焰探测器稍慢；对一般的电力照明、大多数人工光源和电弧不响应；其他形式辐射的影响很小；日光盲；对黑体辐射不敏感。即使环境中正在进行电弧焊，但经过简单的表决单元也能响应一个真实的火灾；同样，即使存在高的背景红外辐射源，也不能降低其响应真实火灾的灵敏度；带简单表决单元的紫外/红外探测器的火焰灵敏度可现场调整，以适合特殊安装场合的应用； 缺点：火焰灵敏度可能受紫外和红外吸收物质沉积的影响

(2)构造及原理

以紫外火焰探测器为例进行说明。紫外火焰探测器由圆柱形紫外充气光敏管、自检管、屏蔽套、反光环、石英窗口等组成,如图 2-20 所示。

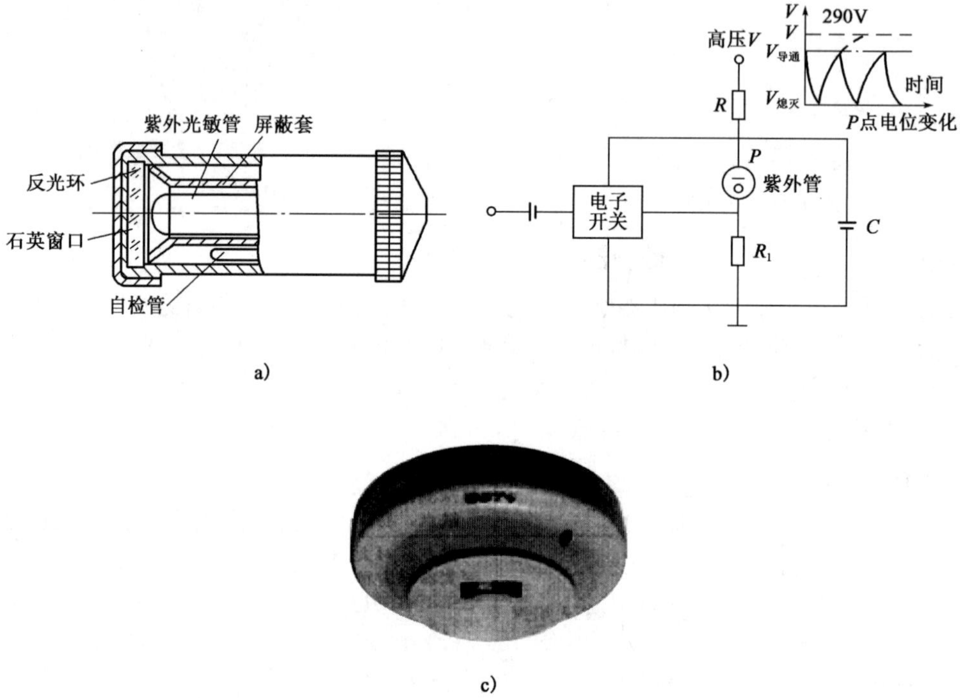

图 2-20　紫外火焰探测器

a)结构示意图;b)工作原理示意图;c)智能紫外火焰探测器 JTGzW-G1

当光敏管接收到 185 ~245nm 的紫外线时,产生电离作用而放电,使其内阻变小,导电电流增加,使电子开关导通,光敏管工作电压降低,当电压降低到 $V_{熄灭}$ 电压时,光敏管停止放电,使导电电流减小,电子开关断开,此时电源电压通过 *RC* 电路充电,又使光敏管的工作电压重新升高到 $V_{导通}$ 电压,于是又重复上述过程,这样便产生了一串脉冲,脉冲的频率与紫外线强度成正比,同时与电路参数有关。

4. 可燃气体火灾探测器

可燃气体火灾探测器是探测区域内某一点周围的特殊气体参数敏感响应的探测器。其探测的主要气体种类有天然气、液化气、酒精、一氧化碳等。可燃气体火灾探测器主要分为半导体型和催化型两种。

半导体型可燃气体火灾探测器的气敏元件是金属氧化物半导体元件,当氧化物暴露在温度 200 ~300℃的还原性气体中时,大多数氧化物的电阻将明显降低。由于半导体表面接触的气体的氧化作用,被离子吸收的氧从半导体表面移出,自由形成的电子有益于电传导。再加上特殊的催化剂,例如 Pt、Pd 和 Gd 的掺和物可加速表面反应。这一效应是可逆的,即当除掉还原性气体时,半导体恢复到它初始的高阻值。应用较多的是适量掺杂二氧化锡(SnO_2)材料[添加微量钯(Pd)等贵金属做催化剂]，在高温下烧结成N型半导体材料，在其工作温度(250～300℃)下，如遇可燃性气体是足够灵敏的，因此，它们能够构成探测初期火灾的气体探测器的基础。其他类型的可燃气体探测器还有氧化锌系列，它是在氧化锌材料中掺杂铂(Pt)做催化剂，对煤气具有较高的灵敏度；掺杂钯(Pd)做催化剂，对一氧化碳和氢气比较敏感。有时还采用其他材料做敏感元件，例如γ—Fe_2O_3系列，它不使用催化剂也能获得足够的灵敏度，并因不使用催化剂而大大延长其使用寿命。

催化型可燃气体探测器的催化元件是一个很小的多孔陶瓷小珠(直径约为1mm)，例如氧化铝和一个Pt加热线圈结到一起，如图2-21所示，把小球浸渍一种催化剂(如Pt、Th、Pd等)，以加速某些气体的氧化作用。该活性小珠所在电路是桥式连接，其参考桥臂由一类似结构的惰性小珠构成。两个小珠相邻地放于探测器壳体中，Pt线圈加热到500℃左右的温度。可氧化的气体在催化的活性小珠热表面上氧化，但在惰性小珠上不氧化。因此，活性小珠的温度稍高于惰性小珠的温度。两个小珠的温差可由Pt加热线圈电阻的相应变化测出。对于低气体浓度来说，电路输出信号与气体浓度C成正比，即

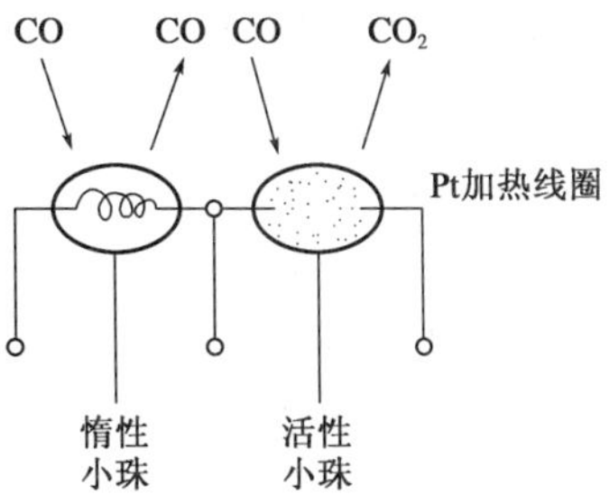

图2-21　催化燃烧气体敏感元件示意图

$$S = AC$$

式中：S——电路输出信号；

A——系数(A与燃烧热成正比)；

C——气体浓度。

催化燃烧气体敏感元件制成的探测器仅对可氧化的气体敏感。它主要用于监测易爆气体(其浓度在爆炸下限的1/100～1/10)。探测器的灵敏度可勉强探出典型火灾初期阶段的气体浓度，而且探测器的功能较大，在大多数情况下，由于在1年左右的时间内将会有较大的漂移，所以它需要重新进行电气调零。

气体火灾探测器适用于探测溶剂仓库、压气机站、炼油厂、输油输气管道等场所，用于预防潜在的爆炸或毒气危害的工业场所及民用建筑(如煤气管道、液化气罐等)，起防爆、防火、监测环境污染的作用。

5. 复合火灾探测器

复合火灾探测器是一种可以响应两种或两种以上火灾参数的探测器，是两种或两种以上火灾探测器性能的优化组合。集成在每个探测器内的微处理机芯片，对相互关联的每个探测器的测值进行计算，从而降低了误报率。通常有感烟感温型、感温感光型、感烟感光型、红外光束感烟感光型、感烟感温感光型复合火灾探测器。其中，以烟温复合火灾探测器使用最为频繁，其工作原理为无论是温度信号还是烟气信号，只要有一种火灾信号达到相应的阀值时，探测器即可报警。其接线方式同光电感烟火灾探测器。烟温复合火灾探测器外形，如图2-22所示。

6. 智能型火灾探测器

智能型火灾探测器是为了防止误报，预设了一些针对常规及个别区域和用途的火情判定计算规则，探测器本身带有微处理信息功能，可以对接收到的信息进行计算处理，统计评估。

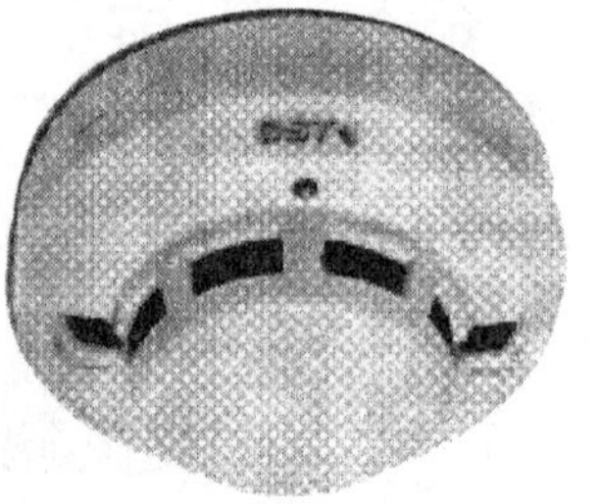

图 2-22　智能烟温复合火灾探测器 JTF-GOM-GST601

图像型火灾探测器是唯一满足视频监控和火灾探测功能的探测方式。可实时采集分析现场视频，迅速识别火焰并产生火情报警，支持现场监控与录像取证。为指挥中心及时了解火灾现场情况组织灭火及疏散人群提供了有效的技术手段，同时节约了宝贵的时间。

图像型火灾探测器属于成像型的探测器，同时具备空间和时间分辨率的探测能力。可以从不同角度（如火焰的光学特性、形状、跳动频率、变化趋势等）进行分析，并综合运用神经网络、模糊数学、计算语义学等理论来判断火焰。具有非接触式探测特点，不受空间高度、高温、易爆、有毒等环境条件的限制，采用国际上最先进的智能图像分析技术，能够实时采集并分析现场视频，迅速识别火焰并产生火情报警，支持现场监控及录像取证，极大地提高了火灾报警的准确率和响应速度，同时有效地避免了各种环境背景因素所产生的干扰。该系统是目前唯一的集防火、防盗、监控三位一体的性价比最高的高技术产品。

三、报警区域和探测区域的划分

1. 报警区域及其划分

报警区域是指将火灾自动报警系统的警戒范围按防火分区或楼层划分的单元。一个报警区域由一个或同层几个相邻防火分区组成。

通过报警区域把建筑的防火分区同火灾自动报警系统有机地联系起来。报警区域划分主要是为了迅速确定报警及火灾发生部位。在火灾自动报警系统设计中，首先就是要正确地划分警报区域，确定相应的报警系统，才能使报警系统及时、准确地报出火灾发生的具体部位，就近采取措施，扑灭火灾。

按常规，每个报警区域应设置一台区域报警控制器或区域显示盘，报警区域一般不得跨越楼层。因此，除了高层公寓和楼塔式住宅，一台区域警报控制器所警戒的范围一般也不得跨越楼层。报警区域的划分应符合下列规定：

（1）报警区域应根据防火分区或楼层划分，可将一个防火分区或一个楼层划分为一个报警区域，也可将发生火灾时需要同时联动消防设备的相邻几个防火分区或楼层划分为一个报警区域。

（2）列车的报警区域应按车厢划分，每节车厢应划分为一个报警区域。

2. 探测区域及其划分

探测区域是指将报警区域按探测火灾的部位划分单元。

每一个探测区域对应在火灾报警控制器（或楼层显示盘）上显示一个部位号。这样，才能迅速而准确地探测出火灾报警的具体部位。因此，在被保护的报警区域内应按顺序划分探测区域。国外规范也是这样规定的。

探测区域是火灾自动报警系统的最小单位，代表了火灾报警的具体部位。它能帮助值班人员及时、准确地到达火灾现场，采取有效措施，扑灭火灾。因此，在火灾自动报警系统设计时，必须严格按规范要求，正确划分探测区域。

为了迅速而准确地探测出被保护区内发生火灾的部位，需将被保护区按顺序划分成若干探测区域。探测区域的划分应符合下列规定：

（1）探测区域应按独立房（套）间划分。一个探测区域的面积不宜超过 500m^2。从主要出入口能看清其内部，且面积不超过 1000m^2房间，也可划为一个探测区域。

（2）红外光束感烟火灾探测器和缆式线型感温火灾探测器的探测区域的长度，不宜超过100m；空气管差温火灾探测器的探测采区域长度宜为 20～100m。

（3）应单独划分探测区域的场所：

①敞开或封闭楼梯间、防烟楼梯间、属于疏散直接相关的场所。

②防烟楼梯间前室、消防电梯前室、消防电梯与防烟楼梯间合用的前室走道、坡道。

③防烟楼梯间、属于疏散直接相关的场所。

④建筑物闷顶、夹层。

四、火灾探测器的选择及布置

火灾自动报警系统设计，火灾探测器类型的选择是否合理，关系到系统能否正常运行，因此探测器的种类及数量的确定十分重要。另外，探测器选好后其合理布置是保证探测质量的关键环节，它关系到系统的可靠性，为此应符合《火灾自动报警系统设计规范》（GB 50116—2013）和《火灾自动报警系统施工验收规范》（GB 50166—2007）的有关要求。

1. 火灾探测器类型选择

火灾探测器类型的选择，涉及的因素很多。在选择火灾探测器时，要根据探测区域内可能发生的初期火灾形成和发展特征、房间高度、环境条件，以及可能引起误报的原因等因素来决定。

（1）根据火灾特点、环境条件及安装场所确定探测器类型

火灾探测器的选择应符合下列规定：

①对火灾初期有阴燃阶段，产生大量的烟和少量的热，很少或没有火焰辐射的场所，应选择感烟火灾探测器。

②对火灾发展迅速，产生大量的热、烟和火焰辐射的场所，可选择感温探测器、感烟探测器、火焰探测器或其组合。

③对火灾发展迅速，有强烈的火焰辐射和少量烟、热的场所，应选择火焰探测器。

④对火灾初期有阴燃阶段，且需要早期探测的场所，宜增设一氧化碳火灾探测器。

⑤对使用、生产可燃气体或可燃蒸气的场所，应选择可燃气体探测器。

⑥应根据保护场所可能发生火灾的部位和燃烧材料的分析，以及火灾探测器的类型、灵敏度和响应时间等选择相应的火灾探测器，对火灾形成特征不可预料的场所，可根据模拟试验的

结果选择火灾探测器。

⑦同一探测区域内设置多个火灾探测器时，可选择具有复合判断火灾功能的火灾探测器和火灾报警控制器。

此外，还有一些特殊类型的火灾探测器，如使用摄像机红外热成像器件等视频设备或它们的组合获取监控现场视频信息，进行火灾探测的图像型火灾探测器；探测漏电流大小的漏电流感应型火灾探测器；探测静电电位高低的静电感应型火灾探测器；要求探测灵敏、动作极为迅速，通过探测爆炸产生的参数变化（如压力变化）信号来抑制、消灭爆炸事故发生的微压差型火灾探测器；利用超声原理探测火灾的超声波火灾探测器等。应根据火灾特点、环境条件及安装场所具体情况，合理确定探测器的类型。

总之，感烟探测器具有稳定性好、误报率低、寿命长、结构紧凑、保护面积大等优点，得到了广泛应用。其他类型的探测器，只在某些特殊场合作为补充才用到。为选用方便，归纳为表2-5所列。

点型探测器的适用场所或情形一览表 表2-5

序号	探测器类型 / 场所或情形	感烟		感温				火焰		说明
		离子	光电	定温	差温	差定温	缆式	红外	紫外	
1	饭店、宾馆、教学楼、办公楼的厅堂、卧室、办公室等	○	○							厅堂、办公室、会议室、值班室、娱乐室、接待室等，灵敏度档次为中、低，可延时；卧室、病房、休息厅、衣帽室、展览室等，灵敏度档次为高
2	电子计算机房、通信机房、电影电视放映室等	○	○							这些场所灵敏度要高或高、中档次联合使用
3	楼梯、走道、电梯、机房等	○	○							灵敏度档次为高、中
4	书库、档案库	○	○							灵敏度档次为高
5	有电器火灾危险	○	○							早期热解产物，气溶胶微粒小，可用离子型；气溶胶微粒大，可用光电型
6	气温速度大于5m/s	×	○							
7	相对湿度经常高于95%以上	×				○				根据不同要求也可选用定温或差温
8	有大量粉尘、水雾滞留	×	×	○	○	○				根据具体要求选用
9	有可能发生无烟火灾	×	×	○	○	○				
10	在正常情况下有烟和蒸汽滞留	×	×	○	○	○				

续上表

序号	探测器类型 场所或情形	感烟		感　温				火焰		说　明
		离子	光电	定温	差温	差定温	缆式	红外	紫外	
11	有可能产生蒸汽和油雾		×							
12	厨房、锅炉房、发电机房、茶炉房、烘干车间等			○		○				在正常高温环境下，感温探测器的额定动作温度值可定得高些，或选用高温感温探测器
13	吸烟室、小会议室等				○	○				若选用感烟探测器，则应选低灵敏度档次
14	汽车库				○	○				
15	其他不宜安装感烟探测器的厅堂和公共场所	×	×	○	○	○				
16	可能产生阴燃火或者发生火灾不及早报警将造成重大损失的场所	○	○	×	×	×				
17	温度在0℃以下			×						
18	正常情况下，温度变化较大的场所				×					
19	可能产生腐蚀性气体	×								
20	产生醇类、醚类、酮类等有机物质	×								
21	可能产生黑烟		×							
22	存在高频电磁干扰		×							
23	银行、百货店、商场、仓库	○	○							
24	火灾时有强烈的火焰辐射							○	○	含有易燃材料的房间、飞机库、油库、海上石油钻井和开采平台；炼油裂化厂

续上表

序号	探测器类型 场所或情形	感烟		感温				火焰		说明
		离子	光电	定温	差温	差定温	缆式	红外	紫外	
25	需要对火焰作出快速反应							○	○	镁和金属粉末的生产、大型仓库、码头
26	无阴燃阶段的火灾							○	○	
27	博物馆、美术馆、图书馆	○	○					○	○	
28	电站、变压器间、配电室	○	○					○	○	
29	可能发生无焰火灾							×	×	
30	在火焰出现前有浓烟扩散							×	×	
31	探测器的镜头易被污染							×	×	
32	探测器的“视线”易被遮挡							×	×	
33	探测器易受阳光或其他光源直接或间接照射							×	×	
34	在正常情况下有明火作业以及X射线、弧光等影响							×	×	
35	电缆隧道、电缆竖井、电缆夹层								○	发电厂、发电站、化工厂、钢铁厂
36	原料堆垛								○	纸浆厂、造纸厂、卷烟厂及工业易燃堆垛
37	仓库堆垛								○	粮食、棉花仓库及易燃仓库堆垛
38	配电装置、开关设备、变压器、电控中心							○		
39	地铁、名胜古迹、市政设施						○			
40	耐碱、防潮、耐低温等恶劣环境						○			
41	皮带运输机生产流水线和滑道的易燃部位						○			

续上表

序号	探测器类型 场所或情形	感烟		感温				火焰		说明
		离子	光电	定温	差温	差定温	缆式	红外	紫外	
42	控制室、计算机室的闷顶内、地板下及重要设备隐蔽处等						○			
43	其他恶劣不适合点型感烟探测器安装场所						○			

注:1. 符号说明:表中“○”表示适合的探测器,应优先选用:“×”表示不适合的探测器,不应选用;空白,无符号表示,须谨慎使用。

2. 在散发可燃气体和可燃气的场所,宜选用可燃气体探测器,实现早期报警。

3. 对可靠性要求高,需要有自动联动装置或安装自动灭火系统时,采用感烟、感温、火焰探测器(同类型或不同类型)的组合。这些场所通常都是重要性很高、火灾危险性很大的。

4. 在实际使用时,如果在所列项目中找不到时,可以参照类似场所,如果没有把握或很难判定是否合适时,最好做燃烧模拟试验最终确定。

5. 下列场所可不设火灾探测器:

(1)厕所、浴室等。

(2)不能有效探测火灾者。

(3)不便维修、使用(重点部位除外)的场所。

6. 工程实际中,在危险性大又很重要的场所即需设置自动灭火系统或设有联动装置的场所,均应采用感烟、感温、火焰探测器的组合。

(1)线型探测器的适用场所

①下列场所宜选用缆式线型定温探测器:

A. 计算机室、控制室的闷顶内、地板下及重要设施隐蔽处等。

B. 开关设备、发电厂、变电站及配电装置等。

C. 各种皮带运输装置。

D. 电缆夹层、电缆竖井、电缆隧道等。

E. 其他环境恶劣不适合点型探测器安装的危险场所。

②下列场所宜选用空气管线型差温探测器:

A. 不易安装点型探测器的夹层、闷顶。

B. 公路隧道工程。

C. 古建筑。

D. 可能产生油类火灾且环境恶劣的场所。

E. 大型室内停车场。

③下列场所宜选用红外光束感烟探测器:

A. 隧道工程。

B. 古建筑、文物保护的厅堂馆所等。

C. 档案馆、博物馆、飞机库、无遮挡大空间的库房等。

D. 发电厂、变电站等。

(2)可燃气体探测器的选择

下列场所宜选用可燃气体探测器:

①煤气表房、煤气站以及大量存放液化石油气罐的场所。

②使用管道煤气或燃气的房屋。

③其他散发或积聚可燃气体和可燃液体蒸气的场所。

④有可能产生大量一氧化碳气体的场所,宜选用一氧化碳气体探测器。

不适于选用感烟探测器的场所:正常情况下有烟的场所,经常有粉尘及水蒸气等固体、液体微粒出现的场所,火灾发展迅速、产生烟极少爆炸性场合。

离子感烟与光电感烟探测器的适用场合基本相同,但应注意它们各有不同的特点。离子感烟探测器对人眼看不到的微小颗粒同样敏感,例如人能嗅到的油漆味、烤焦味等都能引起探测器动作,甚至一些分子量大的气体分子,也会使探测器发生动作,在风速过大的场合(如大于6m/s)将引起探测器不稳定,且其敏感元件的寿命较光电感烟探测器的短。

(2)根据房间高度选择火灾探测器

建筑物的室内高度不同,对火灾探测器的选择有不同的要求。对火灾探测器使用高度加以限制,是为了使火灾探测器在整个探测器所要保护面积的范围内均具有必需的灵敏度,以确保其有效性。一般房间高度超过12m,感烟火灾探测器不适用;房间高度超过8m,感温火灾探测器不适用。房间高度也与探测器的灵敏度有关,灵敏度高的探测器适于较高的房间。在房间高度超过感烟火灾探测器使用高度的情况下,只能采用感光火灾探测器或图像火灾探测器。感光探测器的使用高度由其光学灵敏度范围确定,但高度增加,要求感光探测器灵敏度提高。应该指出,房间顶棚的形状(尖顶形、拱顶形)和大空间顶板的不平整性等,对房间高度确定均有影响。工程施工时,应视具体情况并考虑探测器的保护面积和保护半径等因素后再确定。

由于各种探测器特点各异,其适于房间高度也不一致,为了使选择的探测器能更有效地达到保护目的,表2-6列举了几种常用探测器对房间高度的要求。

对不同高度的房间点型火灾探测器的选择 表2-6

房间高度 h (m)	点型感烟火灾探测器	点型感温火灾探测器			火焰探测器
		A1、A2	B	C、D、E、F、G	适合
$12 < h \leqslant 20$	不适合	不适合	不适合	不适合	适合
$8 < h \leqslant 12$	适合	不适合	不适合	不适合	适合
$6 < h \leqslant 8$	适合	适合	不适合	不适合	适合
$4 < h \leqslant 6$	适合	适合	适合	不适合	适合
$h \leqslant 4$	适合	适合	适合	适合	适合

当同一房间内高度不同时,且较高部分的顶棚面积小于整个房间顶棚面积的10%,只要这一顶棚部分的面积不大于1只探测器的保护面积,则该较高的顶棚部分同整个顶棚面积一样看待。否则,较高的顶棚部分应如同分隔开的房间处理。

在按房间高度选用探测器时,应注意这仅仅是按房间高度对探测器选用的大致划分,具体选用时尚需结合火灾的危险程度和探测器本身的灵敏度档次来进行。如判断不准时,需做模拟试验最后确定。

对于较大的库房及货场,宜采用线型激光感烟探测器,而采用其他点型探测器则效率不高。在粉尘较多、烟雾较大的场所,感烟火灾探测器易出现误报警,感光火灾探测器的镜头易受污染而导致探测器漏报,因此,在这种场合只能采用感温式探测器。

火灾探测器使用的环境条件,如环境温度、气流速度、振动、空气湿度、光干扰等均可能对探测器的工作有效性(如灵敏度等)产生影响。一般需要考虑如下因素:

①温度

感烟与感光探测器的使用温度低于50℃，定温探测器在10～35℃；在0℃以下时，探测器安全工作的条件是其本身不允许结冰，并且多采用感烟式或感光探测器。

②速度

风速较大或气流速度大于5m/s的场所不宜采用感烟探测器，使用感光探测器则无任何影响。

③振动

环境中有限的正常振动，对于点型火灾探测器一般影响较小，对分离式光电感烟探测器则影响较大，要求定期调校。

④湿度

环境空气湿度小于95%RH时，一般不影响火灾探测器的工作；当有雾化烟雾或凝露存在时，将对感烟和感光探测器的灵敏度有影响。

⑤其他

环境中存在烟、灰及类似的气溶胶时，将直接影响感烟探测器的使用；对感温和感光探测器，如果能够避免潮湿、灰尘的影响，则使用可不受限制。环境中的光干扰对感烟和感温探测器的使用均不产生影响，但对感光探测器则直接或间接影响其工作的可靠性。

选用火灾探测器时，若不充分考虑环境因素的影响，则在其使用过程中会产生误报。误报除与环境有关外，还与火灾探测器故障或设计中的缺欠、维护不周、老化和污染等因素有关，应认真对待。探测器的误报警将导致灭火设备自动启动，从而带来不良影响，甚至导致严重的后果，这对火灾探测器的准确性及可靠性提出了更高的要求。一般都采用同类型或不同类型的两个探测器组合使用来实现双信号报警，很多时候还要加上一个延时报警判断之后，才能产生联动控制信号。同类型探测器组合使用时，应该一个具有高一些的灵敏度，另一个灵敏度则低一些。

2. 火灾探测器布置

(1)点型火灾探测器布置

①探测区域的每个房间应至少设置一只火灾探测器。

②感烟火灾探测器和A1、A2、B型感温火灾探测器的保护面积和保护半径，应按表2-7确定；C、D、E、F、G型感温火灾探测器的保护面积和保护半径，应根据生产企业设计说明书确定，但不应超过表2-7的规定。

感烟火灾探测器和A1、A2、B型感温火灾探测器的保护面积和保护半径 表2-7

火灾探测器种类	地面面积 $S(m^2)$	房间高度 $h(m)$	一只探测器的保护面积 A 和保护半径 R					
			房顶坡度 θ					
			$\theta \leq 15°$		$15° < \theta \leq 30°$		$\theta > 30°$	
			$A(m^2)$	$R(m)$	$A(m^2)$	$R(m)$	$A(m^2)$	$R(m)$
感烟探测器	$S \leq 80$	$h \leq 12$	80	6.7	80	7.2	80	8.0
	$S > 80$	$6 < h \leq 12$	80	6.7	100	8.0	120	9.9
		$h \leq 6$	60	5.8	80	7.2	100	9.0
感温探测器	$S \leq 30$	$h \leq 8$	30	4.4	30	4.9	30	5.5
	$S > 30$	$h \leq 8$	20	3.6	30	4.9	40	6.3

③探测器数量的确定。在实际工程中，房间功能及探测区域大小不一，房间高度、棚顶坡度也各异，因此应根据每个探测区域内至少设置一只火灾探测器的原则确定探测器的数量。并按下式计算。

$$N \geqslant \frac{S}{k \cdot A} \tag{2-1}$$

式中：N——探测器的数量（只），N 应取整数；

S——该探测区域的面积（m^2）；

A——探测器的保护面积（m^2）；

k——修正系数，容纳人数超过 10000 人的公共场所，宜取 0.7～0.8；容纳人数为 2000～10000 人的公共场所，宜取 0.8～0.9；容纳人数为 500～2000 人的公共场所，宜取 0.9～1.0；其他场所可取 1.0。

对于一个探测器而言，其保护面积和保护半径的大小与其探测器的类型、探测区域的面积、房间高度及屋顶坡度都有一定的联系。表 2-7 说明了两种常用的探测器保护面积、保护半径与其他参量的相互关系。

【例 2-1】 某高层教学楼的其中一个被划为一个探测区域的阶梯教室，其地面面积为 30m×40m，房顶坡度为 13°，房间高度为 8m，属于二级保护对象，试求：

（1）应选用何种类型的探测器？

（2）探测器的数量为多少只？

解：

（1）根据使用场所，从表 2-5 和表 2-6 可知，应选感烟火灾探测器。

（2）由式（2-1）可知，k 取 1.0；地面面积 $S = 30\text{m} \times 40\text{m} = 1200\text{m}^2 > 80\text{m}^2$，房间高度 $h = 8\text{m}$，即 $6\text{m} < h \leqslant 12\text{m}$，房顶坡度 θ 为 13°，即 $\theta \leqslant 15°$，于是根据 S、h、θ 查表 2-7 得，保护面积 $A = 80\text{m}^2$，保护半径 $R = 6.7\text{m}$。

所以：$N = \dfrac{1200}{1 \times 80} = 15$ 只

由上例可知：对探测器类型的确定必须全面考虑，确定了类型，数量也就被确定了。下面介绍在数量确定之后如何布置，以及在有梁等特殊情况下探测区域如何划分的问题。

探测器布置的合理与否，直接影响保护效果。一般火灾探测器应安装在屋内顶棚表面或顶棚内部（没有顶棚的场合，安装在室内吊顶板表面上）。考虑到维护管理的方便，其安装面的高度不宜超过 20m。

在布置探测器时，首先考虑安装间距如何确定，再考虑梁的影响及特殊场所探测器安装要求，下面分别叙述。

④安装间距的确定。《火灾自动报警系统设计规范》规定探测器周围 0.5m 内，不应有遮挡物（以确保探测效果）。探测器至墙壁、梁边的水平距离，不应小于 0.5m，如图 2-23 所示。

安装间距：两只相邻火灾探测器中心之间的水平距离称为安装间距，分别用以 a 和 b 表示。安装间距 a、b 的确定方法如下：

A. 计算法。根据从表 2-7 中查得保护面积 A 和保护半径 R，计算直径 $D = 2R$，根据所算 D 值大小对应保护面积 A 在图 2-24 曲线粗实线上即由 D 值所包围部分上取一点，此点所对应的

数即为安装间距 a、b 值。注意实际布置中应不大于查得的 a、b 值。具体布置后，再检验探测器到最远点水平距离是否超过了探测器的保护半径，如超过时应重新布置或增加探测器的数量。

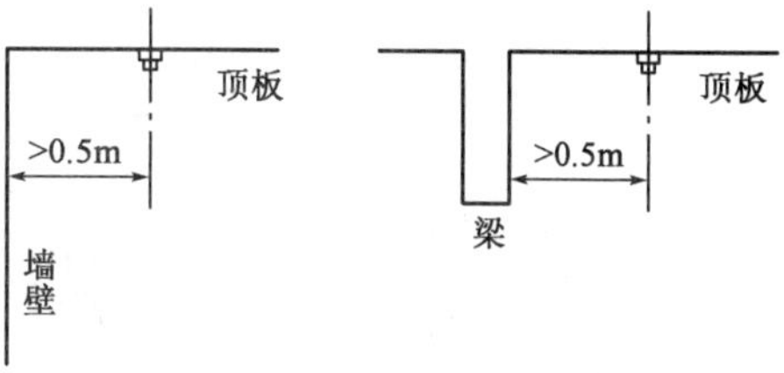

图 2-23 探测器在顶棚上安装时与墙或梁的距离

图 2-24 曲线中的安装间距是以二维坐标的极限曲线的形式给出的，即给出感温探测器的 3 种保护面积（$20m^2$、$30m^2$ 和 $40m^2$）及其 5 种保护半径（3.6m、4.4m、4.9m、5.5m 和 6.3m）所适宜的安装间距极限曲线 $D_1 \sim D_5$，给出感烟探测器的 4 种保护面积（$60m^2$、$80m^2$、$100m^2$ 和 $120m^2$）及其 6 种保护半径（5.8m、6.7m、7.2m、8.0m 和 9.9m）所适宜的安装间距极限曲线 $D_6 \sim D_{11}$（含 D'_9）。

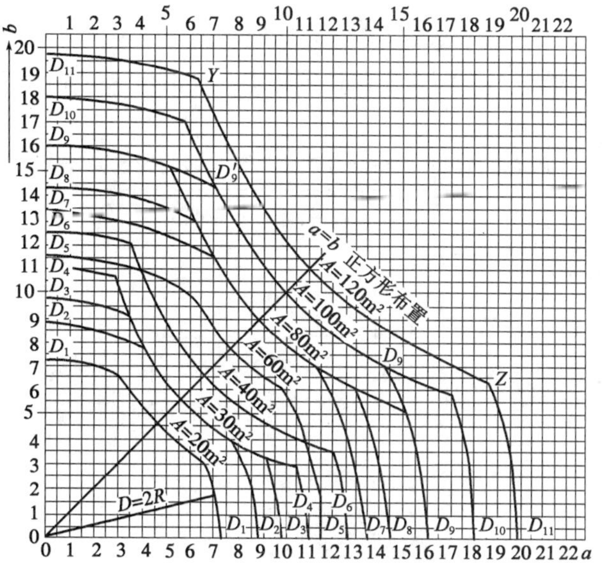

图 2-24 探测器安装间距的极限曲线

A-探测器的保护面积（m^2）；a、b-探测器的安装间距（m）；$D_1 \sim D_{11}$（含 D'_9）-在不同保护面积 A 和保护半径 R 下确定探测器安装间距 a、b 的极限曲线；Y、Z-极限曲线的端点（在 Y 和 Z 两点间的曲线范围内，保护面积可得到充分利用）

【例 2-2】 对例 2-1 中确定的 15 只感烟探测器的布置如下：

由表 2-7 查得 $A = 80m^2$ 和 $R = 6.7m$。计算得：$D = 2R = 2 \times 6.7 = 13.4m$。

根据 $D = 13.4m$，由图 2-23 曲线中 D_7 上查得的 Y、Z 线段上选取探测器安装间距 a、b 的数值，并根据现场实际情况选取 $a = 8m$，$b = 10m$，布置方式如图 2-25 所示。

这种布置采用如下方法可以验证是合理的。

本例中所采用的探测器 $R = 6.7m$，只要每个探测器之间的半径都小于或等于 6.7m 即可有效地进行保护。图 2-25 中，探测器间距最远的半径 $R = \sqrt{4^2 + 5^2} = 6.4m$，小于 6.7m，距墙的最大值为 5m，不大于安装间距 10m 的一半，显然布置合理。

B. 经验法。一般点型探测器的布置为均匀布置法，根据工程实际总结如下：

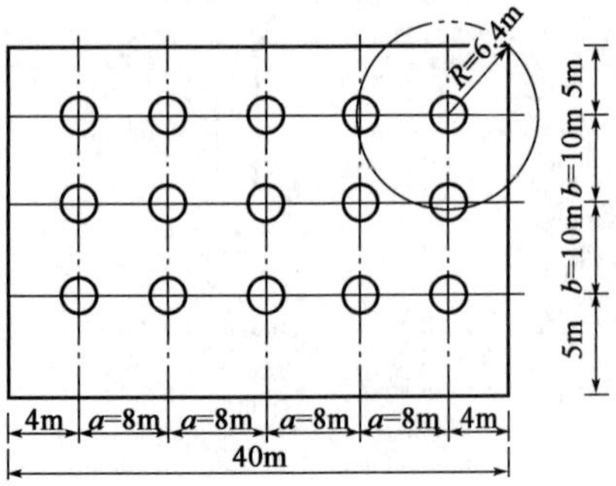

图 2-25　探测器的布置示例

$$横向间距\ a = \frac{该房间(该探测区域)的长度}{横向安装间距个数+1} = \frac{该房间的长度}{横向探测器个数}$$

$$纵向间距\ b = \frac{该房间(该探测区)的宽度}{纵向安装间距个数+1} = \frac{该房间的宽度}{纵向探测器个数}$$

因为距墙的最大距离为安装间距的一半,两侧墙为一个安装间距。上例中,按经验法布置如下:

$$a = \frac{40}{4+1} = 8\text{m} \qquad b = \frac{30}{2+1} = 10\text{m}$$

由此可见,这种方法不需要查表,可非常方便地求出 a、b 值。其布置同上。

另外,根据人们的实际工作经验,这里推荐由保护面积和保护半径决定最佳安装间距的选择表,供设计使用,见表 2-8。

由保护面积和保护半径决定最佳安装间距选择表表　　表 2-8

探测器种类	保护面积 $A(m^2)$	保护半径 R 的极限值(m)	参照的极限曲线	最佳安装间距 a、b 及保护半径 R 值(m)									
				$a \times b$	R	$a \times b$	R	$a \times b$	R	$a \times b$	R	$a \times b$	R
感温探测器	20	3.6	D_1	4.5×4.5	3.2	5.0×4.0	3.2	5.5×3.6	3.3	6.0×3.3	3.4	6.5×3.1	3.6
	30	4.4	D_2	5.5×5.5	3.9	6.1×4.9	3.9	6.7×4.8	4.1	7.3×4.1	4.2	7.9×3.8	4.4
	30	4.9	D_3	5.5×5.5	3.9	6.5×4.6	4.0	7.4×4.1	4.2	8.4×3.6	4.6	9.2×3.2	4.9
	30	5.5	D_4	5.5×5.5	3.9	6.8×4.4	4.0	8.1×3.7	4.5	9.4×3.2	5.0	10.6×2.8	5.5
	40	6.3	D_6	6.5×6.5	4.6	8.0×5.0	4.7	9.4×4.3	5.2	10.9×3.7	5.8	12.2×3.3	6.3
感烟探测器	60	5.8	D_5	7.7×7.7	5.4	8.3×7.2	5.5	8.8×6.8	5.6	9.4×6.4	5.7	9.9×6.1	5.8
	80	6.7	D_7	9.0×9.0	6.4	9.6×8.3	6.3	10.2×7.8	6.4	10.8×7.4	6.5	11.4×7.0	6.7
	80	7.2	D_8	9.0×9.0	6.4	10.0×8.0	6.4	11.0×7.3	6.6	12.0×6.7	6.9	13.0×6.1	7.2
	80	8.0	D_9	9.0×9.0	6.4	10.6×7.5	6.5	12.1×6.6	6.9	13.7×5.8	7.4	15.4×5.3	8.0
	100	8.0	D_9	10.0×10.0	7.1	11.1×9.0	7.1	12.2×8.2	7.3	13.3×7.5	7.6	14.4×6.9	8.0
	100	9.0	D_{10}	10.0×10.0	7.1	11.8×8.5	7.3	13.5×7.4	7.7	15.3×6.5	8.3	17.0×5.9	9.0
	120	9.9	D_{11}	11.0×11.0	7.8	13.0×9.2	8.0	14.9×8.1	8.5	16.9×7.1	9.2	18.7×6.4	9.9

在较小面积的场所($S \leq 80\text{m}^2$)时,探测器尽量居中布置,使保护半径较小,探测效果较好。

【例 2-3】 某锅炉房地面长为 20m,宽为 10m,房间高度为 3.5m,房顶坡度为 12°,试确定:

(1)探测器类型;

(2)探测器数量;

(3)探测器的布置。

解:

(1)由表 2-5 和表 2-6 查得,应选用感温探测器。

(2)由表 2-7 查得,$A=20\text{m}^2$、$R=3.6\text{m}$、k 取 1。

$$N \geqslant \frac{S}{k \cdot A}=\frac{20\times 10}{1\times 20}=10\text{ 只}$$

(3)采用经验法布置。

横向间距

$$a=\frac{20}{5}=4\text{m},a_1=2\text{m}$$

纵向间距

$$b=\frac{10}{2}=5\text{m},b_1=2.5\text{m}$$

布置如图 2-26 所示,可见满足要求、布置合理。

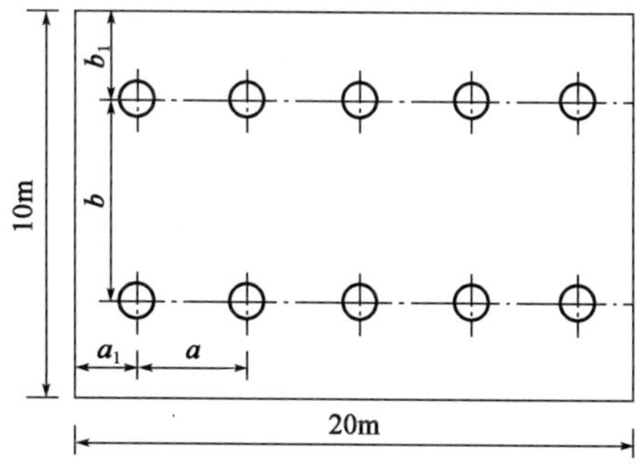

图 2-26　探测器布置示例

【例 2-4】　某学院吸烟室地面面积为 9m × 13.5m,房间高度为 3m,试确定:

(1)探测器类型;

(2)探测器数量;

(3)探测器布置。

解:

(1)由表 2-5 和表 2-6 查得,应选感温探测器。

(2)k 取 1,由表 2-7 查得,$A=20\text{m}^2$,$R=3.6\text{m}$。

$N=\dfrac{9\times 13.5}{1\times 20}=6.075$ 只,取 6 只(因有些厂家产品 k 可取 1 ~ 1.2,为布置方便取 6 只)

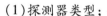

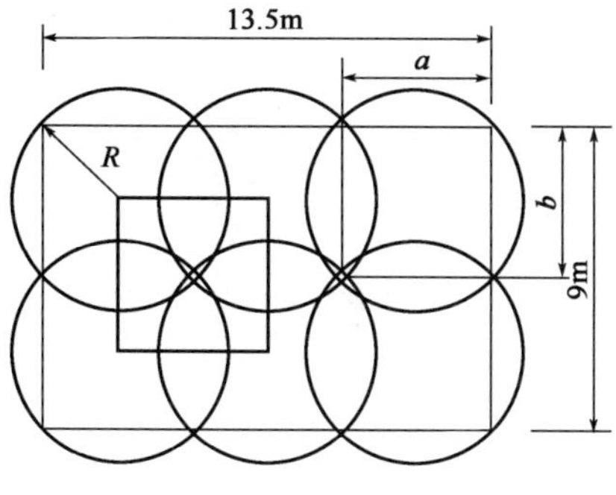

图 2-27　探测器布置示例

(3)布置:采用正方形组合布置法,从图 2-24 中查得 $a=b=4.5\text{m}$(基本符合本题各方面要求),布置如图 2-27 所示。

校检:$R=\sqrt{a^2+b^2}/2=3.18\text{m}$,小于 3.6m,合理。

综上可知,采用正方形和矩形组合布置法的优点是,可将保护区的各点完全保护起来,保护区内不存在得不到保护的"死角",且布置均匀美观。

(2)梁对探测器的影响

在顶棚有梁时,由于烟的蔓延受到梁的阻碍,探测器的保护面积会受梁的影响。如果梁间区域的面积较小,梁对热气流(或烟气流)形成障碍,并吸收一部分热量,因而探测器的保护面积必然下降。梁对探测器的影响如图 2-28 及表 2-9 所示。通过查表可以决定一只探测器能够保护的梁间区域的个数,减少了计算工作量,按图 2-28 规定,房间高度在 5m 以下,感烟火灾探测器在梁高小于 200mm 时,无须考虑其梁的影响;房间高度在 5m 以上,梁高大于 200mm 时,探测器的保护面积受房高的影响,可按房间高度与梁高的线性关系考虑。

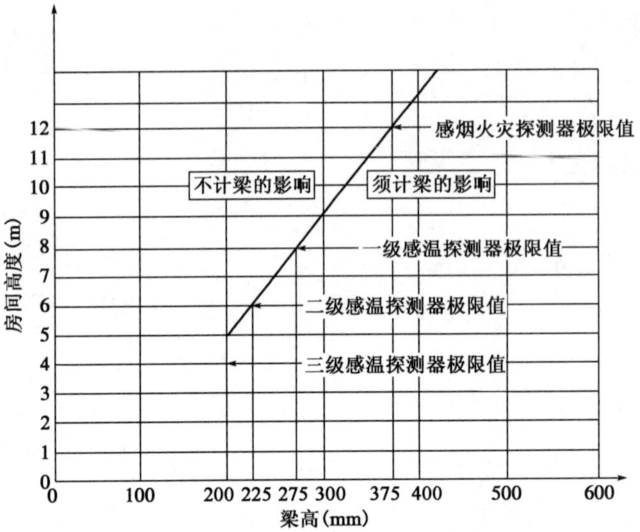

图 2-28　不同高度的房间梁对探测器设置的影响

按梁间区域面积确定一只探测器能够保护的梁间区域个数　　表 2-9

探测器的保护面积 $A(m^2)$		梁隔断的梁间区域面积 $Q(m^2)$	一只探测器保护的梁间区域个数
感温探测器	20	$Q>12$	1
		$8<Q\leqslant12$	2
		$6<Q\leqslant8$	3
		$4<Q\leqslant6$	4
		$Q\leqslant4$	5
感温探测器	30	$Q>18$	1
		$12<Q\leqslant18$	2
		$9<Q\leqslant12$	3
		$6<Q\leqslant9$	4
		$Q\leqslant6$	5
感烟探测器	60	$Q>36$	1
		$24<Q\leqslant36$	2
		$18<Q\leqslant24$	3
		$12<Q\leqslant18$	4
		$Q\leqslant12$	5
	80	$Q>48$	1
		$32<Q\leqslant48$	2
		$24<Q\leqslant32$	3
		$16<Q\leqslant24$	4
		$Q\leqslant10$	5

由图 2-28 可查得，三级感温探测器房间高度极限值为 4m，梁高限度 200mm；二级感温探测器房间高度极限值为 6m，梁高限度为 225mm。一级感温探测器房间极限值为 8m，梁高限度为 275m。感烟探测器房间高度极限值为 12m，梁高限度为 375mm，在线性曲线左边部分均无须考虑梁的影响。

可见，当梁突出顶棚的高度在 200～600mm 时，应按图 2-28 和表 2-9 确定梁的影响和一只探测器能够保护的梁间区域的数目。

当梁突出顶棚的高度超过 600mm 时，被梁阻断的部分需单独划为一个探测区域，即每个梁间区域应至少设置一只探测器。

当被梁阻断的区域面积超过一只探测器的保护面积时，则应将被阻断的区域视为一个探测区域，并应按规范有关规定计算探测器的设置数量。探测区域的划分，如图 2-29 所示。

当梁间净距小于 1m 时，可视为平顶棚。

如果探测区域内有过梁，定温型感温探测器安装在梁上时，其探测器下端到安装面必须在 0.3m 以内，感烟型探测器安装在梁上时，其探测器下端到安装面必须在 0.6m 以内，如图 2-30 所示。

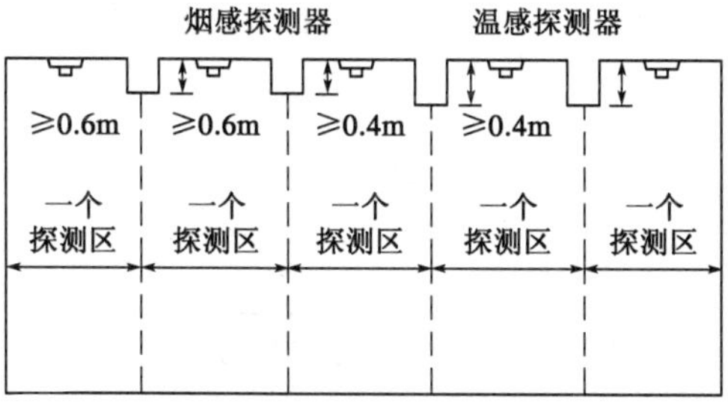

图 2-29　探测区域的划分

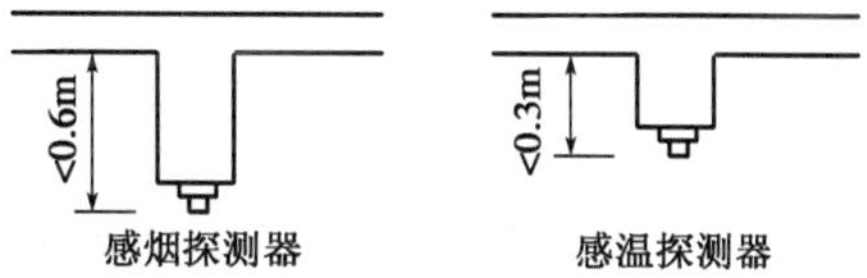

图 2-30　探测器在梁下端安装时至顶棚的尺寸

3. 探测器在一些特殊场合安装时注意事项

（1）在宽度小于 3m 的内走道的顶棚设置探测器时应居中布置，感温探测器的安装间距不应超过 10m，感烟探测器安装间距不应超过 15m，探测器至端墙的距离，不应大于安装间距的一半，在内走道的交叉和汇合区域上，必须安装一只探测器，如图 2-31 所示。

（2）房间被书架、储藏架或设备等阻断分隔，其顶部至顶棚或梁的距离小于房间净高 5% 时，则每个被隔开的部分至少安装一只探测器，如图 2-32 所示。

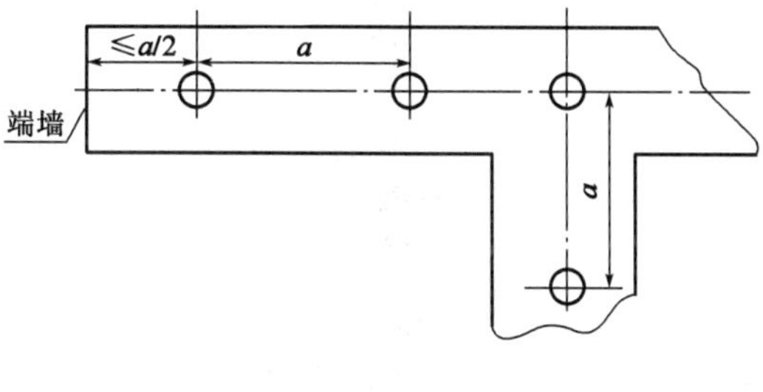

图 2-31　探测器布置在内走道的顶棚上

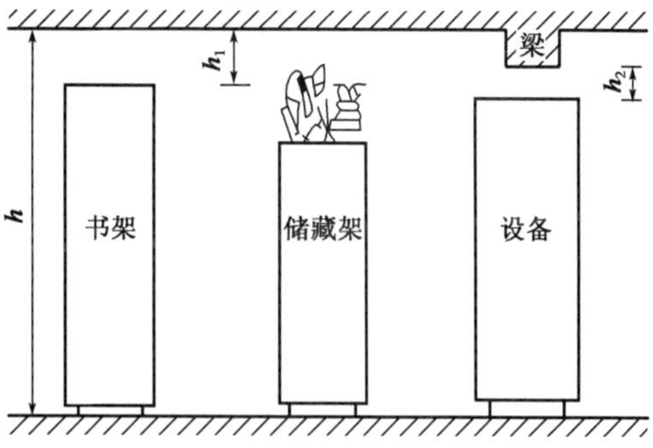

图 2-32　房间有书架、设备时，探测器设置

（$h_1 \geqslant 5\% h$ 或 $h_2 \geqslant 5\% h$）

【例 2-5】 如果书库地面面积为 $40m^2$，房间高度为 3m，内有两书架分别安放在房间，书架高度为 2.9m。试求：应选用几只感烟探测器？

解：

房间高度减去架高度等于 0.1m，为净高的 3.3%，可见书架顶部至顶棚的距离小于房间净高 5%，所以应选用 3 只探测器，即每个被隔开的部分均应安一只探测器。

(3)在空调机房内，探测器应安装在离送风口 1.5m 以上的地方，离多孔送风顶棚孔口的距离不应小于 0.5m，如图 2-33 所示。

(4)楼梯或斜坡道至少垂直距离每 15m（Ⅲ级灵敏度的火灾探测器为 10m）应安装一只探测器。

(5)探测器宜水平安装，如需倾斜安装时，角度不应大于 45°。当屋顶坡度大于 45°时，应加木台或类似方法安装探测器，如图 2-34 所示。

(6)在电梯井、升降机井设置探测器时，其位置宜在井道上方的机房顶棚上，如图 2-35 所示。这种设置既有利于井道中火灾的探测，又便于日常检验维修。因为，通常在电梯井、升降机井的提升井绳索的井道盖上有一定的开口，烟会顺着井绳冲到机房内部，为尽早探测火灾，规定用感烟探测器保护，且在顶棚上安装。

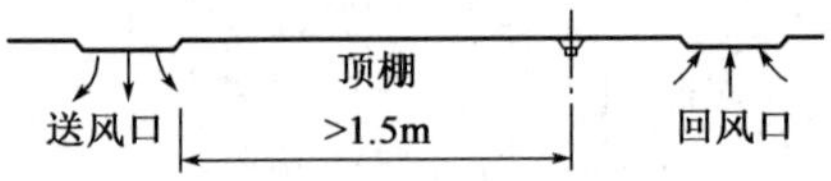

图 2-33 探测器装于有空调房间时的位置示意

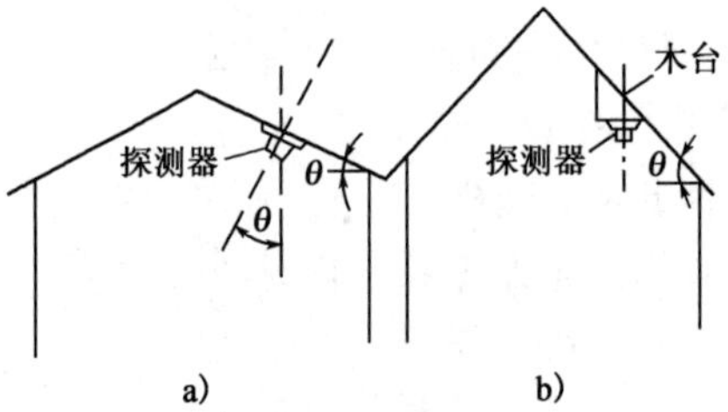

图 2-34 探测器安装角度图

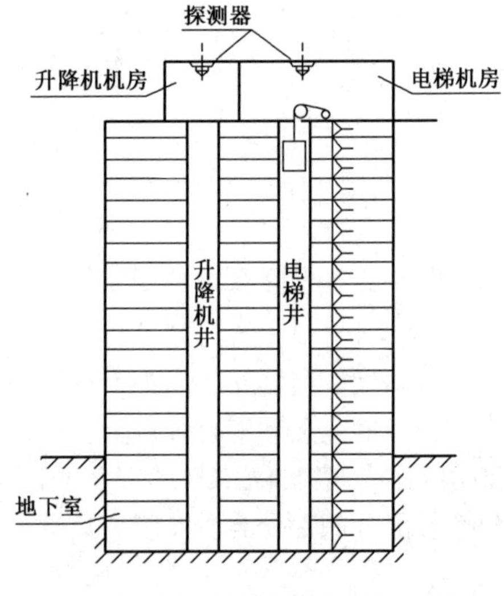

图 2-35 探测器在井道上方机房顶棚上的设置

(7)当房屋顶部有热屏障时，感烟探测器下表面距顶棚的距离应符合表 2-10 所列要求。

感烟探测器下表面距顶棚（或屋顶）的距离 表 2-10

探测器的安装高度 h（m）	感烟探测器下表面距顶棚（或屋顶）的距离 d（mm）					
	$\theta \leqslant 15°$		$15° < \theta \leqslant 30°$		$\theta > 30°$	
	最小	最大	最小	最大	最小	最大
$h \leqslant 6$	30	200	200	300	300	500
$6 < h \leqslant 8$	70	250	250	400	400	600
$8 < h \leqslant 10$	100	300	300	500	500	700
$10 < h \leqslant 12$	150	350	350	600	600	800

(8)顶棚较低(小于2.2m)、面积较小(不大于$10m^2$)的房间,安装感烟探测器时,宜设置在入口附近。

(9)在楼梯间、走廊等处安装感烟探测器时,宜安装在不直接受外部风吹入的位置处。安装光电感烟探测器时,应避开日光或强光直射的位置。

(10)在浴室、厨房、开水房等房间连接的走廊安装探测器时,应避开其入口边缘1.5m。

(11)安装在顶棚上的探测器边缘与下列设施的边缘水平间距宜保持:

①与不突出的扬声器,不小于0.1m。

②与照明灯具,不小于0.2m。

③与自动喷水灭火喷头,不小于0.3m。

④与多孔送风顶棚孔口,不小于0.5m。

⑤与高温光源灯具(如碘钨灯、容量大于100W的白炽灯等),不小于0.5m。

⑥与电风扇,不小于1.5m。

⑦与防火卷帘、防火门,一般在1~2m的适当位置。

(12)对于煤气探测器,在墙上安装时,应距煤气灶4m以上,距地面0.3m;在顶棚上安装时,应距煤气灶8m以上;当屋内有排气口时,允许装在排气口附近,但应距煤气灶8m以上,当梁高大于0.8m时,应装在煤气灶一侧;在梁上安装时,与顶棚的距离小于0.3m。

(13)探测器在厨房中的设置:饭店的厨房常有大的煮锅、油炸锅等,具有很大的火灾危险性,如果过热或遇到高的火灾荷载更易引起火灾。定温式探测器适宜于厨房使用,但是应预防煮锅喷出的一团团蒸汽,即在顶棚上使用隔板以防止热气流冲击探测器,减少或根除误报。而当发生火灾时的热量足以穿过隔板使探测器发出报警信号,如图2-36所示。

(14)探测器在带有网格结构的吊装顶棚场所下的设置。在宾馆等较大空间场所,有带网格或格条结构的轻质吊装顶棚,起到装饰或屏蔽作用。这种吊装顶棚允许烟进入其内部,但影响烟的蔓延,在此情况下设置探测器应谨慎处理。

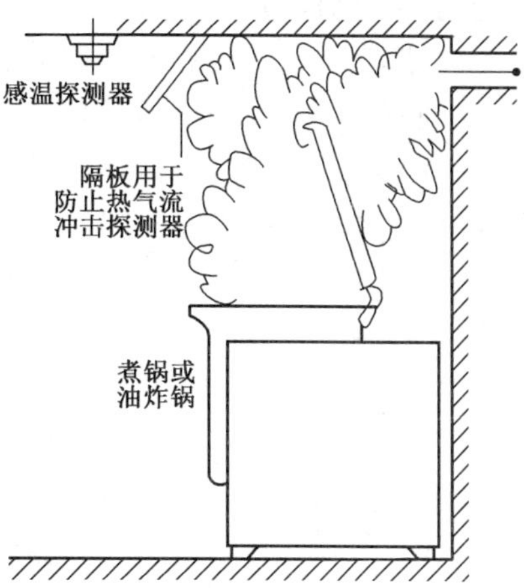

图2-36　感温探测器在厨房中布置

①如果至少有一半以上网格面积是通风的,可把烟的进入看成是开放式的。如果烟可以充分地进入顶棚内部,则只在吊装顶棚内部设置感烟探测器,探测器的保护面积除考虑火灾危险性外,仍按保护面与房间高度的关系考虑,如图2-37所示。

②如果网格结构的吊装顶棚开孔面积相当小(一半以上顶棚面积被覆盖),则可看成是封闭式顶棚,在顶棚上方和下方空间须单独监视。尤其是当阴燃火发生时,产生热量极少,不能提供充足的热气流推动烟的蔓延,烟达不到顶棚中的探测器,此时可采取二级探测方式,如图2-38所示。在吊装顶棚下方光电感烟探测器对阴燃火响应较好,在吊装顶棚上方,采用离子感烟探测器,对明火响应较好,每只探测器的保护面积仍按火灾危险度及地板和顶棚之间的距离确定。

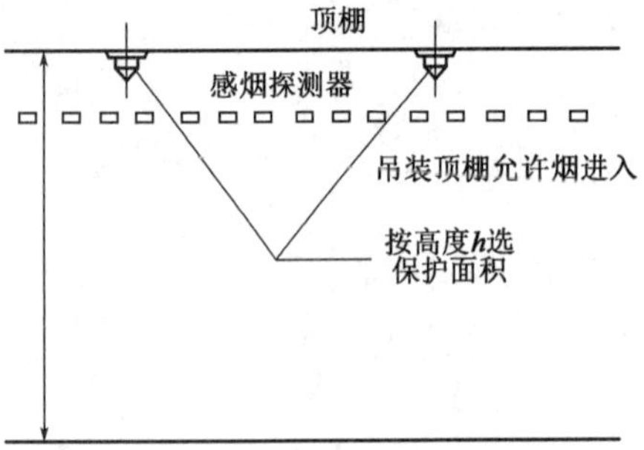

图 2-37　探测器在吊装顶棚中定位

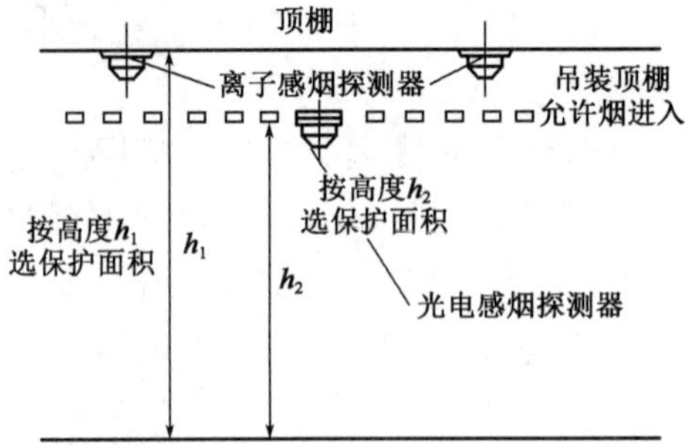

图 2-38　吊装顶棚探测阴燃火的改进方法

(15)下列场所可不设置探测器：

①厕所、浴室及其类似场所。

②不能有效探测火灾的场所。

③不便维修、使用(重点部位除外)的场所。

五、探测器的线制

由于消防设备快速发展，探测器的接线形式变化也很快，即从多线向少线、总线发展，给施工、调试和维护带来了极大的方便。我国采用的线制有四线制、三线制、两线制及四总线制、二总线制等几种。不同厂家生产的不同型号的探测器线制各异，从探测器到报警控制器的线数也有很大差别。

1. 消防系统的技术特点

火灾自动报警系统包括四部分：火灾探测器、配套设备(中继器、显示器、模块、总线隔离器、报警按钮等)、火灾报警控制器及导线，这就形成了系统本身的技术特点。

(1)系统必须保证长期不间断地运行，运行期间不但能在发生火情时能报出着火点，而且应具备自动判断系统设备传输线的断路、短路、电源失电等情况的能力，并给出相应的声光报警，以确保系统的高可靠性。

(2)探测部位之间的距离可以从几米至几十米。控制器到探测部位间可以从几十米到几百米、上千米。一台区域报警控制器可带几十或上百只。无论什么情况，都要求将探测点的信号准确无误地传输到控制器去。

(3)系统应具有低功耗运行性能。探测器对系统而言是无源的，它只是从控制器上获取正常运行的电源。探测器的有效空间是狭小有限的，要求设计时电子部分必须是简练的。探测器必须低功耗，否则将给控制器供电带来问题，也就是给控制探测点的容量带来限制。主电源失电时，应有备用电源保证连续供电 8h，这就要求控制器亦应低功耗运行。

2. 消防系统的线制

由技术特点可知，线制对系统是相当重要的。线制是指探测器和控制器间的导线数量。更确切地说，线制是火灾自动报警系统运行机制的体现。按线制分，火灾自动报警系统有多线制和总线制之分，总线制又有有极性和无极性之分。多线制目前基本不用，但已运行的工程大部分为多线制系统，分别叙述如下：

(1)多线制系统

①四线制

即 $n+4$ 线制,其中 n 为探测器数,4 指公用线为电源线(+24V)、地线(G)、信号线(S)、自诊断线(T),另外每个探测器设一根选通线(ST)。仅当某选线处于有效电平时,在信号线上传送的信息才是该探测部位的状态信号,如图 2-39 所示。这种方式的优点是探测器的电路比较简单,供电和取信息相当直观;缺点是线多,配管直径大,穿线复杂,线路故障也多,故现已不用。

②两线制

也称 $n+1$ 线制,即一条公用地线,另一条则承担供电、选通信息与自检的功能,这种线制比四线制简化得多,但仍为多线制系统。

探测器采用两线制时,可完成电源供电故障检查、火灾报警、断线报警(包括接触不良、探测器被取走)等功能。

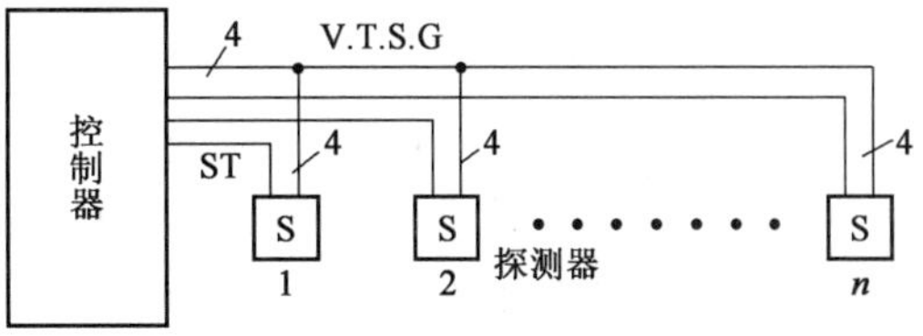

图 2-39　多线制(四线制)接线方式

火灾探测器与报警控制器的最少接线是 $n+n/10$,其中 n 为占用部位号的线数,即探测器信号线的数量,$n/10$(小数进位取整数)为正电源线数(采用红线导线),也就是每 10 个部位合用一根正电源线。

另外,也可以用另一种算法,即 $n+1$,其中 n 为探测器数目(准确地说是房号数),如探测器数 $n=50$,则总线为 51 根。

前一种计算方法是 $50+50/10=55$ 根,这是已进行了巡检分组的根数,与后一种分组后是一致的。

每个探测器各占一个部位时底座的接线方法:

例如,有 10 只探测器,占 10 个部位,无论采用哪种计算方法,其接线及线数均相同,如图 2-40 所示。

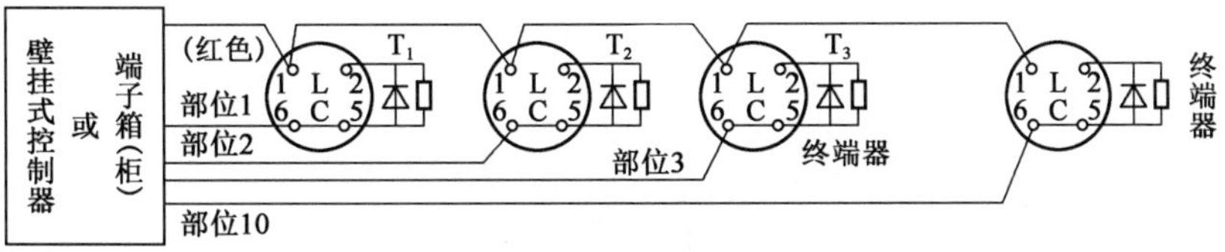

图 2-40　探测器各占一个部位时的接线方法

在施工中应注意:

为保证区域控制器的自检功能,布线时每根连接底座 L_1 的正电源红色导线不能超过 10 个部位数的底座(并联底座时作为一个处理)。

每台区域报警器允许引出的正电源线数为 $n/10$(小数进位取整数),n 为区域控制器的部位数。当管道较多时,要特别注意这一情况,以每 10 个部位分成一组,有时某些管道要多放一根电源正线,以便分组。

探测器底座安装好并确定接线无误后,将终端器接上,然后用小塑料袋罩紧,防止损坏和污染,待装上探测器时才除去塑料罩。

终端器为一个半导体硅二极管(2CK 或 2CZ 型)和一个电阻并联,安装时注意二极管负极接 +24V 端子或底座 L_2 端,其终端电阻值大小不一,一般取 5 ~ 36kΩ。凡是没有接探测器的区域控制器的空位,应在其相应接线端子上接上终端器,如设计时有特殊要求,可与厂家联系解决。

同一部位上,为增大保护面积,可以将探测器并联使用,这些并联在一起的探测器仅占用一个部位号,不同部位的探测器不宜并联使用。

如比较大的会议室,使用一个探测器保护面积不够,假如使用 3 个探测器并联才能满足时,则这 3 个探测器中的任何一个发出火灾信号时,区域报警器的相应部位信号灯点亮,但无法知道哪一个探测器报警,需要现场确认。

某些同一部位但情况特殊时,探测器不应并联使用。如大仓库,由于货物堆放较高,当探测器发生火灾信号后,到现场确认困难。所以从使用方便、准确角度看,应尽量不使用并联探测器为好。不同的报警控制器所允许探测器并联的只数也不一样,如 JB-QB(T)-10 ~ 50-101 报警控制器只允许并联 3 只感烟探测器和 7 只感温探测器;JB-QB(T)-10 ~ 50-101A 允许并联感烟、感温探测器分别为 10 只。

探测器并联时,其底座配线是串联式配线连接,这样可以保证取走任何一只探测器时,火灾报警控制器均能报出故障。当装上探测器后,L_1 和 L_2 通过探测器连接起来,这时对探测器来说就是并联使用了。

探测器并联时,其底座应依次接线,如图 2-41 所示,不应有分支线路,这样才能保证终端器接在最后一只底座的 L_2 ~ L_5 两端,以保证火灾报警控制器的自检功能。

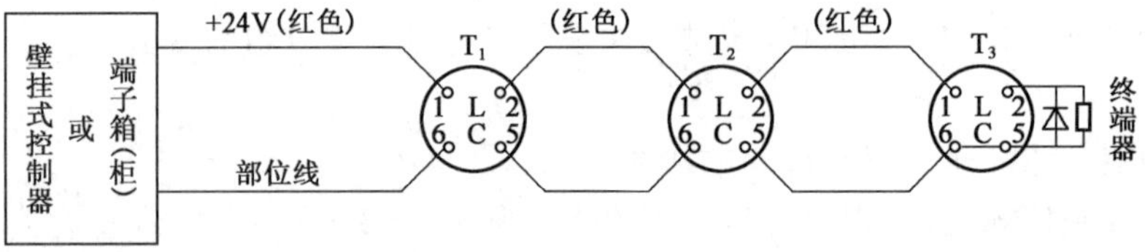

图 2-41　探测器并联时的接线图

探测器的混联:在实际工程仅用并联和仅单个连接的情况很少,大多是混联,如图 2-42 所示。

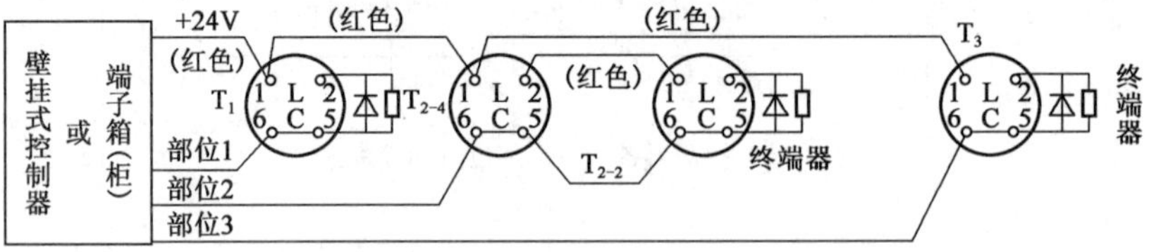

图 2-42　探测器混合连接

(2)总线制系统

采用地址编码技术,整个系统只用几根总线,建筑物内布线极其简单,给设计、施工及维护带来了极大的方便,因此被广泛采用。

①四总线制

四条总线为:P 线给出探测器的电源、编码、选址信号;T 线给出自检信号以判断探测部位

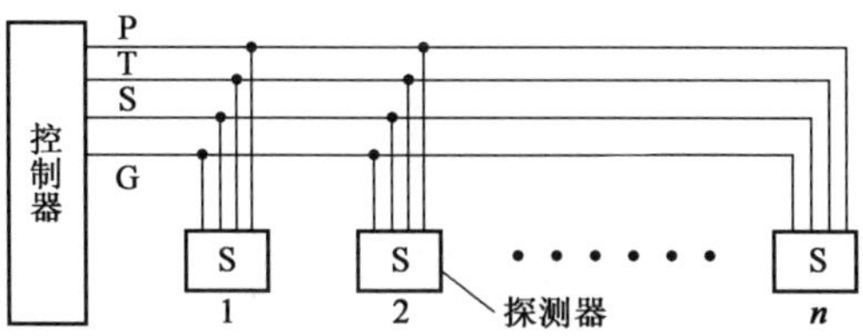

图 2-43 四总线制连接方式

传输线是否有故障;控制器从 S 线上获得探测部位的信息;G 为公共地线。P、T、S、G 均为并联方式连接,S 线上的信号对探测部位而言是分时的,如图 2-43 所示。由图可见,从探测器到区域报警器只用四根全总线,另外一根 V 线为 DC 24V,也以总线形式由区域报警控制器接出来,其他现场设备也可使用(见后述)。这样,控制器与区域报警器的布线为 5 线,大大简化了系统,尤其是在大系统中,这种线制的优点尤为突出。

②二总线制

二总线制是一种最简单的接线方法,用线量更少,但技术的复杂性和难度也提高了。二总线中的 G 线为公共地线,P 线则完成供电、选址、自检、获取信息等功能。目前,二总线制应用最多,新型智能火灾报警系统也建立在二总线的运行机制上。二总线系统有树枝型、环型、链式接线等几种方式,同时又有有极性和无极性之分,相比之下无极性二总线技术最先进。在实际工程设计中,应根据情况选用适当的线制。

A. 树枝型接线。图 2-44 为树枝型接线方式,这种方式应用广泛,这种接线如果发生断线,可以报出断线故障点,但断点之后的探测器不能工作。

B. 环型接线。图 2-45 为环型接线方式。这种系统要求输出的两根总线再返回控制器另两个输出端子,构成环型。这种接线方式如中间发生断线不影响系统正常工作。

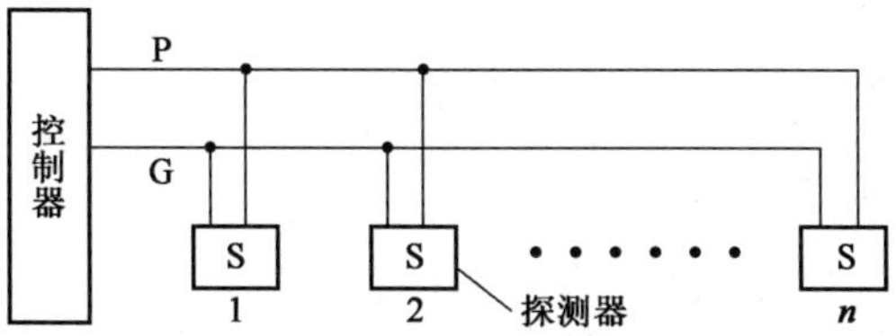

图 2-44 树枝型接线(二总线制)

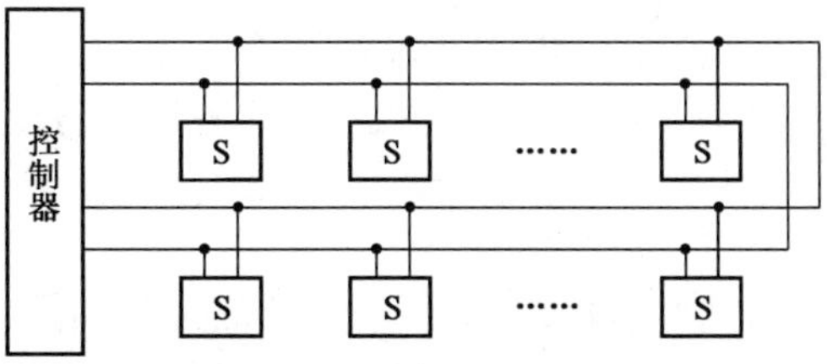

图 2-45 环型接线(二总线制)

C. 链式接线。如图 2-46 所示,这种系统的 P 线对各探测器是串联的,对探测器而言,变成了三根线,而对控制器而言还是两根线。

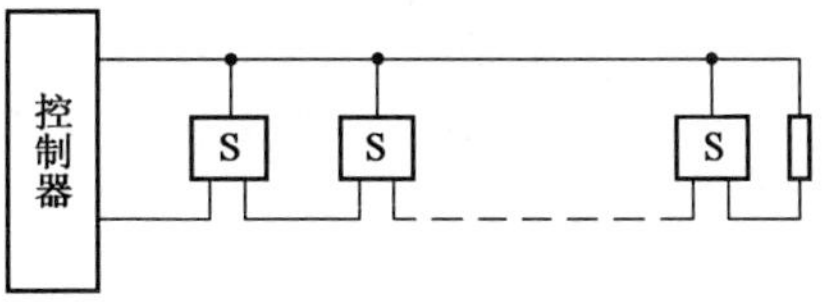

图 2-46 链式接线

3. 布线要求

探测器与控制器采用无极性信号二总线、阻燃 RVS 型双绞线、截面≥1.0mm^2。

六、手动火灾报警按钮

手动火灾报警按钮也是向报警器报告所发生火情的设备,只不过探测器是自动报警而它是手动报警而已,后者准确性更高。手动报警按钮是手动触发装置,是火灾自动报警系统中不可缺少的组成部分之一。

编码手动报警按钮分成两种：一种为不带电话插孔；另一种为带电话插孔。

当人工确认为火灾发生时，按下按钮上的有机玻璃片，可向控制器发出火灾报警信号，控制器接收到报警信号后，显示出报警按钮的编号或位置，并发出报警音响。手动报警按钮应在火灾报警控制器上显示部位号，并以不同的显示方式或不同的编码区段与其他触发装置信号区别开。手动报警按钮和前面介绍的各类编码探测器一样，可以直接接到控制器总线上。J-SAP-GST9122 型手动火灾报警按钮外形示意图，如图 2-47 所示。

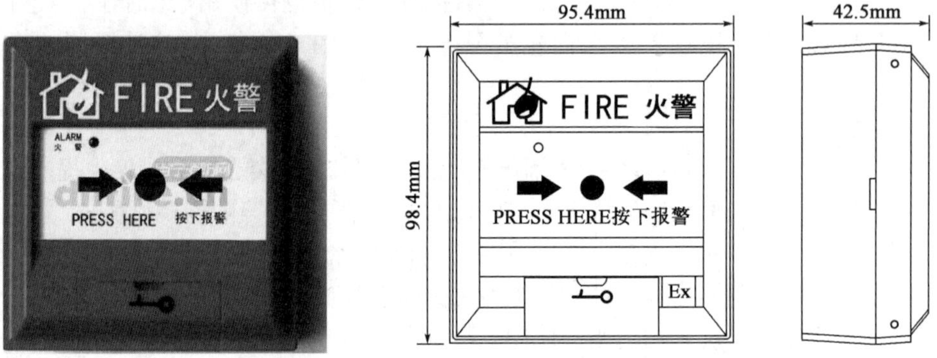

a)　　　　b)

图 2-47　J-SAP-GST9122 型手动火灾报警按钮外形

手动报警按钮和前面介绍的各类编码探测器一样，可直接接到控制器总线上。

1. J-SAP-GST9122 型手动火灾报警按钮特点

（1）地址编码，可现场改写。

（2）采用拔插式结构设计，安装简单方便；按钮上的按片在按下后可用专用工具复位。

（3）按下手动报警按钮玻璃片，可由按钮提供独立的输出触点，可直接控制其他外部设备。

（4）采用微处理器实现信号处理，用数字信号与控制器进行通信，工作稳定可靠，对电磁干扰有良好的抑制作用。

2. 主要技术指标

（1）工作电压：总线 24V。

（2）监视电流≤0.8mA。

（3）报警电流≤2mA。

（4）线制：与控制器无极性信号二总线连接。

（5）使用环境：温度：-10 ~ +50℃，相对湿度≤95%，不结露。

（6）外形尺寸：90mm × 122mm × 44mm。

3. 手动火灾报警按钮布置

每个防火分区应至少设置一只手动火灾报警按钮。从一个防火分区内的任何位置到最邻近的手动火灾报警按钮的距离不应大于 30m。手动火灾报警按钮宜设置在疏散通道或出入口处。

列车上的手动火灾报警按钮，应设置在每节车厢的出入口和中间部位。在列车车厢中部设置,是考虑列车上人员可能较多,在中间部位的人员发现火灾后,可以直接按下手动火灾报警按钮。

手动火灾报警按钮应设置在明显和便于操作的部位。当安装在墙上时,其底边距底高度宜为1.3~1.5m,且应有明显的标志,以便于识别。安装时应牢固,不应倾斜,外接导线应留不小于10mm的余量。

布线要求:采用RVS双绞线,截面积≥1.0mm^2。

手动火灾报警按钮主要安装在走廊、楼梯口等处,距地面高度约1.5m,是最高级别的火灾报警器件。安装方式,如图2-48所示。

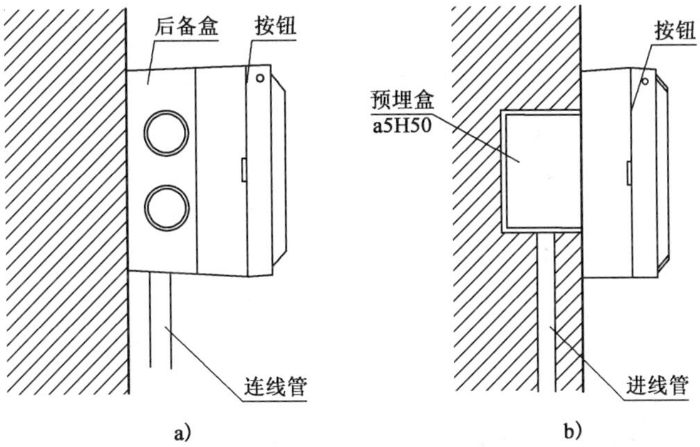

图2-48　手动火灾报警按钮安装方式
a)进线管明线装方式;b)进线管储装方式

第三节　火灾报警控制器和消防联动控制器

火灾报警控制器和消防联动控制器是火灾自动报警系统的重要组成部分,它的完美与先进是现代化建筑消防系统的重要标志。

一、火灾报警控制器

(1)火灾报警控制器的基本概念

火灾报警控制器担负着为火灾探测器提供稳定的工作电源;监视探测器及系统自身的工作状态;接收、转换、处理火灾探测器输出的报警信号;进行声光报警;指示报警的具体部位及时间等诸多任务。是火灾报警系统的核心组成部分,火灾报警控制器功能的多少,反映出火灾自动报警系统的技术构成、可靠性、稳定性和性价比等因素。

(2)火灾报警控制器的功能

在火灾自动报警系统中,火灾探测器是系统的“感觉器官”,随时监视周围环境的情况。而火灾报警控制器则是系统的心脏,是消防系统的指挥中心,当发生火情时,它能发出声光报警。

火灾报警控制器接收火灾探测器及手动报警按钮送来的火警信号，经过运算（逻辑运算）处理后认定火灾，输出指令信号。一方面启动火灾警报装置，如声、光报警；另一方面启动灭火及联动装置，用以驱动各种灭火设备及防排烟设备等。还能启动自动记录设备，记下火灾状况，以备事后查询。

①主备电源

火灾报警控制器的电源应有主电源和备用电源。主电源为220V交流市电，备用电源一般选用可充放电反复使用的各种蓄电池，在控制器中备有浮充备用电池。在控制器投入使用时，应将电源盒上方的主、备电开关都打开，当主电网有电时，控制器自动利用主电网供电，同时对电池充电，当主电网断电时，控制器会自动切换改用蓄电池供电，以保证系统的正常运行。在主电供电时，面板主电指示灯亮，时钟正常显示时分值。备电供电时，备电指示灯亮，时钟只有秒点闪烁，无时分显示，这是节省用电，其内部仍在正常走时。当有故障或火警时，时钟重又显示时分值，且锁定首次报警时间。

当备用供电期间，控制器报主电故障，除此之外，当电池电压下降到一定数值时，控制器还要报类型故障。当备电低于20V时关机，以防电池过放而损坏。

②火灾报警

能接收探测器、手动报警按钮、消火栓报警按钮及编码模块所配接的设备发来的火警信号时，并能将接收到的探测信号转换成声、光报警信号，指示着火部位和记录报警信息。

③故障报警

自动地监视系统的正确运行和对故障给出声光报警。

④时钟锁定，记录着火时间

系统中时钟走时是通过软件编程实现的，有年、月、日、时、分。当有火警或故障时，时钟显示锁定，但内部能正常走时，火警或故障一旦恢复，时钟将显示实际时间。

⑤火警优先

在系统存在故障的情况下出现火警，则报警器能由报故障自动转变为报火警，而当火警被清除后又自动恢复报原有故障。当系统存在某些故障而又未被修复时，会影响火警优先功能，例如电源故障；当本部位探测器损坏时，本部位出现火警；总线部位故障（如信号线对地短路、总线开路与短路等）均会影响火警优先。当火灾报警时，数码管显示首次火警地址，通过键盘操作可以调显其他的火警地址。

⑥自动巡检

报警系统长期处于监控状态，为提高报警的可靠性，控制器设置了检查键，供用户定期或不定期地进行电模拟火警检查。处于检查状态时，凡是运行正常的部位均能向控制器发回火警信号，只要控制器能收到现场发回来的信号并有反应而报警，则说明系统处于正常的运行状态。控制器可以对现场设备信号电压、总线电压、内部电源电压进行测试。通过测量电压值，判断现场部件、总线、电源等的正常与否。

⑦自动打印

当有火警、部位故障或有联动时，打印机将自动打印记录火警、故障或联动的地址号，此地址号与显示地址号一致，并打印出故障、火警、联动的月、日、时、分。当对系统进行手动检查时，如果控制正常，则打印机自动打印正常（OK）。

⑧输出

控制器中有 V 端子、VG 端子间输出 DC 24V，向本控制器所监视的某些现场部件和控制接口提供 24V 电源。

⑨联机控制

可分“自动”联动和“手动”启动两种方式，但都是总线联动控制方式。

在联动启动时，系统处于自动联动状态。当现场主动型设备（包括探测器）发生动作时，满足既定逻辑关系的被动型设备将自动被联动。联动逻辑因工程而异，出厂时已存储于控制器中。手动启动在“手动允许”时才能实施，手动启动操作应按操作顺序进行。无论是自动联动还是手动启动，应该动作的设备编号均应在控制板上显示，同时启动灯亮。已经发生动作的设备的编号也在此显示，同时回答灯亮。启动与回答能交替显示。对于阈值设定功能，报警阈值（即提前设定的报警动作值）对于不同类型的探测器其大小不一，目前报警阈值是在控制器的软件中设定。这样控制器不仅具有智能化、高可靠性的火灾报警，而且可以按各探测部位所在应用场所的实际情况不同，灵活方便地设定其报警阈值，以便更加可靠地报警。

（3）火灾报警控制器分类

火灾报警控制器种类较多，从不同角度有不同分类：

①按控制范围分类

A. 区域型火灾报警控制器，能直接接收火灾触发器件或模块发出的信息，并能向集中型火灾报警控制器传递信息功能。

B. 集中型火灾报警控制器，能接收区域型火灾报警控制器、火灾触发器件或模块发出的信息，并能发出某些控制信号的火灾报警控制器。

C. 集中区域兼容型报警控制器，即可作为集中型又可作为区域型的火灾报警控制器。

D. 独立式火灾报警器/探测器，能够探测火灾信息并及时发出报警。不具有向其他火灾报警控制器传递信息功能。

例如：独立式光电感烟火灾探测报警器、独立式可燃气体探测器。

②按使用环境分类

分为陆用型、船用型、防爆型、非防爆型。

③按结构形式分类

A. 壁挂式，连接探测器回路相应少一些，控制功能较单一。

B. 柜式，连接探测器回路较多，联动功能较复杂。

C. 台式，可实现多回路连接，具有复杂的联动控制。

④按技术性能分类

A. 多线式，探测器与控制器连接采用一一对应方式。

B. 总线式，控制器与探测器采用总线方式连接，所有探测器均并联或串联在总线上。

⑤按控制器容量分类

A. 单路火灾报警控制器，仅处理一个回路的探测器火灾信号。

B. 多回路火灾报警控制器，能同时处理多个回路的探测器火灾信号，并显示具体的着火部位。

⑥按控制器使用功能分类

按控制器使用功能，分为不具有联动功能的火灾报警控制器和具有联动功能的火灾报警控制器。

(4)火灾报警控制器型号

火灾报警产品型号是按照《火灾报警控制器产品型号编制方法》(ZBC 81002—84)编制的。其型号意义见图2-49。

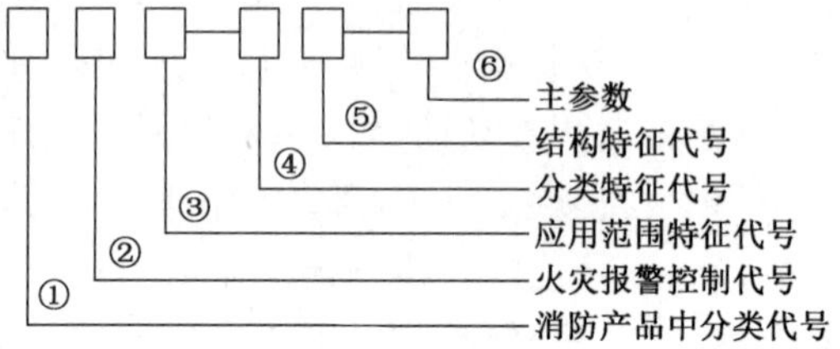

图2-49 型号意义

①J(警)——消防产品中分类代号(火灾报警设备);

②B(报)——火灾报警控制代号;

③应用范围特征代号:

B(爆)——防爆型;

C——(船用型)。

非防爆型和非船用型可以省略,无需指明。

④分类特征代号:

D(单)——单路;

Q(区)——区域;

J(集)——集中;

T(通)——通用,既可作集中报警,又可作区域报警。

⑤结构特征代号:

G(柜)——柜式;

T(台)——台式;

B(壁)——壁挂式。

⑥主参数:

一般表示报警器的路数。

例如:40,表示40路。

火灾报警控制器型外形图,如图2-50所示。

例如:JB-QB-GST200,壁挂式火灾报警控制器,为纯报警功能,最大容量为242个地址编码点。

JB-QG-GST500,联动型柜式火灾报警控制器,最大容量4840个地址编码点。

JB-QT-GST500,联动型琴台式火灾报警控制器,最大容量14000个地址编码点。

(5)火灾报警控制器构造及工作原理

①火灾报警控制器的构造

火灾报警控制器的构造,如图2-51所示。火灾报警控制器实际上均是一个以CPU为核心的微机控制系统,从火灾自动报警系统角度出发,它主要包括输入单元、输出单元、监控单元及电源单元。

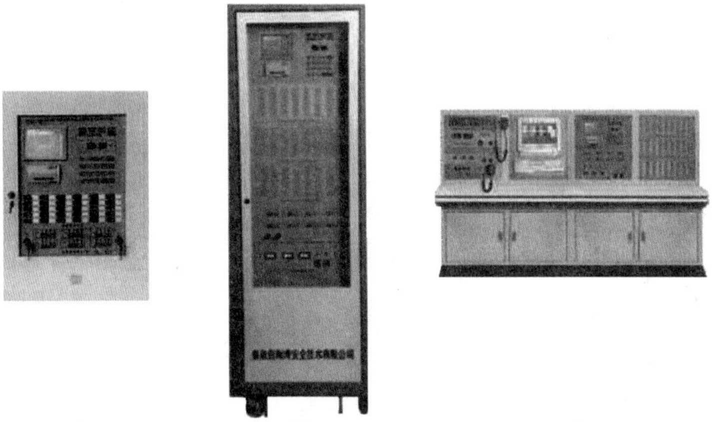

a)　　　　b)　　　　c)

图 2-50　壁挂式、柜式及琴台式报警控制器外形图

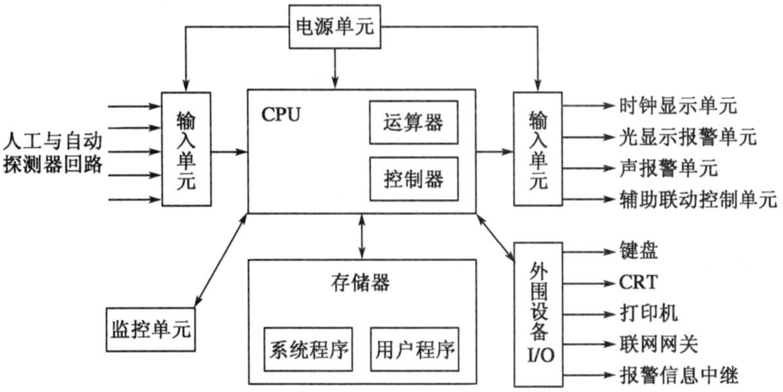

图 2-51　火灾报警控制器工作原理框图

A. 输入单元。它接收人工或自动火灾探测器送来的信号，送至 CPU 加以判别、确认，并识别相应的编码地址。

B. 输出单元。确认火灾信号后，输出单元一方面输出声（扬声器、蜂鸣器）、光（显示）报警信号，另一方面向有关联动灭火或减灾子系统输出主令控制信号。这些信号可以是电信号，也可以是继电器触点信号。

C. 监控单元。监控单元的作用主要有两个：一个是检查报警控制器与探测器，以及区域报警控制器与集中报警控制器之间线路的状态是否存在断路（包括探测器丢失或接触不良）、短路等故障。如果存在这些故障，报警控制器应给出故障声、光报警，以确保系统工作安全可靠。另一个是自动巡回检测，自动定期周而复始地逐个对编码探测器发出的信号进行检测，实现报警控制器的实时控制。

D. 电源单元。通常报警控制器的直流电源来自两个渠道，即所谓双电源。采用交流 220V 市电整流进行正常供电，并同时对另一个电源（备用蓄电池）进行浮充充电，在工作电源和备用电源之间具有自动切换功能。送至探测器的直流电源信号是叠加在探测器编码信号上的，到达探测器后，可利用微分电路将编码信号与直流电源信号分离，探测器的回答信号也用此叠加方法送达火灾报警控制器。

图2-51还显示出，通过I/O接口，火灾报警控制器具有了图形显示功能、联网及信息中继能力，可以实现与建筑物内部其他子系统之间的系统集成，可以通过键盘输入用户程序。系统程序通常由产品制造商直接写入只读存储器中，使用者无法更改。

早期的火灾报警系统是“固定阈”系统。判断是否发生火灾仅仅是由火灾参数的当前值确定的，也就是说系统有一个固定的阈值，火灾参数超过这个阈值即火警，小于阈值即正常，不管这个阈值是在探测器内设置还是在控制器内设置，其效果是相同的。这种系统也称传统型系统。新型的智能火灾报警系统是“可变阈”系统。火灾时，控制器接收到探测器发来的火警信号后，液晶显示火灾部位、电子钟停在首次火灾发生的时刻，同时控制器发出声光报警信号，打印机打印出火灾发生的时间和部位。当探测器编码电路故障，例如短路、线路断路、探头脱落等，控制器发出故障声光报警，显示故障部位并打印。

②火灾报警控制器的工作原理

火灾时，火灾报警控制器接收到探测器发来的火警信号后，液晶显示火灾部位、电子钟停在首次火灾发生的时刻，同时火灾报警控制器发出声光报警信号，打印机打印出火灾发生的时间和部位。当探测器编码电路故障，例如短路、线路断路、探头脱落等，控制器发出故障声光报警，显示故障部位并打印。

二、消防联动控制器

1. 消防联动控制器的基本概念

消防联动控制器是消防联动控制系统的核心组件，通过接收火灾报警控制器发出的火灾报警信息，按预设逻辑对建筑中设置的自动消防系统（设施）进行联动控制。消防联动控制器可直接发出控制信号，通过驱动装置控制现场的受控设备；对于控制逻辑复杂且消防联动控制器上不便实现直接控制的情况，可通过消防电气控制装置（如防火卷帘控制器、气体灭火控制器等）间接控制受控设备，同时接收自动报警系统（设施）动作的反馈信号。

2. 消防联动控制器的功能

（1）基本功能

①消防联动控制器应能为其连接的部件供电，直流工作电压应符合《标准电压》（GB/T 156—2007）的规定，可优先采用直流24V。

②消防主电源应采用220V、50Hz交流电源。

③消防联动控制器应具有文字信息显示功能。

（2）控制功能

①消防联动控制器应按设定的逻辑直接或间接控制其连接的各类受控消防设备（以下称受控设备）。

②消防联动控制器在接收到火灾报警信号后，应在3s内发出启动信号。

③消防联动控制器应能显示所有受控设备的工作状态。

④消防联动控制器应能接收来自相关火灾报警控制器的火灾报警信号。

⑤消防联动控制器应能接收连接的消火栓按钮、水流指示器、报警阀、气体灭火系统启动

按钮等触发器件发出的报警(动作)信号,显示其所在的部位。

⑥消防联动控制器应能以手动和自动两种方式完成控制功能。

⑦消防联动控制器应具有对每个受控设备进行手动控制的功能。

⑧消防联动控制器应能通过手动或通过程序的编写输入启动的逻辑关系。

⑨消防联动控制器在自动方式下,手动插入操作优先。

⑩消防联动控制器可以对特定的控制输出功能设置延时。

⑪消防联动控制器应具有对管网气体灭火系统的控制和显示功能。

⑫消防联动控制器复位后,仍保持原工作状态的受控设备的相关信息应保持或在 20s 内重新复位。

⑬具有信息记录功能的消防联动控制器应能至少记录 999 条相关信息,且在消防联动控制器断电后能保持 14 天。

⑭消防联动控制器应对控制输入"或"逻辑和/或"与"逻辑编辑功能。

除控制功能外,消防联动控制器还应具有故障报警功能、屏蔽功能、自检功能、信息显示与查询功能、电源功能。

三、火灾报警控制器和消防联动控制器的设置

火灾报警控制器和消防联动控制器是火灾自动报警系统的核心组件,是系统中火灾报警与警报的监控管理枢纽和人机交互平台,规范要求应设置在消防控制室内或有人值班的房间和场所。

区域报警系统的保护对象,若受建筑用房面积的限制,可以不设置消防值班室,火灾报警控制器可设置在有人值班的房间(如保卫部门值班室、配电室、传达室等),但该值班室应昼夜有人值班,并且应由消防、保卫部门直接领导管理。

由于区域火灾报警控制器各类信息均在集中火灾报警控制中显示,发生火灾时也不需要人工操作,因此可以不需要专人看管。因此,集中报警系统和控制中心报警系统的区域火灾报警控制器在满足下列条件时,可设置在无人值班的场所:

(1)本区域内无需要手动控制的消防联动设备。

(2)本火灾报警控制器的所有信息在集中火灾报警控制上均有显示,且能接收集中火灾报警控制器的联动控制信号,并自动启动相应的消防设备。

(3)设置的场所只有值班人员可以进入。

集中报警系统和控制中心报警系统、火灾报警控制器和消防联动控制器应设在专用的消防控制室或消防值班室内,以保证系统可靠运行和有效管理。

第四节　火灾自动报警系统形式

随着消防技术的日益发展,现今的火灾自动报警系统已不仅是一种先进的火灾探测报警与消防联动控制的设备,同时也成为建筑消防设施实现现代化管理的重要基础设施,除担负火灾探测报警和消防联动控制的基本任务外,还具有对相关消防设备实现状态监测、管理和控制

的功能。火灾自动报警系统根据保护对象及设立的消防安全目标不同,分为区域报警系统、集中报警系统、控制中心报警系统3种形式。

火灾自动报警系统的形式和设计要求与保护对象及消防安全目标的设立直接相关,正确理解火灾发生、发展的过程和阶段,对合理设计火灾自动报警系统有着十分重要的指导意义。

一、火灾自动报警系统形式及选择

1. 火灾自动报警系统形式

(1)区域报警系统

区域报警系统应由火灾探测器、手动火灾报警按钮、火灾警报器或区域火灾报警控制器等组成,这是系统的最小组成,系统还可以根据需要增加消防控制器图形显示装置和指示楼层的区域显示器。区域报警系统,如图2-52所示。

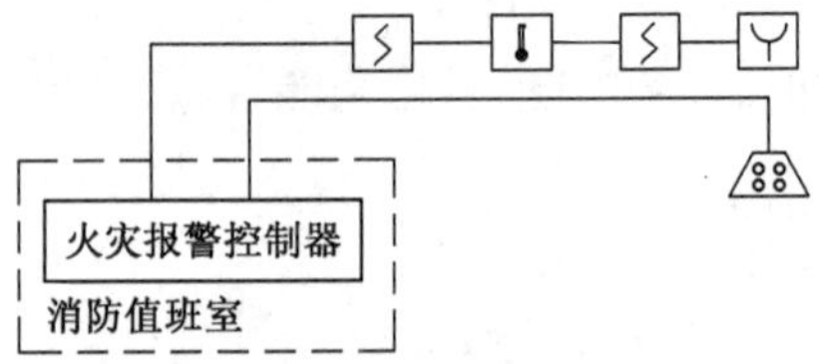

图2-52　区域报警系统

(2)集中报警系统

集中报警系统应由火灾探测器、手动火灾报警按钮、火灾警报器、消防应急广播、消防专用电话、消防控制室图形显示装置、火灾报警控制器、消防联动控制器等组成,这是系统的最小组成,可以选用火灾报警控制器和消防联动控制器组合或火灾报警控制器(联动型)。

集中报警系统可以有两种形式,对等式网络集中报警系统和集中区域式系统结构。集中报警系统如图2-53所示。

(3)控制中心报警系统

设置两个及以上消防控制室的保护对象,或已设置两个及以上集中报警系统的保护对象,应采用控制中心报警系统。有两个及以上消防控制室时,应确定一个主消防控制室,对其他消防控制室进行管理,应根据建筑的实际使用情况界定消防控制室的级别。控制中心报警系统如图2-54所示。

集中报警系统和控制中心报警系统的区别:控制中心报警系统适用于设置了两个及以上消防控制室或设置了两个及以上集中报警系统的保护对象;而集中报警系统适用于只有一个消防控制室的保护对象,且系统中只设置了一台起集中控制作用的火灾报警控制器。在系统组成上,控制中心报警系统与集中报警系统类似。

2. 火灾自动报警系统形式的选择

火灾自动报警系统可用于人员居住和经常有人滞留的场所、存放重要物资或燃烧后产生严重污染需要及时报警的场所。火灾自动报警系统的形式和设计要求与保护对象及消防安全目标的设立直接相关。正确理解火灾发生、发展的过程和阶段,对合理设计火灾自动报警系统有着十分重要的指导意义。设定的安全目标直接关系到火灾自动报警系统形式的选择。

(1)仅需要报警,不需要联动消防设备的保护对象宜采用区域报警系统。

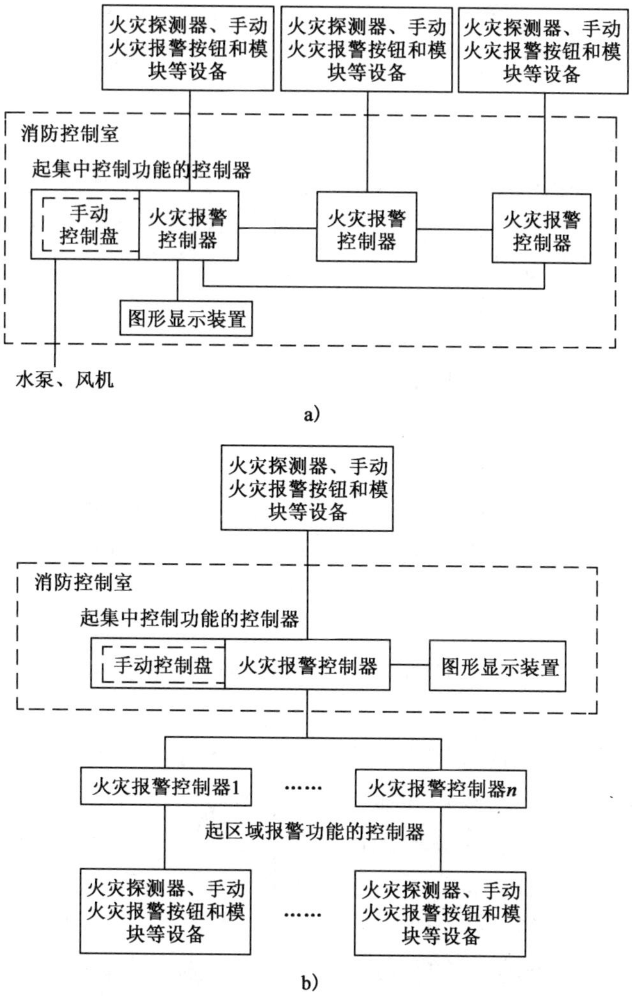

图 2-53　集中报警系统示意图

a)对等式网络集中报警系统图；b)集中区域式集中报警系统

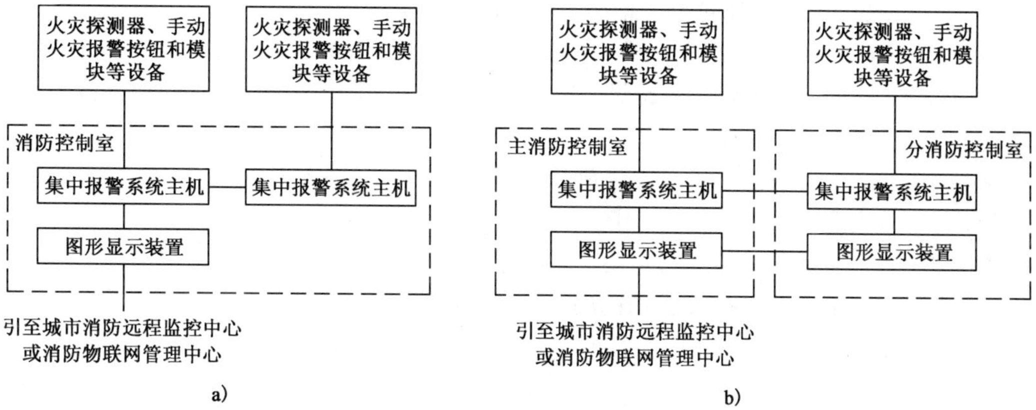

图 2-54　控制中心报警系统示意图

a)方案 1；b)方案 2

（2）不仅需要报警，同时需要联动消防设备，且只设置一台具有集中控制器的保护对象，应采用集中报警系统，并应设置一个消防控制室。即具有联动要求的保护对象应采用集中报警系统。

（3）控制中心报警系统适用于设置了两个及以上消防控制室或设置了两个及以上集中报警系统的保护对象。控制中心报警系统一般适用于建筑群或体量很大的保护对象，这些保护对象中可能设置几个消防控制室，也可能由于分期建设而采用不同企业的产品或同一企业不同系列的产品，或由于系统容量限制而设置了多个起集中作用的火灾报警控制器等情况，这些情况下均应选择控制中心报警系统。

二、火灾自动报警系统设计要求

1. 一般规定

火灾自动报警系统的设计目标就是为了保护人们的生命和财产安全。系统设备的设计及设置，要充分考虑我国国情和实际工程的实用性质，常住人员、流动人员，保护对象现场实际情况等因素，综合考量。

（1）火灾自动报警系统一般设置在工业与民用建筑内部和其他可对生命和财产造成危害的火灾危险场所，可用于人们居住和经常有人滞留的场所、存放重要物资或燃烧后产生严重污染需要及时报警的场所。

（2）在系统设计中，火灾自动报警系统应设有自动和手动两种触发装置。

（3）系统中各类设备之间的接口和通信协议的兼容性应满足《火灾自动报警系统组件兼容性要求》（GB 22134—2008）等国家有关标准的要求，以保证系统的兼容性和可靠性。

（4）设备和地址总数。任一台火灾报警控制器所连接的火灾探测器、手动火灾报警按钮和模块等设备总数和地址总数，均不应超过3200点，其中每一总线回路连接设备的总数，且应留有不少于额定容量10%的余量；任一台消防联动控制器地址总数或火灾报警控制器所控制的各类模块总数不应该超过1600点，每一联动总线回路连接设备的总数不宜超过100点，且应留有不少于额定容量10%的余量。

（5）高度超过100m的建筑火灾报警控制器的设置要求。

对于高度超过100m的建筑，除消防控制室内设置控制器外，在现场设置的火灾报警控制器应分区控制，每台火灾报警控制器所连接的火灾探测器、手动报警按钮和模块等设备不应跨越火灾报警控制器所在区域的避难层。

（6）地铁列车上设置的火灾自动报警系统，应能通过无线网络等方式将列车上发生火灾部位的信息传输给消防控制室。

（7）选用符合国家有关标准和有关准入制度的产品。

（8）水泵控制柜、风机控制柜等消防电气控制装置不应采取变频启动方式。

2. 区域报警系统设计要求

（1）区域报警系统的组成见本节第一部分。

（2）火灾报警控制器应设置在有人值班的场所。区域报警系统不具有联动控制功能，可以不设消防控制室。若有消防控制室，火灾报警控制器和消防控制室图形显示装置应设置在消防控制室内；若没有消防控制室，则应设置在平时有专人值班的房间或场所。

（3）区域报警系统的火灾警报器应由火灾报警控制器的火警继电器直接启动。

（4）区域报警系统应具有将相关运行状态信息传输到城市消防远程监控中心的功能。

3. 集中报警系统设计要求

（1）集中报警系统的组成见本节第一部分。

（2）系统中的火灾报警控制器、消防联动控制器和消防控制室图形显示装置、消防应急广播的控制装置、消防专用电话等起集中控制作用的消防设备，应设置在消防控制室内。

（3）由于《火灾自动报警系统设计规范》对火灾报警控制器的容量进行了限制，在一些采用集中报警系统的大型项目中可根据需要设置多台火灾报警控制器，这些控制器可以根据实际情况组成对等式网络结构，但必须确定一台起集中控制作用的火灾报警控制器；或组成集中区域式系统结构。

（4）对于建筑重要消防设施的专线手动控制，必须由起集中控制作用的火灾报警控制器实现；建筑中电动排烟阀、挡烟垂壁等消防设施的联动控制，可根据实际情况由其他火灾报警控制器通过预设的控制逻辑启动其连接的总线控制模块实现。

（5）起集中控制作用的火灾报警控制器，应该接收其他火灾报警控制器的报警、故障、隔离及联动控制等运行状态信息，并按要求将系统的运行信息传输给消防控制室图形显示装置。

（6）系统中设置的消防控制室图形显示装置是必备设备，由该设备实现传输消防设施的运行状态信息和消防安全管理信息。

4. 控制中心报警系统设计要求

（1）有两个及以上消防控制室时，应确定一个主消防控制室，对其他消防控制室进行管理，应根据建筑的实际使用情况界定消防控制室的级别。

（2）在控制中心报警系统里，消防控制室图形显示装置是必备设备，由该设备实现传输消防设施的运行状态信息和消防安全管理信息。消防控制室图形显示装置除具有传输上述信息功能外，还具有实时显示上述信息的功能。

（3）在控制中心报警系统中各消防控制室，均应设置消防控制室图形显示装置。

（4）由主消防控制室设置的消防控制室图形显示装置实现集中传输和显示该系统对消防设施的运行状态信息和消防安全管理信息的功能。分消防控制室设置的消防控制室图形显示装置显示该消防控制室的管控范围内的消防设施的运行状态信息和消防安全管理信息。

（5）分消防控制室管控范围的火灾自动报警系统的运行状态信息，由分消防控制室设置的火灾报警控制器传至主消防控制室设置的火灾报警控制器。

（6）接入分消防控制室设置的消防控制室图形显示装置的消防水池液位报警、防火门闭合状态信息等监管信息，由该消防控制室图形显示装置传输至主消防控制室设置的消防控制室图形显示装置。

（7）控制中心报警系统的其他设计应符合集中报警系统的设计要求。

主消防控制室内应能集中显示保护对象内所有的火灾报警部位信号和联动控制状态信号，并能显示设置在各分消防控制室内的消防设备的状态信息。为了便于消防控制室之间的信息沟通和信息共享，各分消防控制室内的消防设备之间可以相互传输、显示状态信息；同时，为了防止各个消防控制室消防设备之间的指令冲突，规定分消防控制室的消防设备之间不应相互控制。一般情况下，整个系统中共同使用的水泵等重要消防设备可根据消防安全的管理需求及实际情况，由最高级别的消防控制室统一控制；但对于建筑群，水泵也可由就近的分消防控制室实现手动专线控制及联动控制，防排烟风机等重要消防设备可根据建筑消防控制室的管控范围划分情况，由相应的消防控制室实现手动专线控制及联动控制；主消防控制室可通过跨区联动的方式对其他分消防控制室控制的重要消防设备实时联动控制（其他设备不建议采用跨区联动控制方式），以上是规范最低要求，条件具备时，也可由各消防控制室分别采用手动专线启动消防水泵。

第五节　火灾自动报警系统的配套设备

火灾自动报警系统由传统火灾自动报警系统向现代火灾报警系统发展。无论是火灾探测器，还是报警控制器，都趋于小型化、微机化，目前最先进的系统为模拟量无阈值智能化。

随着消防产品的不断更新换代，不同厂家、不同系列的产品在实际应用中其配套设备各异，但其基本种类及功能相同，并逐渐向总线制、智能化方向发展，使得系统的误报率降低，且由于采用总线制，系统的施工和维护非常方便。下面仅就一些常用的配套设备进行介绍。

一、总线短路隔离器

总线短路隔离器作用：当总线发生故障（短路）时，将发生故障的总线部分与整个系统隔离开来，以保证系统的其他部分能够正常工作，同时便于确定出发生故障的部位。当故障部分的总线修复后，总线隔离模块可自行恢复工作，将被隔离出去的部分重新纳入系统。

系统总线上应设置总线短路隔离器，每只总线短路隔离器保护的火灾探测器、手动火灾报警按钮和模块等消防设备的总数不应超过 32 点。总线穿越防火分区时，应在穿越处设置总线短路隔离器。

布线要求：信号二总线连接，采用截面≥1.0mm^2的阻燃 RVS 双绞线。电源线采用截面≥2.5mm^2的 BV 线。

二、消火栓按钮

消火栓按钮可直接接入控制器总线，占用一个地址编码。消火栓按钮表面装有一按片，当启用消火栓时，可直接按下按片，此时消火栓按钮的红色启动指示灯亮，表明已向消防控制室发出了报警信号，火灾报警控制器发出启泵命令并确认消防水泵已启动后，就向消火栓按钮发出命令信号点亮绿色回答指示灯。

消火栓按钮与火灾报警控制器及泵控制箱的连接可分为总线制启泵方式和多线制直接启泵方式。以 J-SAM-GST9123 型消火栓按钮为例进行说明，当采用总线制启泵方式时，消火栓按钮与火灾报警控制器信号二总线连接，消火栓按钮总线制启泵方式应用连接示意如图 2-55 所示。若需实现直接启泵控制，需将消火栓按钮与泵控制箱采用二线连接，采用消火栓按钮直接启泵方式应用接线示意如图 2-56 所示。

当采用多线制启泵方式时，消火栓按钮通常安装在消火栓箱内，当人工确认发生火灾后，按下此按钮，即可启动消防水泵，同时向火灾报警控制器发出报警信号，火灾报警控制器接收到报警信号后，将显示出按钮的编码号，并发出报警声响。

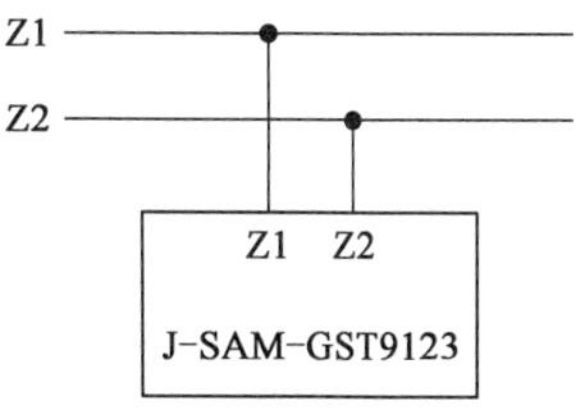

图 2-55　消火栓按钮总线制启泵方式示意图

消火栓按钮采用三线制与设备连接（一根 24V 输出线，一根回答输入线，一根公共地线或电源线），可完成对设备的启动及泵回答信号的监视功能，断开与火灾报警控制器连接的信号总线仍可正常启泵、检测回答信号和点亮指示灯。以 J-SAM-GST9124 型消火栓按钮为例进行说明，消火栓按钮多线制启泵方式应用连接示意，如图 2-57 所示。

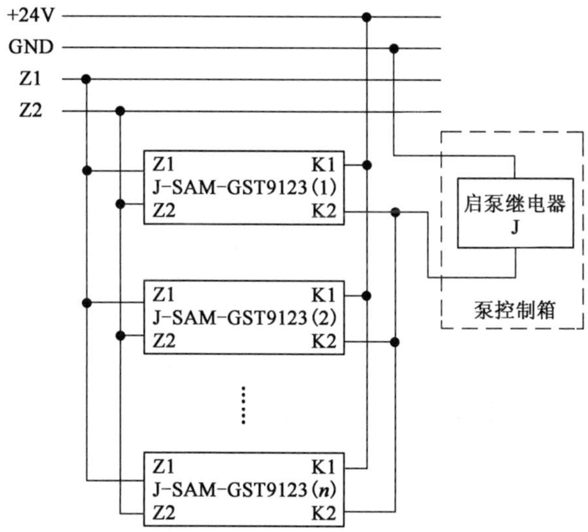

图 2-56　消火栓按钮直接启泵方式示意图

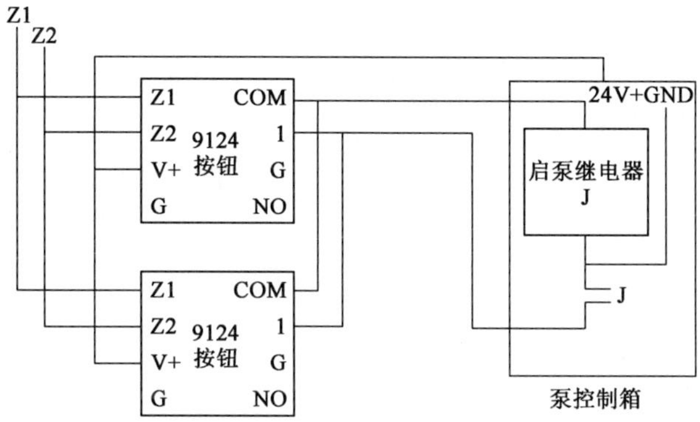

图 2-57　消火栓按钮多线制启泵方式示意图

布线要求：信号二总线，采用阻燃 RVS 双绞线，导线截面积≥1.0mm^2；其他采用 BV 线或 RVS 线，截面积≥1.0mm^2。

三、输入模块

输入模块(又称监视模块)的作用是接收现场设备的报警信号,实现信号向火灾报警控制器的传输。它用于现场主动型消防设备,例如:水流指示器、压力开关、熔断式防火阀(70℃或280℃)、行程开关、湿式报警阀等。这是开关量信号输入模块,可以接收任何无源接点动作的信号。

主动型设备消防控制室无法对其进行控制,取信号控制其他设备,信号由现场到控制室,也适配非编码火灾探测器。

工作原理:当现场设备动作,其开关量信号转换为控制器可接收的编码信号,模块通过探测总线把信号传送到控制器,模块上的发光二极管常亮以显示报警状态,再由控制器给出相应的信号去联动其他有关设备。

布线要求:信号二总线,采用阻燃 RVS 型双绞线,截面积≥$1.0mm^2$。

四、单输入/输出模块

用于将现场各种一次动作并有动作信号输出的被动型设备(例如:电动脱扣阀、排烟口、送风口、防火门、电梯迫降、切非消防用电、空调、电防火阀等)接入到控制总线上。该模块采用电子编码器进行十进制电子编码,模块内有一对常开、常闭触点,容量为 DC 24V、5A。模块具有直流 24V 电压输出,用于与继电器触点接成有源输出,满足现场的不同需求。另外,模块还设有开关信号输入端,用来和现场设备的开关触点连接,以便对现场设备是否动作进行确认。应当注意的是,不应将模块触点直接接入交流控制回路,以防强交流干扰信号损坏模块或控制设备。

布线要求:信号二总线采用阻燃 RVS 型双绞线,截面积≥$1.0mm^2$;二根电源线采用阻燃 BV 线,截面积≥$1.5mm^2$。

五、双输入/双单输出模块

此模块用于完成对防火卷帘门、水泵、排烟风机等双动作设备的控制,该模块也可作为两个独立的单输入/输出模块使用。

布线要求:为信号二总线采用阻燃 RVS 型双绞线,截面积≥$1.0mm^2$;两根电源线采用阻燃 BV 线,截面积≥$1.5mm^2$。

六、中继模块

在消防系统中为了降低造价,偶尔会使用一些非编码设备,如非编码感烟探测器、非编码感温探测器,但是因为这些设备本身不带地址,无法直接与信号总线相连,为此需要加入编码中继器,以便使非编码设备能正常地接入信号总线中。编码中继器实质是一种编码模块,只占用一个编码点,用于连接非编码探测器等现场设备,当接入编码中继器的输出回路的任何一只现场设备报警后,编码中继器都会将报警信息传输给报警控制器,控制器产生报警信号并显示出编码中继器的地址编号。

布线要求:两根信号线采用 RVS 型阻燃双绞线,截面积≥$1.0mm^2$;电源线采用两根阻燃 BV 线,截面积≥$1.5mm^2$。与非编码探测器采用有极性二线制连接。

七、火灾显示盘

火灾显示盘是安装在楼层或独立防火分区内的火灾报警显示装置。它通过总线与火灾报警控制器相连,处理并显示控制器传送过来的数据。当建筑物内发生火灾后,消防控制中心的火灾报警控制器产生报警,同时把报警信号传输到着火区域的火灾显示盘上,火灾显示盘上将产生报警的探测器编号及相关信息显示出来,同时发出声、光报警信号,以通知着火区域的人员。当用一台报警控制器同时监视数个楼层或防火分区时,可在每个楼层或防火分区设置火灾显示盘以取代区域报警控制器。

布线要求:电源线 +24V,采用阻燃 BV 线,截面积≥$2.5mm^2$。通信线采用阻燃屏蔽双绞线,截面积≥$1.0mm^2$。

八、声光警报器

当现场发生火灾并被确认后,安装在现场的声光警报器可由消防控制中心的火灾报警控制器起动,发出强烈的声光信号,以达到提醒人员注意的目的。声光警报器一般分为非编码型与编码型两种。编码型可直接接入报警控制器的信号二总线(需由电源系统提供两根 DC 24V 电源线),非编码型可直接由有源 24V 常开触点进行控制,例如用手动报警按钮的输出触点控制等。警报器安装在现场,采用壁挂式安装,一般情况下安装在距顶棚 0.2m 处。

布线要求:为两根信号线,采用阻燃 RVS 型双绞线,截面积≥$1.0mm^2$;电源线 +24V,DGND 采用阻燃 BV 线,截面积≥$1.5mm^2$。

九、CRT 彩色显示系统

在大型的消防系统控制中,必须采用微机显示系统即 CRT 系统,它包括系统的接口板、计算机、彩色监视器、打印机,是一种高智能化的显示系统。该系统采用现代化手段、现代化工具及现代化的科学技术代替以往庞大的模拟显示屏,其先进性对造型复杂的智能建筑群体更显突出。CRT 报警显示系统是把所有与消防系统有关的建筑物的平面图形及报警区域和报警点存入计算机内,在火灾时,CRT 显示屏能自动用声光显示部位,例如用黄色(预警)和红色(火警)不断闪动,同时用不同的音响来反映各种探测器、报警按钮、消火栓、水喷淋、送风口、排烟口等具体位置。用汉字和图形来进一步说明发生火灾的部位、时间及报警类型,打印机自动打印,以便记录着火时间,进行事故分析和存档,更直观更方便地给消防值班人员提供火情和消防信息。

本章小结

本章主要介绍了火灾自动报警系统组成及形式。包括火灾探测器的种类选择、典型火灾探测器的工作原理、火灾探测器的数量确定及布置、手动火灾报警按钮设置、火灾报警控制器及联动控制器的设置、火灾自动报警系统配套设备、火灾自动报警系统形式的选择和设计要求、报警区域和探测区域的划分等内容。通过对本章理论知识的学习，可以使读者初步掌握火灾自动报警及联动控制系统工程设计基本知识和技能。

复习思考题

1. 火灾自动报警系统由哪几个子系统组成？

2. 火灾探测器的种类如何划分？布置有哪些要求？

3. 手动火灾报警按钮的设置有哪些要求？

4. 手动火灾报警按钮与消火栓报警按钮的区别是什么？

5. 火灾报警控制器的作用是什么？

6. 布置火灾探测器主要应考虑哪些方面的因素？

7. 总线短路隔离器的作用是什么？

8. 报警区域及其划分是什么？

9. 探测区域及其划分是什么？

10. 已知某计算机房，房间高度为 8m，地面面积为 15m × 20m，房顶坡度为 14°，属于二级保护对象。

试求：(1)探测器种类；(2)探测器的数量；(3)探测器布置。

第三章　消防联动控制系统

第一节　概　　述

消防联动控制系统包括自动喷水灭火系统、消火栓系统、气体(泡沫)灭火系统、防烟排烟系统、防火门及防火卷帘系统、电梯系统、火灾警报和消防应急广播系统、消防应急照明和疏散指示系统以及其他相关联动控制系统,本章学习各子系统的组成及其控制要求。

消防联动控制系统是火灾自动报警系统中,接收火灾报警控制器发出的火灾报警信号,按预设逻辑完成各项消防功能的控制系统。由消防联动控制器、消防控制室图形显示装置、消防电气控制装置(如防火卷帘控制器、气体灭火控制器等)、消防电动装置、消防联动模块、消火栓接钮、消防应急广播设备、消防电话等设备和组件组成。

消防联动控制系统工作原理:火灾发生时,火灾报警控制器将火灾探测器和手动火灾报警按钮的报警信息传输至消防联动控制器。对于需要联动控制的自动消防系统(设施),消防联动控制器按照预设的逻辑关系对接收到的报警信息进行识别判断,若逻辑关系满足,消防联动控制器便按照预设的控制时序启动相应消防系统(设施);消防控制室的消防管理人员也可以通过操作消防联动控制器的手动控制盘直接启动相应的消防系统(设施),从而实现消防系统(设施)预设的消防功能。消防系统(设施)动作的反馈信号传输至消防联动控制器显示。消防联动控制系统工作原理,如图 3-1 所示。

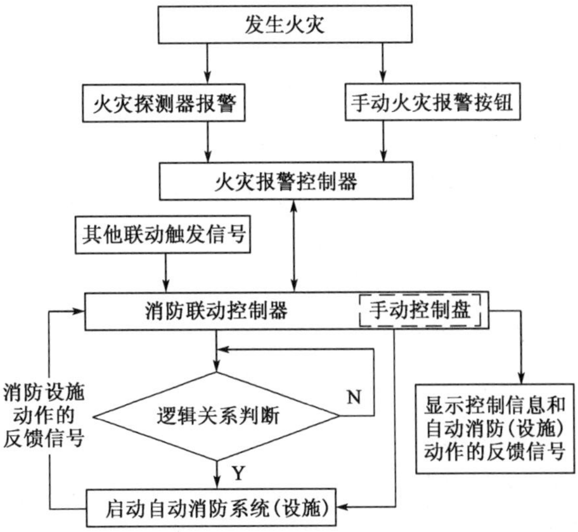

图 3-1　消防联动控制系统工作原理框图

第二节　灭火形式及灭火介质

高层建筑一旦发生火灾,扑救是十分困难的。实践已经证明,依靠室内完善的消防设施、先进的消防技术,实现早期灭火及正规灭火,才是现代楼宇的主要灭火形式。为了更好地达到灭火目的,需了解灭火方式、方法和灭火介质。

一、灭火形式

灭火形式一般分为人工灭火和自动灭火两种形式。

1. 人工灭火

动用消防车、云梯车、消火栓、灭火弹、灭火器等器械进行灭火。优点是直观、灵活及工程造价低等。缺点是消防车、云梯车等所能达到的高度十分有限,灭火人员接近火灾现场困难,灭火缓慢、危险性大。

2. 自动灭火

自动灭火又分为自动喷洒水灭火系统和固定式喷洒灭火剂灭火系统两种。灭火系统与火灾报警系统联动控制。优点是可在火灾中心实施有效灭火,保障人身安全,灭火速度快,灭火效率高。缺点是费用高。

二、灭火的基本方法

燃烧是一种发热放光的化学反应,要达到燃烧必须具备三个条件,即有可燃物(如汽油、甲烷、木材、氢气、纸张等)、有助燃物(如高锰酸钾、氯、氯化钾、溴、氧等)、有火源(如高热、化学能、电火、明火等)。

显而易见,只要不使上述三个条件同时具备,就可以实现防火、灭火的目的。一般灭火方法有以下三种:

1. 化学抑制法

将灭火剂(如二氧化碳、卤代烷等)施放到燃烧物上,就可以起到中断燃烧的化学连锁反应,达到灭火之目的。

2. 冷却法

将灭火剂(如水等)喷于燃烧物上,通过吸热使温度降低到燃点以下,火随之熄灭。

3. 窒息法

这种方法是阻止空气流入燃烧区域,即将泡沫喷射到燃烧物体上,将火窒息,或用不燃烧物质进行隔离(如用石棉布、浸水棉被覆盖在燃烧物上),使燃烧物因缺氧而窒息。

三、灭火介质

为了能有效灭火,正确地设计消防系统,就必须了解常用的灭火介质,如水、二氧化碳、烟烙尽、卤代烷,以及干粉、泡沫灭火剂等。只有使灭火剂与灭火设备相配合,才能充分发挥消防系统的灭火能力。

1. 水灭火剂

在诸多灭火剂中,水是人类使用最久、最得力、最常用的灭火介质。俗话说,水火不相容。现代消防系统中,利用水作灭火介质可以设计出性能优良的灭火系统。为了进一步研究开发水灭火系统,学习水的灭火原理是非常必要的。

(1)水的冷却作用

水的冷却作用就是指水温度的升高及蒸发汽化都要吸收大量的热。即在水与火的接触中,水被加热与汽化,吸收燃烧物燃烧产生的热量,而使燃烧物冷却下来。另一方面,水在与炽热的含碳可燃物接触时,会产生一系列化学反应并吸收大量的热。由此可见,水在与火的接触中,将从燃烧物上吸取大量的热,起到了降温灭火的作用。

(2)水对氧(助燃剂)的稀释作用

当水与炽热的燃烧物接触后,吸收大量热而使水汽化并产生大量水蒸气,阻止了外界空气再次侵入燃烧区。另外,水蒸气还可使着火现场的氧得以稀释。即通过水蒸气的阻氧及对着火区氧的稀释作用,就会使着火区的助燃剂不能得到补充,同时现有的氧又被稀释而大大减少,导致火灾由于缺氧而熄灭。

(3)水的冲击作用

在救火现场,由喷水枪喷出的高压水柱具有强烈的冲击作用。燃烧物在这种强烈冲击下,会变得四分五裂,因此可使火势由于分散而减弱。所以水的冲击作用同样是灭火的一个重要作用。

由于水是天然的灭火剂,获取与使用都相当方便,并具有强大的灭火能力,所以以水为灭火剂的灭火系统备受欢迎。

目前,我国用水灭火是主要形式,在大面积火灾情况下,人们总是优先考虑用水去灭火。但是电气火灾,可燃粉尘聚集处发生的火灾,储有大量浓硫酸、浓硝酸场所发生的火灾等都不能用水去灭火。一些与水能发生化学反应产生可燃气体且容易引起爆炸的物质(如碱金属、电石、熔化的钢水及铁水等),由它们引起的火灾,也不能用水去扑灭。

水是一种深受人们欢迎的灭火介质,正在发挥越来越重要的作用,与水相应的灭火系统,如消火栓灭火系统、喷洒水灭火系统及水幕水帘等也正在成为人们不可缺少的主要灭火工具。

2. 泡沫灭火剂

凡能与水混溶,并可通过化学反应或机械方法产生灭火泡沫的灭火剂称为泡沫灭火剂。其组成包括发泡剂、泡沫稳定剂、降黏剂、抗冻剂、助溶剂、防腐剂及水。

泡沫灭火剂主要用于扑灭非水溶性可燃液体及一般固体灭火。其灭火原理是泡沫灭火剂的水溶液通过化学、物理作用,充填大量气体(如 CO_2、空气等)后形成无数小气泡,覆盖在燃烧物表面使燃烧物与空气隔绝,阻断火焰的热辐射,从而形成灭火能力。同时泡沫在灭火过程中析出的液体,可使燃烧物冷却。受热后产生的水蒸气还可降低燃烧物附近的氧气浓度,也起到了较好的灭火效果。

3. 干粉灭火剂

干粉灭火剂又称粉末灭火剂,它是干燥且易于流动的微细固体粉末。主要以碳酸氢钠为基料,用以扑灭各种非水溶性和水溶性可燃易燃液体的火灾以及天然气和液化气可燃气体的火灾。其灭火原理是将干粉以一定的气体压力由容器中喷出并呈粉末雾状,在其与火接触时会发生一系列物理化学反应,从而扑灭火焰。电气设备发生火灾,也可用干粉灭火剂去扑灭。

4. 二氧化碳灭火剂

二氧化碳(CO_2)在常温下无色无臭,是一种不燃烧、不助燃的气体,便于装罐和储存,是应用较广泛的灭火剂之一。其灭火原理是依靠对火灾的窒息、冷却和降温作用。二氧化碳挤入着火空间时,使空气中的含氧量明显减少,使火灾由于助燃剂的减少而最后“窒息”熄灭。同时,二氧化碳由液态变成气态时,会吸收大量的热,从而使燃烧区温度大大降低,同样起到灭火作用。

二氧化碳具有不沾污物品、无水渍损失、不导电及无毒等优点,所以二氧化碳被广泛应用在扑灭各种易燃液体火灾,电气火灾以及高层建筑中的重要设备、机房、电子计算机房、图书馆、珍藏库等的火灾。重要的写字楼、科研楼及档案楼等发生的火灾也经常采用二氧化碳进行扑灭。

5. 卤代烷灭火剂

卤代烷是以卤素原子取代烷烃分子中的部分氢原子或全部氢原子而得到的一类有机化合物的总称。一些低级烷烃的卤代物具有不同程度的灭火能力。这些具有灭火能力的低级卤代物统称为卤代烷灭火剂。常用的卤代烷灭火剂化学表达式及代号分别为:

二氟一氯一溴甲烷	CF_2CiBr	1211
三氟一溴甲烷	CF_3Br	1301
二氟二溴甲烷	CF_2Br_2	1202
四氟二溴乙烷	$C_2F_4Br_2$	2402

卤代烷的灭火原理在于抑制燃烧的化学反应过程,使燃烧中断。灭火过程主要是通过夺取燃烧连锁反应中的活泼物质而形成的断链过程或抑制过程。显然,这一灭火过程是化学反应过程,而其他一些灭火剂大都是冷却和稀释等物理过程。因此,卤代烷灭火速度是非常快的。

卤代烷灭火剂的使用与二氧化碳有很多相似之处,例如灭火后不留痕迹、毒性低,且药剂本身绝缘性好。因此,卤代烷灭火剂适用于扑救各种易燃液体火灾和电气设备火灾,而不适用于扑救活泼金属、金属氢化物及能在惰性介质中由自身供氧燃烧的物质的火灾。固体纤维物质火灾需要采用浓度较高的卤代烷灭火剂。

卤代烷灭火剂具有灭火效率高、速度快、灭火后不留痕迹(水渍)、腐蚀性极小、便于储存且久储不变质等优点;但卤代烷灭火剂也有毒性、价格高的缺点。

卤代烷 1211、1301 等灭火设备一般应用在不能用水喷洒且保护对象又较重要的场所,如计算机室、通信电子仪器室、电气控制室、书库、资料库、文物库以及贵重物品的特殊建筑物。

总之,灭火剂的种类很多,目前常用的灭火剂有泡沫,卤代烷 1211、1301、二氧化碳、四氯化碳、干粉、水等。但比较而言,用水灭火具有方便、有效、价格低廉的优点,因此被广泛使用。在实际工作中,应根据现场的实际工况来选择和确定灭火方法和灭火剂,以达到最理想的灭火效果。

第三节　自动喷水灭火系统

高层建筑或建筑群着火后,主要应做好两方面的工作:一是有组织有步骤地紧急疏散;二是进行有效灭火。为将火灾损失降到最低限度,必须采取最有效的灭火方法。

灭火方式分为液体灭火和气体灭火两种，常用的为液体灭火方式。如消火栓灭火系统和自动喷水灭火系统。作用是当接到火警信号后执行灭火任务。

自动喷水灭火系统，根据结构和灭火过程，通常分为室内消火栓灭火系统及自动喷水灭火系统。自动喷水灭火系统是一种固定式灭火系统，是当今国际上应用最广、用量最多、造价低廉、最为有效的自动灭火设施，扑灭火灾成功率高，特别对扑灭初期火灾有很好的效果。主要应用于人员密集、不宜疏散、外部增援灭火与救生较困难的性质重要或火灾危险性较大的场所。

自动喷水灭火系统根据所使用喷头的形式，分为闭式自动喷水灭火系统和开式自动喷水灭火系统两大类；根据系统的用途和配置状况，自动喷水灭火系统又分为湿式系统、干式系统、雨淋系统、预作用式、喷雾式、水幕式、自动喷水与泡沫连用系统等。自动喷水灭火系统的分类，如图 3-2 所示。

- 自动喷水灭火系统
  - 闭式系统
    - 湿式自动喷水灭火系统
    - 干式自动喷水灭火系统
    - 预作用自动喷水灭火系统
    - 自动喷水与泡沫联用系统
  - 开式系统
    - 雨淋系统
    - 水幕系统

图 3-2 自动喷水灭火系统的分类

自动喷水灭火系统有以下两个基本功能：

(1)能在火灾发生后，自动地进行喷水灭火。

(2)能在喷水灭火的同时发出警报。

自动喷水灭火系统具有安全可靠，灭火效率高，结构简单，使用、维护方便，成本低且使用期长等特点。在灭火初期，灭火效果尤为显著。

按相关规定，在高层建筑或建筑群体中，除了设置重要的消火栓灭火系统以外，还要求设置自动喷水灭火系统。

一、湿式自动喷水灭火系统

湿式自动喷水灭火系统属于固定式灭火系统，是最安全可靠的灭火装置，适用于室内温度不低于 4℃(低于 4℃受冻)和不高于 70℃(高于 70℃失控，误动作造成水灾)的场所。

1. 系统组成

湿式自动喷水灭火系统(以下简称湿式系统)由闭式洒水喷头、湿式报警阀、压力开关、水流指示器、管道以及供水设施等组成，如图 3-3 所示。

2. 工作原理

湿式系统在准工作状态时，由消防水箱或稳压泵、气压给水设备等稳压设施维持管道内充水的压力。发生火灾时，在温度的作用下，闭式喷头的热敏元件动作，喷头开启并开始喷水。此时，管网中的水由静止变为流动，水流指示器动作，水流指示器的动作信号传至消防联动控制器，由消防联动控制器显示该区域自动喷水系统的动作信息。

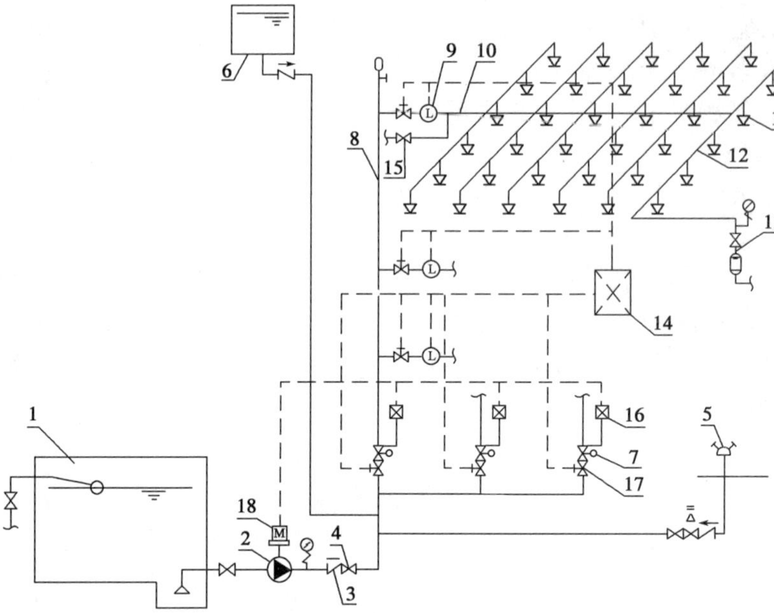

图 3-3　湿式系统主要设备和组件

1-消防水池;2-水泵;3-止回阀;4-用阀;5-水泵接合器;6-消防水箱;7-湿式报警阀组;8-配水干管;9-水流指示器;10-配水管;11-闭式喷头;12-配水支管;13-末端试水装置;14-报警控制器;15-泄水阀;16-压力开关;17-信号阀;18-驱动电机

由于持续喷水泄压造成湿式报警阀的上部水压低于下部水压,在压力差的作用下,原来处于关闭状态的湿式报警阀自动开启,此时压力水通过湿式报警阀流向管网,同时打开通向水力警铃的通道,延迟器充满水后,水力警铃发出声响警报,压力开关动作并输出启动信号联锁启动消防泵为管网持续供水;压力开关的动作信号和消防泵的动作反馈信号传至消防联动控制器,由消防联动控制器显示该湿式报警阀和消防泵的动作信息。

湿式系统的工作原理如图 3-4 所示。

压力继电器的动作及消防联动控制器在收到水流指示器动作信号后发出的指令均可启动喷淋泵。从喷淋泵控制过程看,它是一个闭环控制过程。无火灾时,管网压力水由高位水箱提供,使管网内充满压力水。喷淋泵的闭环控制过程如图 3-5 所示。

高层建筑及建筑群体中,每座楼宇的喷水泵一般用 2 ~ 3 台。平时一台工作,一台备用。当一台因故障停转,接触器触点不动作时,备用泵立即投入运行,两台可互为备用。平时管网中压力水来自高位水池,当喷头喷水,管道里有消防水流动时,压力开关启动消防泵,向管网里补充压力水。

3. 系统中主要器件

(1)水流指示器

水流指示器的作用是把水的流动转换成电信号报警。其电接点既可直接启动消防水泵,也可接通电警铃报警。

在多层或大型建筑的自动喷水系统中,在每一层或每一分区的干管或支管的始端必须安装一个水流指示器。当发生火灾时，喷头喷水，水流指示器将水流信号转换成电信号传送到消防控制室，即发送报警信号，但不能作为启泵信号。这是因为，水流指示器主要用以显示喷水管中有无水流通过，它的动作有几种可能，主要有自动喷水灭火系统管网中有水流动压力突变，或是受水压影响，或是在管网末端放水试验和管网检修等，这些显然不都是发生火灾情况，因此不能用来启动消防水泵。水流指示器用在系统中，需经输入模块与报警总线连接，如图 3-6、图 3-7 所示。

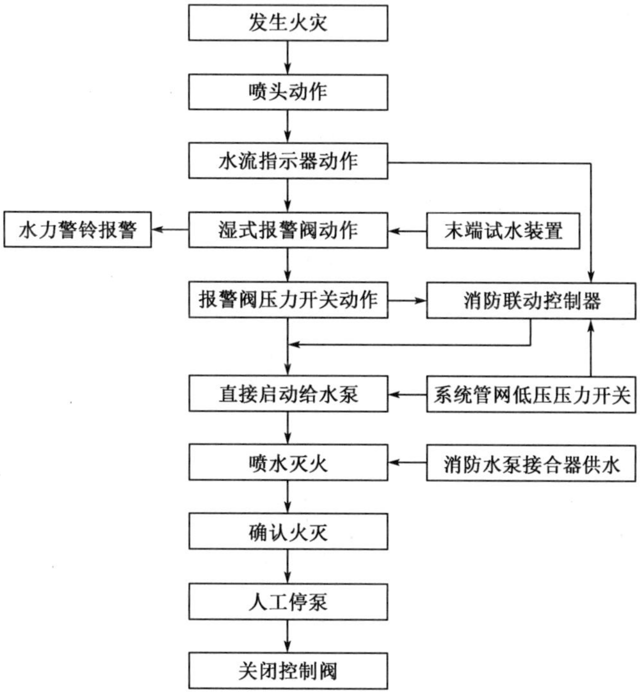

图 3-4 湿式系统的工作原理图

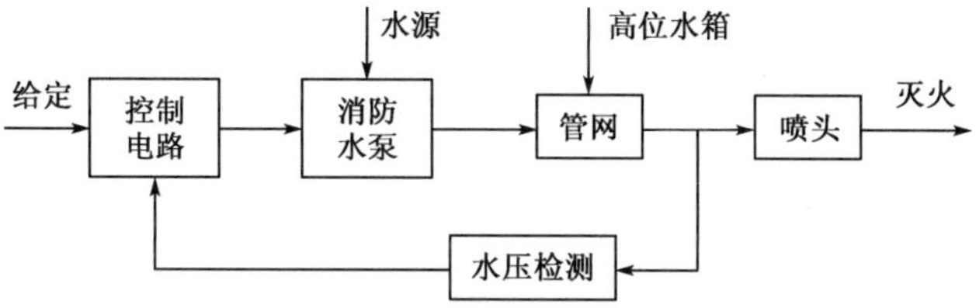

图 3-5 喷淋泵的闭环控制过程框图

(2)压力开关

压力开关(压力继电器)装在延迟器后，压力开关直接启泵。当湿式报警阀阀瓣开启后，延迟器充满水后才能动作。其触点动作，发出电信号至报警控制箱，从而启动消防泵。它做个别喷头动作，由于水流较小，压力开关也不会动作，避免误起动。为启泵指令的唯一发出者，可靠性高。

压力开关用在系统中，需经输入模块与报警总线连接，如图 3-8 所示。

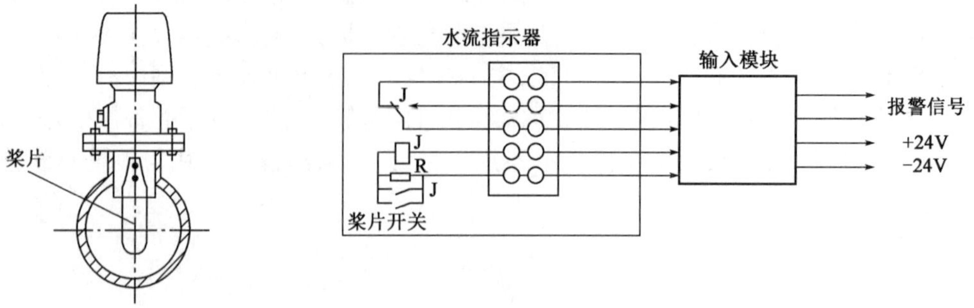

图 3-6 水流指示器(电子接点方式)

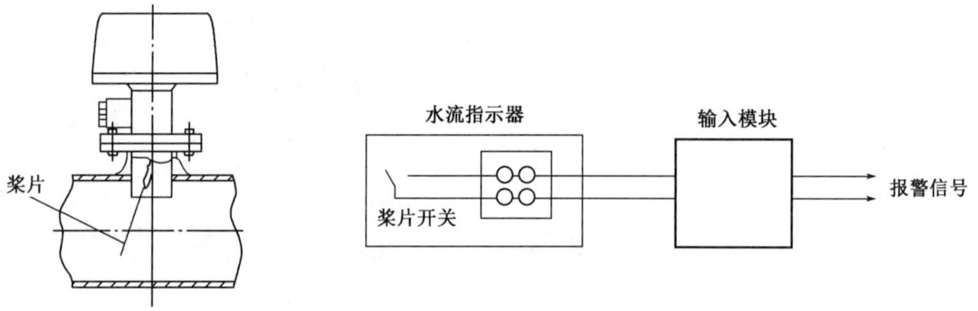

图 3-7 水流指示器接线(机械接点方式)

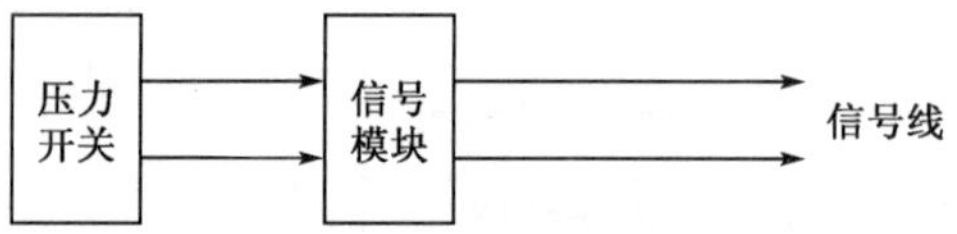

图 3-8 压力开关接线

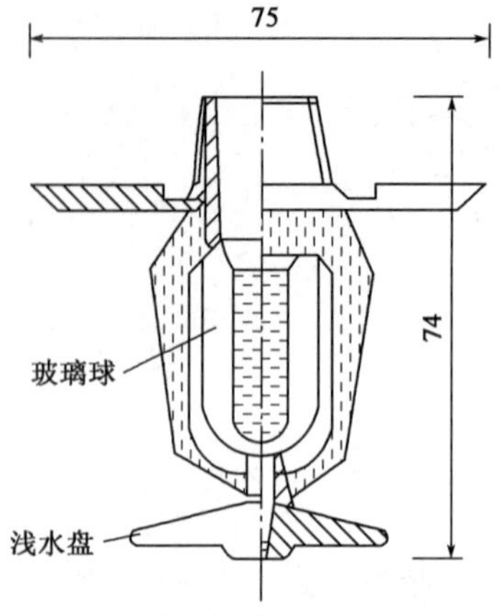

图 3-9 玻璃球式喷头(尺寸单位:mm)

(3)闭式喷头

闭式喷头可分为易熔合金式、双金属片式和玻璃球式三种。应用最多的是玻璃球式喷头,如图 3-9 所示。

喷头布置在房间顶棚下边,与支管相连。在正常情况下,喷头处于封闭状态。火灾时,开启喷水由感温部件(充液玻璃球)控制,当装有热敏液体的玻璃球达到动作温度(57℃、68℃、79℃、93℃、141℃、182℃)时,球内液体膨胀,使内部压力增大,玻璃球炸裂,密封垫脱开,喷出压力水;喷水后,由于压力降低,压力开关动作,将水压信号变为电信号,向喷淋泵控制装置发出启动喷淋泵信号,保证喷头有水喷出。同时,流动的消防水使主管道分支处的水流指示器电接点动作,接通延时电路(20~30s),通过继电器触点,发出声信号给控制室,以识别火灾区域。所以，喷头具有探测火情、启动水流指示器、扑灭早期火灾的重要作用。

(4)湿式报警阀

湿式报警阀是湿式喷水灭火系统中的重要部件，安装在总供水干管上，是一种直立式单向阀，连接供水设备和配水管网。报警阀打开，接通水源和配水管；同时部分水流通过阀座上的环形槽，经信号管道送至水力警铃，发出音响报警信号。它必须十分灵敏，当管网中即使只有一个喷头喷水，破坏了阀门上下的静止平衡压力时，就必须立即开启。任何延迟都会耽误报警的发生。

湿式报警阀的作用是平时阀芯前后水压相等，水通过导向杆中的水压平衡小孔保持阀板前后水压平衡，由于阀芯的自重和阀芯前后所受水的总压力不同，阀芯处于关闭状态(阀芯上面的总压力大于阀芯下面的总压力)。发生火灾时，闭式喷头喷水，由于水压平衡小孔来不及补水，报警阀上面的水压下降，此时阀下水压大于阀上水压，于是阀板开启，向洒水管网及洒水喷头供水，同时水沿着报警阀的环形槽进入延迟器、压力继电器及水力警铃等设施，发出火警信号，并启动消防水泵等设施，如图 3-10 所示。

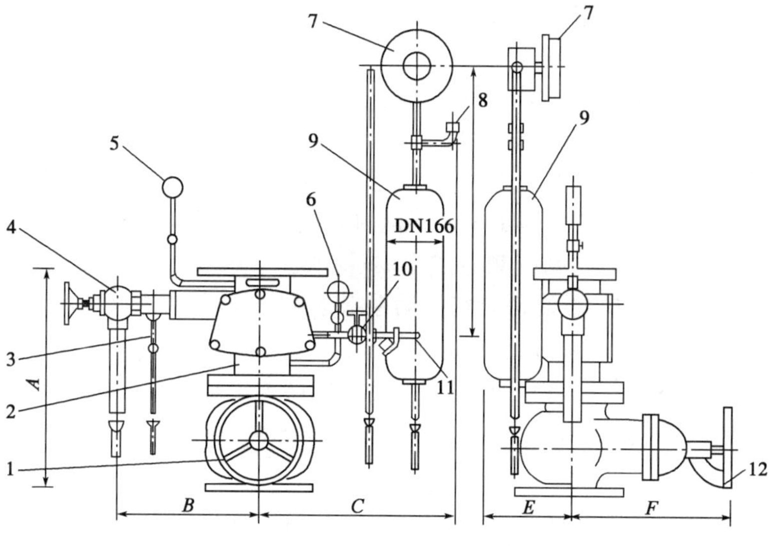

图 3-10　湿式报警阀

1-控制阀；2-报警阀；3-试警铃阀；4-放水阀；5、6-压力表；7-水力警铃；8-压力开关；9-延时器；10-警铃管阀门；11-滤网；12-软锁

(5)延迟器

延迟器是一个罐式容器，安装在报警阀与水力警铃之间，用以防止由于水源压力突然发生变化而引起报警阀短暂开启，或对因报警阀局部渗漏而进入警铃管道的水流起一个暂时容纳的作用，从而避免虚假报警。只有在火灾真正发生时，喷头和报警阀相继打开，水流源源不断地大量流入延迟器，经过 30s 左右充满整个容器，然后冲入水力警铃。

(6)压力罐

压力罐要与稳压泵结合，用来稳定管网内水的压力。通过装设在压力罐上的电接点压力表的上、下限接点，使稳压泵自动在高压力时停止和低压力时启动，以确保水的压力在设计规定的范围内,保证消防用水正常供应。

4. 控制要求及控制方式

(1)控制要求

①设置在系统中的水流指示器虽然也能反映水流信号,但一般不宜用作启停消防水泵。

②消防水泵的启停应采用能准确反映管网水压变化的压力开关,让其直接作用于喷淋泵启停回路,而无需与联动控制器联动。尽管如此,在消防控制室内仍要设置喷淋泵的启停控制按钮。

③系统中的水流指示器、压力开关将水流转换成火灾报警信号,控制报警控制器发出声、光报警并显示灭火地址。

④水泵接合器的设置是考虑到系统自备水源有限时,可以利用消防车水泵或机动消防泵取别处水源向系统加压供水。

(2)控制方式

①联锁控制方式。湿式报警阀压力开关的动作信号直接联锁启动消防泵向管网持续供水,这种联锁控制不应受消防联动控制器处于自动或手动状态影响,这一点设计人员应予重视。

②联动控制方式。在实际工程应用中,为防止湿式报警阀压力开关至消防泵的启动线路因断路、短路等电气故障而失效。湿式报警阀压力开关的动作信号应同时传至消防联动控制器,作为系统的联动触发信号,由消防联动控制器通过总线模块冗余控制消防泵的启动。

③手动控制方式。应将喷淋消防泵控制箱(柜)的启动、停止按钮用专用线路直接连接至设置在消防控制室内的消防联动控制器的手动控制盘,直接手动控制喷淋消防泵的启动、停止。如果发生火灾,消防联动控制系统在手动控制方式时,可以通过操作设置在消防控制室内消防联动控制器的手动控制盘直接启动供水泵。

④水流指示器、信号阀、压力开关、喷淋消防泵启动和停止的动作信号应反馈至消防联动控制器,由消防联动控制器显示。

(3)设计提示

①自动喷水灭火系统中设置的水流指示器,主要用以显示喷水管网中有无水流通过。而自动喷水灭火或是在管网末端放水实验和管网检修等,都有可能使水流指示器动作。因此,它不能用作启动消防水泵,应该用使管网水压变化(喷水灭火时的水压降低)而动作的压力开关的动作信号自动启动喷淋泵,由气压罐压力开关控制加压泵自动启动。

②湿式自动喷水灭火喷头的定温玻璃泡不能代替火灾探测器。因为火灾探测器的设置主要是以预防为主,它对火灾起早期预报警作用,报警后离火灾的燃烧阶段和蔓延阶段还有一段时间,因此火灾自动报警系统的设置体现了"预防为主"的指导思想。湿式自动喷水灭火喷头的定温玻璃泡的设置若代替火灾探测器则存在两个问题:一是该定温玻璃泡与火灾自动报警定温探测器(特别是感烟式火灾探测器)相比较,其灵敏度低得多。经现场火灾探测实验证明,在同等温度条件下(与热电偶温度探测器比较)比火灾探测器晚动作近3min,如与感烟探测器比较晚近5min。因此,它不能用作火灾早期报警使用。二是自动喷水灭火喷头的设置主要建立在以消为主的指导思想上,一经喷水灭火就不是报警而是消防,将会有大量水流充满被保护场所,因此在设有湿式自动喷水灭火喷头的场所仍然宜装设感烟式火灾探测器。这一设

计思想与消防工作方针“预防为主，防消结合”相吻合。

二、干式自动喷水灭火系统

干式自动喷水灭火系统适用于环境温度低于4℃和高于70℃的建筑物和场所。它是除湿式系统以外使用历史最长的一种闭式自动喷水灭火系统。

1. 系统组成

干式自动喷水灭火系统（以下简称干式系统）由闭式喷头、干式报警阀组、管道系统、充气设备，排气设备以及供水设备等组成。在准工作状态时，配水管道内充满用于启动系统的有压气体。干式系统的启动原理与湿式系统相似，只是将传输喷头开放信号的介质，由有压水改为有压气体。干式系统的组成，如图3-11所示。

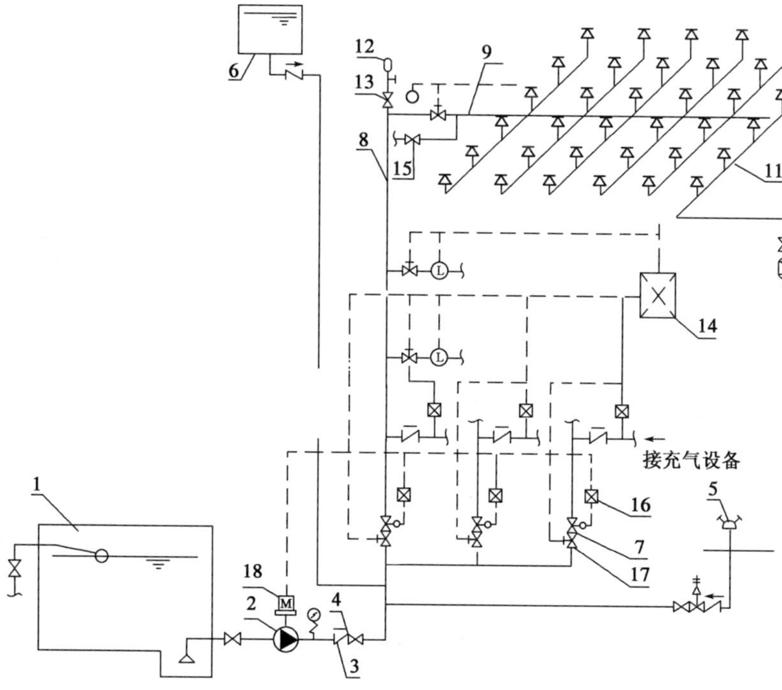

图3-11　干式系统组成示意图

1-消防水池；2-水泵；3-止回阀；4-用阀；5-水渠接合器；6-消防水箱；7-干式报警阀组；8-配水干管；9-配水管；10-闭式喷头；11-配水支管；12-排气阀；13-电动阀；14-报警控制器；15-泄水阀；16-压力开关；17-信号阀；18-驱动电机；19-末端试水装置

2. 工作原理

干式系统在准工作状态时，由消防水箱或稳压泵、气压给水设备等稳压设施维持干式报警阀入口前向管道内充水的压力，报警阀出口后的管道内充满有压气体（通常采用压缩空气），报警阀处于关闭状态。发生火灾时，在温度的作用下，闭式喷头的热敏元件动作，闭式喷头启动，使干式阀出口压力下降，加速器动作后促使干式报警阀迅速开启，管道开始排气充水，剩余压缩空气从系统最高处的排气阀和开启的喷头处喷出，此时通向水力警铃和压力开关的通道被打开，水力警铃发出声响警报，压力开关动作并输出启动信号，联锁启动消防泵为管网持续供水；管网完成排气充水过程后，开启的喷头开始喷水。从闭式喷头开启至供水泵投入运行前，由消防水箱、气压给水设备或稳压泵等供水设施为系统的配水管道充水。压力开关的动作信号和消防泵的动作反馈信号传送至消防联动控制器，由消防联动控制器显示该报警阀和消防泵的动作信息。干式系统的工作原理，如图 3-12 所示。

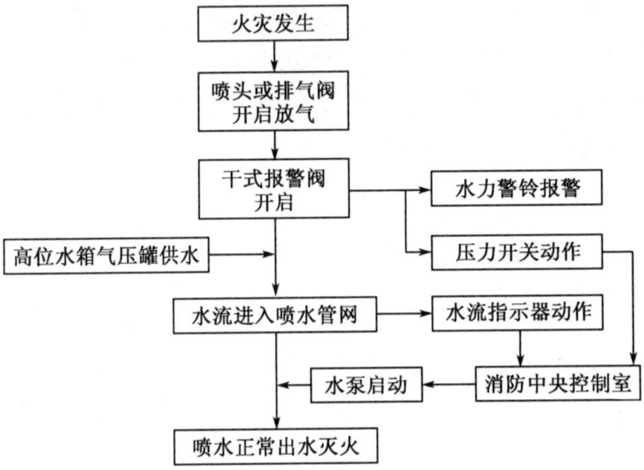

图 3-12　干式系统工作原理图

3. 控制要求及控制方式

干式系统的控制要求及控制方式与湿式系统基本相同，设计人员可参照湿式系统的设计要求进行设计。

三、预作用自动喷水灭火系统

1. 系统组成

预作用自动喷水灭火系统（以下简称预作用系统）由闭式喷头、预作用报警阀组、水流报警装置、供水与配水管道、充水设备和供水设施等组成，在准工作状态时配水管道内不充水，由火灾报警系统自动开启预作用报警阀组后，转换为湿式系统。预作用系统与湿式系统、干式系统的不同之处，在于系统采用预作用报警阀组，并配套设置火灾自动报警系统。预作用系统的组成，如图 3-13 所示。

2. 工作原理

系统处于准工作状态时，由消防水箱或稳压泵、气压给水设备等稳压设施维持预作用报警阀组入口前管道内充水的压力，预作用报警阀组后的管道内平时无水或充以有压气体。在火灾的初期阶段，火灾自动报警系统确认火灾报警信号后，联动控制开启预作用报警阀组，配水管道开始排气充水，使系统在闭式喷头动作前转换成湿式系统。当火灾发展到一定规模后，在火灾温度的作用下，闭式喷头的热敏元件动作，喷头开启并开始喷水。此时，管网中的水由静止变为流动，水流指示器动作，水流指示器的动作信号传送至消防联动控制器，由消防联动控制器显示该区域自动喷水系统的动作信息。

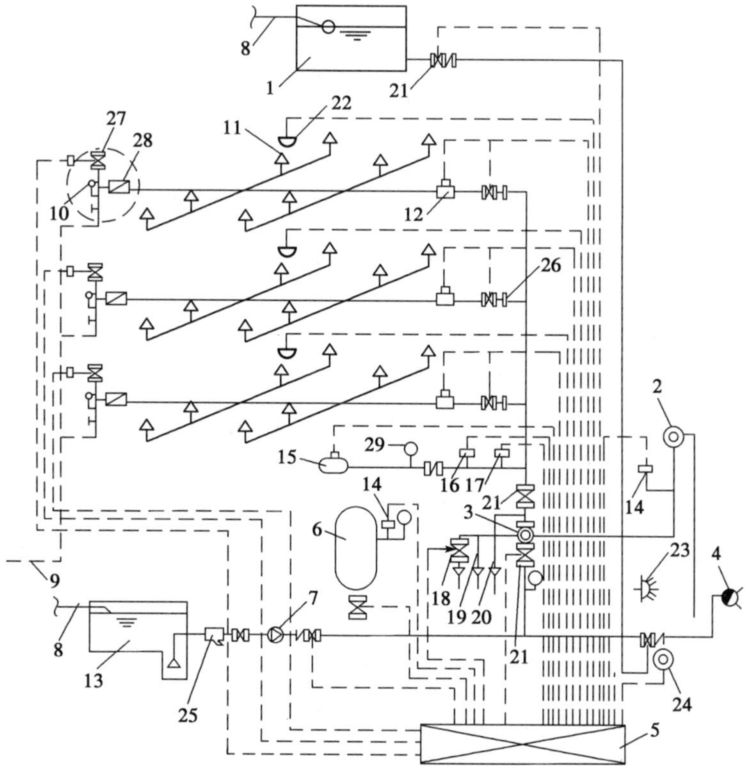

图 3-13　预作用自动喷水灭火系统示意图

1-高位水箱；2-水力警铃；3-预作用阀；4-消防水泵接合器；5-控制箱；6-压力罐；7-消防水泵；8-进水管；9-排水管；10-末端试水装置；11-闭式喷头；12-水流指示器；13-水池；14、16、17-压力开关；15-空压机；18-电磁阀；19、20-截止阀；21-消防安全指示阀；22-探测器；23-电铃；24-紧急按钮；25-过滤器；26-节流孔板；27-排气阀；28-水表；29-压力表

由于持续喷水泄压造成湿式报警阀的上部水压低于下部水压，在压力差的作用下，原来处于关闭状态的湿式报警阀自动开启，此时压力水通过湿式报警阀流向管网，同时打开通向水力警铃的通道，延时器充满水后，水力警铃发出声响警报，压力开关动作并输出启动信号联锁启动消防泵为管网持续供水；压力开关的动作信号和消防泵的动作反馈信号传送至消防联动控制器，由消防联动控制器显示该湿式报警阀和消防泵的动作信息。

预作用系统的工作原理，如图 3-14 所示。

3. 控制要求及控制方式

(1)联动控制方式。为了保障系统动作的可靠性，应由同一报警区域内两只及以上独立的感烟火灾探测器，或一只感烟火灾探测器与一只手动火灾报警按钮的报警信号（“与”逻辑），作为预作用阀组开启的联动触发信号。

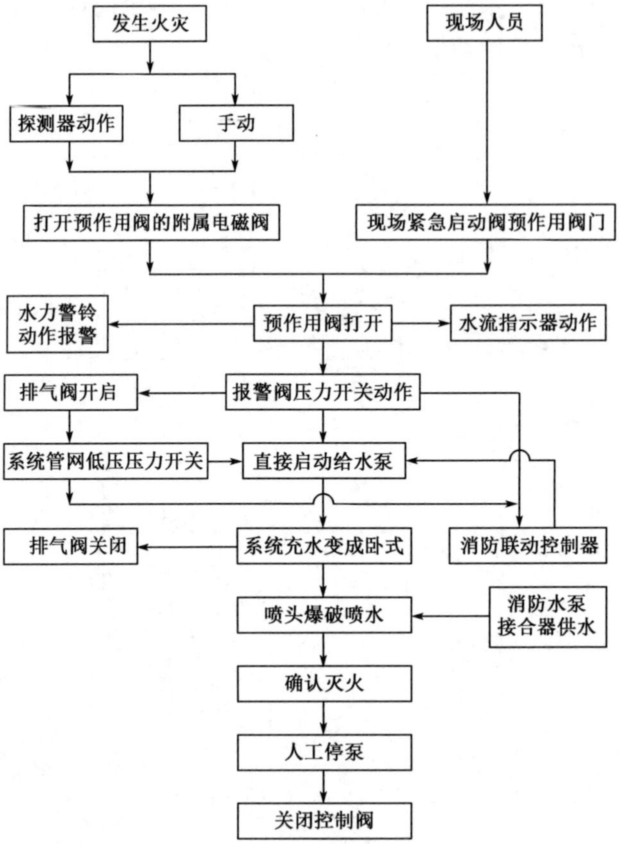

图 3-14　预作用系统的工作原理图

根据图 3-14 预作用系统工作流程图，预作用系统在正常状态时，配水管道中没有水。由消防联动控制器控制预作用阀组的开启，使系统转变为湿式系统；当火灾温度继续升高，闭式喷头的闭锁装备溶化脱落，喷头自动喷水灭火；当系统设有快速排气装置时，应联动控制排气阀前的电动阀的开启。湿式系统的联动控制设计应符合《火灾自动报警系统设计规范》的相关规定。

(2)手动控制方式。应将喷淋消防泵控制箱(柜)的启动和停止按钮、预作用阀组和快速排气阀入口前的电动阀的启动和停止按钮，用专用线路直接连接至设置消防室内消防联动控制器的手动控制盘，如果发生火灾，操作手动控制盘直接启动向配水管道供水的阀门和供水泵。

(3)水流指示器、信号阀、压力开关、喷淋消防泵的启动和停止的动作信号，有压气体管道气压状态信号和快速排气阀入口前电动阀的动作信号应反馈至消防联动控制器。

四、雨淋自动喷水灭火系统

1. 系统组成

雨淋系统由开式喷头、雨淋阀组、水流报警装置、供水与配水管道以及供水设备等组成，与前几种系统的不同之处在于雨淋系统采用开式喷头，由雨淋阀控制喷水范围，由配套的火灾自动报警系统或传动管系统启动雨淋阀。电动雨淋系统结构，如图3-15所示。

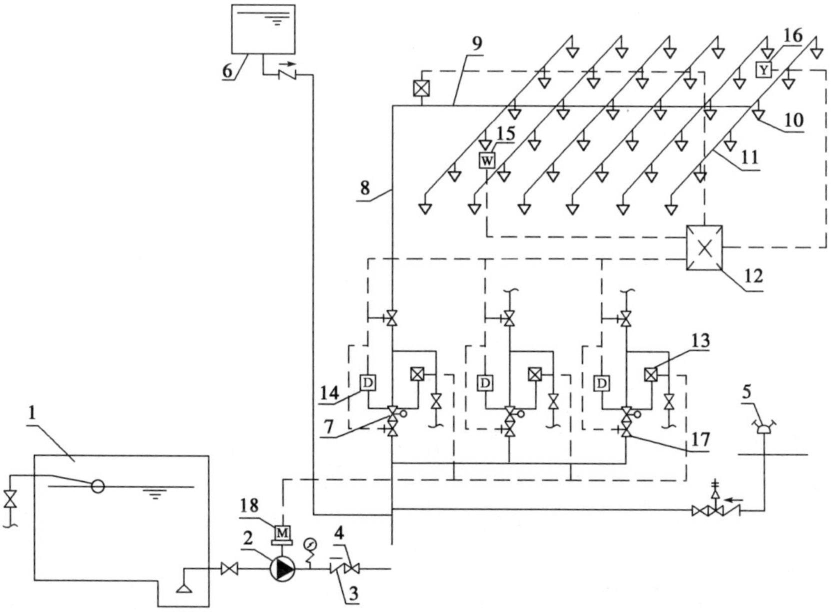

图3-15　电动雨淋系统示意图

1-消防水池；2-水泵；3-止回阀；4-闸阀；5-水泵接合器；6-消防水箱；7-雨淋报警阀组；8-配水干管；9-配水管；10-开头喷头；11-配水支管；12-报警控制器；13-压力开头；14-电磁阀；15-感温探测器；16-感烟探测器；17-信号阀；18-驱动电机

2. 工作原理

系统处于准工作状态时，由消防水箱或稳压泵、气压给水设备等稳压设施维持雨淋阀入口前管道内充水的压力。发生火灾时，由现场的火灾探测器动作，启动电磁阀，自动开启雨淋报警阀和供水泵，向系统管网供水，由雨淋阀控制的开式喷头同时喷水。为充分保证灭火系统用水，通常在开通雨淋阀的同时，就应当尽快启动消防水泵。雨淋系统的工作原理，如图3-16所示。

当雨淋阀动作后，保护区上所有开式喷头一起自动喷水，形似下雨降水，大面积均匀灭火，效果十分显著。但这种系统对电气控制要求较高，不允许有误动作或不动作现象。此系统适用于需要大面积喷水灭火并需要快速制止火灾蔓延的危险场所，如剧院舞台、大型演播厅等。

该系统在结构上与湿式喷水灭火系统类似，只是该系统采用了雨淋阀而不是湿式报警阀。如前所述，在湿式喷水灭火系统中，湿式报警阀在喷头喷水后便自动打开，而雨淋阀则是由火灾探测器打开，使喷淋泵向灭火管网供水。雨淋喷水灭火系统中设置的火灾探测器，除能启动雨淋阀外，还能将火灾信号及时送至报警控制柜(箱)，发出声、光报警，并显示灭火地址。因此，雨淋阀的控制要求自动化程度较高，且安全、准确、可靠。

3. 控制要求及控制方式

雨淋系统是开式自动喷水灭火系统的一种，是指通过火灾自动报警系统实现管网控制的系统。

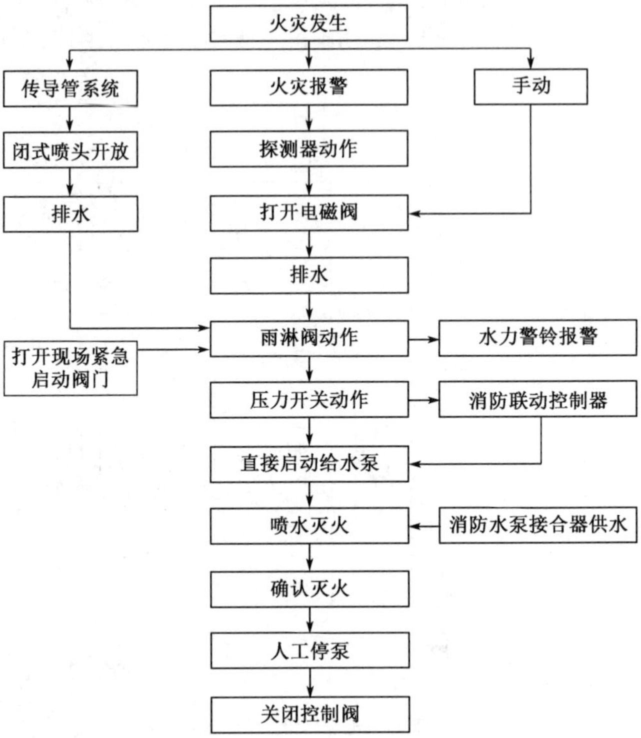

图3-16　雨淋系统工作原理图

(1)联动控制方式。为了保障系统动作的可靠性,应由同一报警区域内两只及以上独立的感温火灾探测器,或一只感温火灾探测器与一只手动火灾报警按钮的报警信号("与"逻辑),作为雨淋阀组开启的联动触发信号。应由消防联动控制器控制雨淋阀组的开启。雨淋报警阀动作信号取自雨淋报警阀的辅助接点,可通过输入模块接入总线,并在消防联动控制器上显示。

(2)手动控制方式。应将雨淋消防泵控制箱(柜)的启动和停止按钮、雨淋阀组的启动和停止按钮,用专用线路直接连接至设置在消防控制室内的消防联动控制器的手动控制盘,直接手动控制雨淋消防泵的启动、停止及雨淋阀组的开启。

(3)消防泵的连锁控制方式。雨淋阀压力开关的动作信号直接连锁启动消防泵向管网持续供水,这种联动控制不应受消防联动控制器处于自动或手动状态的影响,这一点设计人员应予以重视。

(4)水流指示器、压力开关、雨淋阀组、雨淋消防泵的启动和停止的动作信号,应反馈至消防联动控制器。

五、水幕系统

1. 系统组成

水幕系统由开式洒水喷头或水幕喷头、雨淋报警阀组、供水与配水管道、控制阀及水流报警装置(水流指示器或压力开关)等组成,该系统的开式喷头沿线状布置,将水喷洒成水帘幕状,故称为水幕系统。与前几种系统不同的是,水幕系统不具备直接灭火的能力,是用于挡烟阻火和冷却分隔物的防火系统。该系统适用于需防火隔离的开口部位,如舞台与观众之间的隔离水幕、消防防火卷帘的冷却等。水幕系统的结构,如图 3-17 所示。

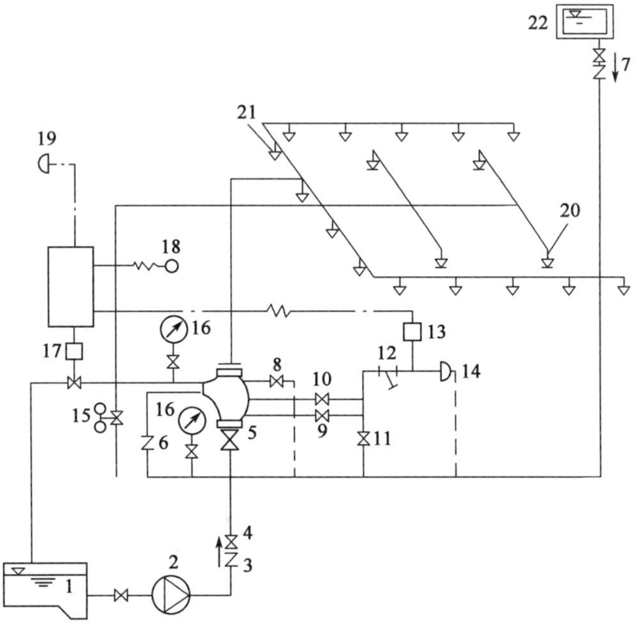

图 3-17 水幕系统结构图

1-水池;2-水泵;3、6-止回阀;4-阀门;5-供水闸阀;7-雨淋阀;8、11-放水阀;9-试警铃阀;10-警铃管阀;12-滤网;13-压力开关;14-水力警铃;15-手动快开阀;16-压力表;17-电磁阀;18-紧急按钮;19-电铃;20-感温玻璃球喷头;21-开式水幕喷头;22-水箱

2. 工作原理

系统处于准工作状态时,由消防水箱或稳压泵、气压给水设备等稳压设施维持管道内充水的压力。发生火灾时,由火灾自动报警系统联动开启雨淋报警阀组和供水泵,向系统管网和喷头供水。

防护冷却水幕和防火隔断型水幕系统工作流程,如图 3-18 和图 3-19 所示。

3. 控制要求及控制方式

(1)联动控制方式。同样出于可靠性考虑,当自动控制的水幕系统用于防火卷帘的保护时,应由防火卷帘下落到楼板面的动作信号与本报警区域内任一火灾探测器或手动火灾报警按钮的报警信号,作为水幕阀组启动的联动触发信号,并应由消防联动控制器联动控制水幕系统相关控制阀组的启动;仅用水幕系统作为防火分隔时,应由该报警区域内两只独立的感温火灾探测器的火灾报警信号作为水幕阀组启动的联动触发信号,并应由消防联动控制器联动控制水幕系统相关控制阀组的启动。

(2)手动控制方式。应将水幕系统相关控制阀组和消防泵控制箱(柜)的启动、停止按钮用专用线路直接连接至设置在消防控制室内的消防联动控制器的手动控制盘,直接手动控制消防泵的启动、停止及水幕系统相关控制阀组的开启。

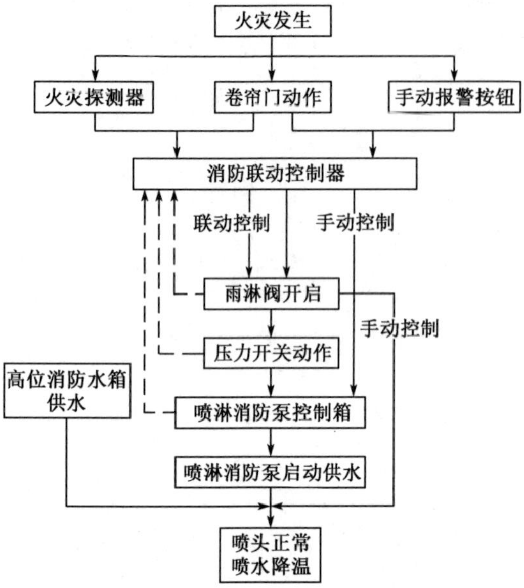

图 3-18　卷帘门降温型水幕系统工作流程图

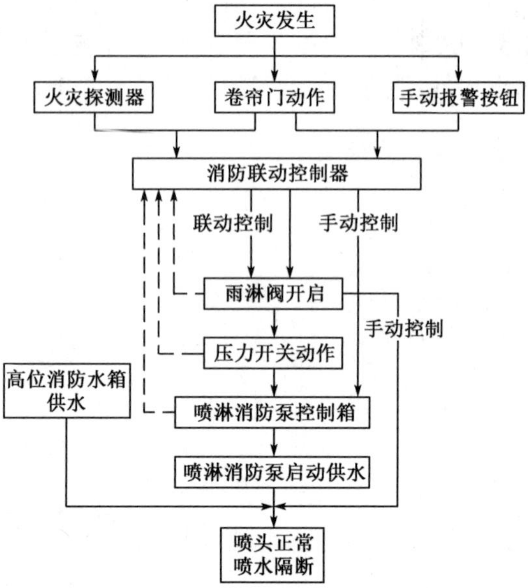

图 3-19　防火隔断型水幕系统工作流程图

(3)消防泵的联锁控制方式。水幕系统相关控制阀组压力开关的动作信号直接联锁启动消防泵向管网持续供水,这种联锁控制不应受消防联动控制器处于自动或手动状态影响,这一点设计人员应予以重视。

(4)压力开关、水幕系统相关控制阀组和消防泵的启动、停止的动作信号,应反馈至消防联动控制器。

六、水喷雾灭火系统

水喷雾灭火系统属于固定式灭火设施,根据需要可设计成固定式和移动式两种装置。移动式喷头可作为固定装置的辅助喷头。固定式灭火系统的启动方式,可设计成自动和手动控制系统,但自动控制系统必须同时设置手动操作装置。手动操作装置应设在火灾时容易接近便于操作的地方。

水喷雾灭火系统由开式喷头、高压给水加压设备、雨淋阀、探测器、报警控制器等组成,如图 3-20 所示。

水的雾化质量的好坏与喷头的性能及加工精度有关。如供水压力增高,水雾中的水粒变细,有效射程也增大,考虑到水带强度、功率消耗及实际需要,中速水雾喷头前的水压一般为 0.35 ~ 0.8MPa。

该系统用喷雾喷头把水粉碎成细小的水雾滴之后喷射到正在燃烧的物质表面,通过表面冷却、窒息以及乳化、稀释的同时作用实现灭火。由于水喷雾具有多种灭火机理,因此具有适用范围广的优点,不仅可以提高扑灭固体火灾的灭火效率,同时由于水雾具有不会造成液体火飞溅、电气绝缘性好的特点,在扑灭可燃液体火灾、电气火灾中均得到了广泛的应用。

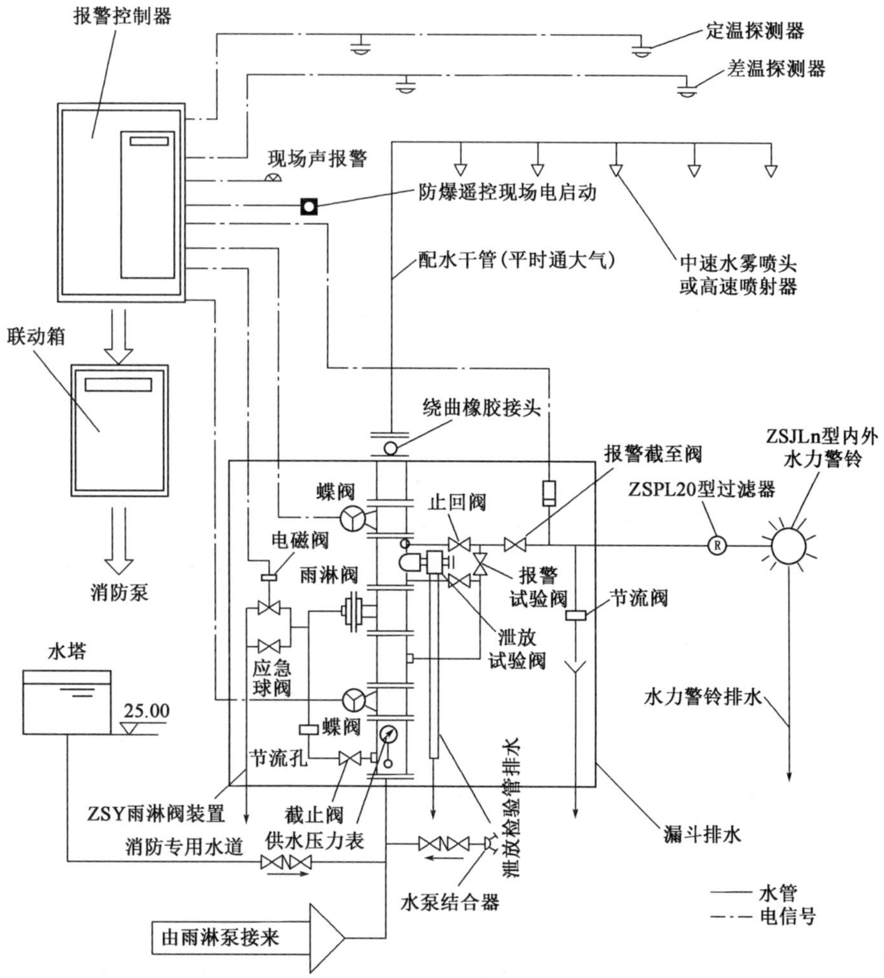

图 3-20　水喷雾灭火系统示意图

水喷雾灭火系统作为一种开式自动喷水灭火系统的水喷雾灭火系统，在结构组成上与雨淋系统基本相似，所不同的是该系统使用的是一种喷雾喷头，喷出来的水为锥形状水雾。可用于扑救固体火灾、闪点高于60℃的液体火灾和电气火灾。并可用于可燃气体和甲、乙、丙类液体的生产、储存装置或装卸设施的防护冷却。在需要设置水喷雾灭火系统的场所可参照《火灾自动报警系统设计规范》(GB 50116—2013)要求和《水喷雾灭火系统设计规范》(GB 50219—2014)进行联动控制设计。

七、住宅快速反应喷水灭火系统

在有些国家，防火灭火已经普遍应用于建筑物中，包括低层住宅也同样设置消防系统，于是也就形成了住宅快速反应喷水灭火系统。

住宅快速反应灭火系统由快速反应喷头和标准的住宅用管道及配件组成，与民用自来水供水系统相连接。这种系统供水来源为市政供水管，如图 3-21 所示。

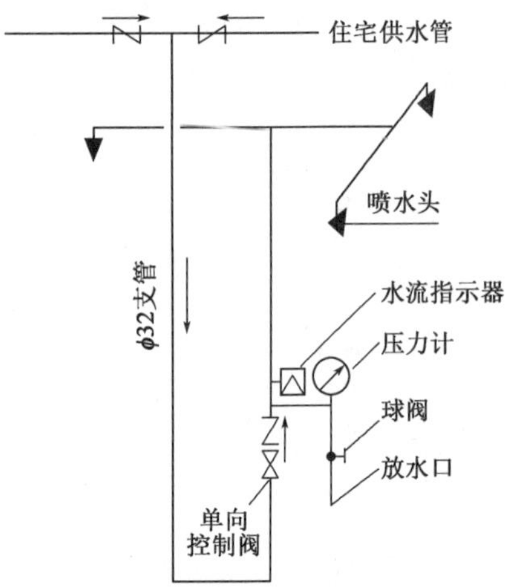

图 3-21　住宅快速反应喷水灭火系统示意图

当住宅内发生火灾时,如果火灾现场的温度达到喷头的设定温度(57℃或 68℃)时,喷头炸裂喷水灭火,水流指示器动作,同时报警电铃响。因为喷头喷水快,系统灭火也迅速,所以才称为快速反应喷水灭火系统。

八、设计要求

自动喷水灭火系统触发信号、反馈信号的合理选取。

自动喷水灭火系统中设置的水流指示器,主要用以显示喷水管网中有无水流通过。它不能用作启动消防水泵,应该用使管网水压变化(喷水灭火时的水压降低)而动作的湿式报警阀压力开关的动作信号启动喷淋泵,由气压罐压力开关控制加压泵自动启动。

自动喷水灭火系统的联动反馈信号,取自干管水流指示器,则能真实地反映喷淋消防泵的工作状态。

第四节　室内消火栓系统

室内消火栓系统是建筑物内应用最广泛的一种消防设施,也是建筑物中最常用的灭火方式。本节将学习消火栓灭火系统的组成、工作原理、消防泵控制方式和设计要求等内容。

一、室内消火栓系统组成

室内消火栓系统是由消防给水基础设施、消防给水管网、室内消火栓设备、报警控制设备及系统附件等组成,如图 3-22 所示。

消防给水基础设施包括市政管网、室外消防给水管网及室外消火栓、消防水池、消防水泵、消防水箱、增压稳压设备、水泵接合器等。该设施的主要任务是为系统储存并提供灭火用水。给水管网包括进水管、水平干管、消防竖管等,其任务是向室内消火栓设备输送灭火用水。室内消火栓包括水带、水枪、水喉等,是供消防人员灭火使用的主要工具。系统附件包括各种阀门、屋顶消火栓等。报警控制设备用于启动消防水泵。

二、室内消火栓系统的工作原理

临时高压消防给水系统是建筑中最为普遍的消防给水方式,在临时高压消防给水系统中,系统设有消防泵和高位消防水箱。火灾发生后,现场的人员可打开消火栓箱,将水带与消火栓栓口连接,打开消火栓的阀门,消火栓即可投入使用。消火栓使用时,系统内出水干管上设置的流量开关,或报警阀压力开关等的动作信号,直接连锁启动消火栓泵为消防管网持续供水。在供水的初期,由于消火栓泵,的启动有一定的时间,其初期供水由高位消防水箱供水。

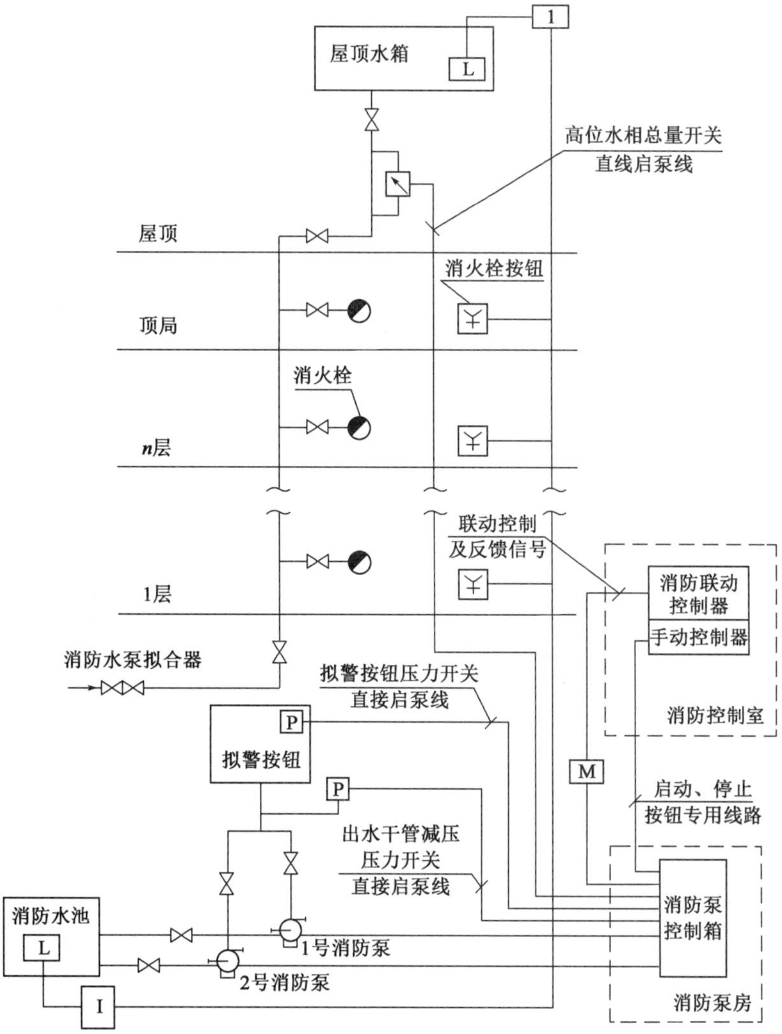

图3-22 室内消火栓系统组成

高层建筑内的消防水箱最好设置两个，在一个水箱检修时，仍可保证必要的消防应急用水。高层建筑的消防水箱应设置在屋顶，宜与其他生产、生活用水的水箱合用，让水箱中的水经常处于流动状态，以防止消防用水长期储存而使水质变坏发臭。

高层建筑设置的两个消防水箱，用联络管在水箱底部将它们连接起来，并在联络管上安设阀门，此阀门应处于常开状态。

高位水箱应充满足够的消防用水，一般规定储水量应能提供火灾初期消防水泵投入前10min的消防用水。10min后的灭火用水要由消防水泵从低位蓄水池或市区供水管网将水注入室内消防管网。

为了使各消火栓中喷水枪具有相当的水压，满足喷水枪喷水灭火需要的充实水柱长度，需要采用加压设备对消防水管加压。常用的加压设备有消防水泵和气压给水装置，采用消防水泵时，在每个消火栓内设置消防按钮，灭火时按下按钮上的玻璃片，按钮不受压而复位，从而通过控制电路启动消防水泵，水压增高后，灭火水管有水，用水枪喷水灭火。采用气压给水装置时，由于采用了气压水罐，并以气水分离器来保证供水压力，如果水泵功率较小，可采用电接点压力表，通过测量供水压力来控制水泵的启动。

在一些高层建筑中，为弥补消防水泵供水时扬程不足，或为降低单台消防水泵的容量，以达到降低自备应急发电机组额定容量的目的，往往在消火栓灭火系统中增设中途接力泵。

屋顶消火栓的设置，对扑灭楼内和邻近大楼火灾都有良好的效果，同时它又是定期检查室内消火栓供水系统的供水能力的有效措施。

水泵接合器是消防车向室内管网供水的接口。为确保消防车从室外消火栓、消防水池或天然水源取水后安全可靠地送入室内管网，在水泵接合器与室内管网的连接管上，应设置阀门、单向阀门及安全阀门，尤其是安全阀门可防止消防车送水压力过高而损坏室内供水管网。

三、消火栓泵的电气控制方式

1. 连锁控制方式

消火栓使用时，应将消火栓系统出水干管上设置的低压压力开关、高位消防水箱出水管上设置的流量开关或报警阀压力开关等信号作为触发信号，直接控制启动消火栓泵，联动控制不应受消防联动控制器处于自动或手动状态的影响。

2. 联动控制方式

当设置火灾自动报警时，消火栓按钮的动作信号应作为启动消火栓泵的联动触发信号，由消防联动控制器联动控制消火栓泵的启动。

3. 手动控制方式

当设置火灾自动报警系统时，应将消火栓泵控制箱（柜）的启动、停止按钮用专用线路直接连接至设置在消防控制室内的消防联动控制器的手动控制盘，通过手动控制盘直接手动控制消火栓泵的启动、停止。

消火栓泵的电气控制要求消火栓泵应将其动作的反馈信号发送至消防联动控制器进行显示。

消防水泵控制电路设计是否合理、安全可靠，操作控制是否灵活方便，关系到室内消火栓灭火系统的灭火能力及灭火效果。现代消防系统中消防水泵的控制电路形式不一，但对其基本要求是一样的。下面就以常用控制电路为例，介绍消防水泵控制电路的构成及控制过程。消防水泵控制电路，如图 3-23 所示。

图 3-23 为两台消防泵互为备用，直接启动控制。SA 置于左边，则 1 号消防泵工作，2 号消防泵备用。a、b 两点之间接入火警联动接点，火警信号使 a、b 两点接通，经 KT 时间继电器延时，最多不超过 15s，接通中间继电器 KA 并自锁，同时开断 KT。KA 常开接点闭合使 1KM 通电，1 号消防泵投入运行。当其故障时，1KM 的常闭辅助接点使 1KT 时间继电器通电，经短延时 1KT 延时常开接点闭合 2KM，使 2 号消防泵代替 1 号消防泵投入运行。火警解除，a、b 两点断开，KA 失电，停泵。

SA 置于右边，则 2 号消防泵工作。1 号消防泵备用。SA 置于中间，则两泵可就地操作和维修。

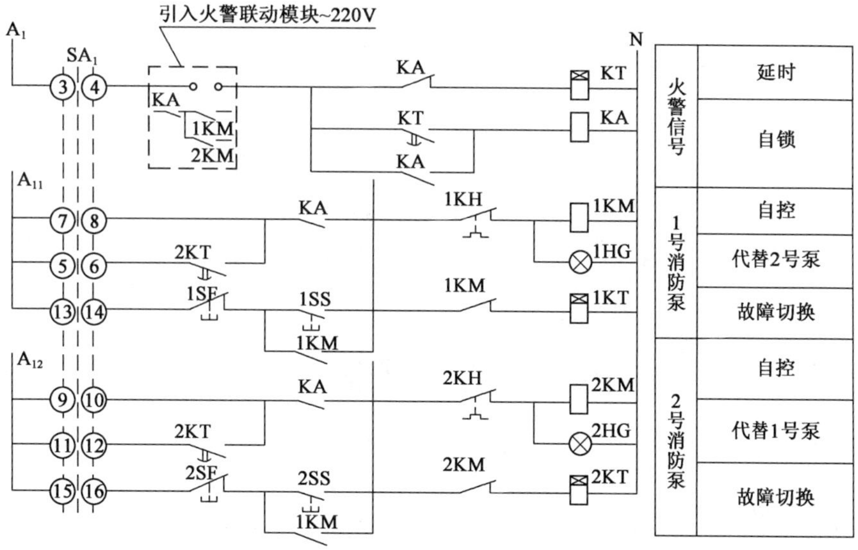

图 3-23　直接起动的消防水泵控制接线

1 号、2 号消防泵的接触器常开辅助接点并接后串入 KA 接点，经火警联动模块送入消防控制中心，凡是由于火警启动的运行信号才能送入消防控制中心，不是火警启动的运行信号不应进入消防控制中心。以防混淆，因此串入 KA 接点。

消火栓系统由“一用一备”两台水泵组成，互为备用，工作泵发生故障，备用泵自动投入，也可以手动强投。只有当两台泵都不能工作时，才显示为故障。故障一般是指水泵电机断电、过载及短路。工作状态显示，由启动接触器的辅助触点回馈到消防控制室，对于消火栓内设置有指示灯的还要回馈给指示灯，表示泵已启动。故障显示，通常由空气开关或热继电器的触点回馈到消防控制室。消火栓泵启动后，在消防联动控制器进行显示。

火灾时，消防控制电路接收消防水泵启动指令并发出消防水泵启动的主令控制信号，消防水泵启动，向室内管网供消防用水，压力传感器用以监视管网水压，并将监视水压信号送至消防控制电路，形成反馈控制。所以从控制角度看，室内消火栓灭火系统的消防水泵控制实际上是闭环控制。消火栓灭火系统原理，如图 3-24 所示。

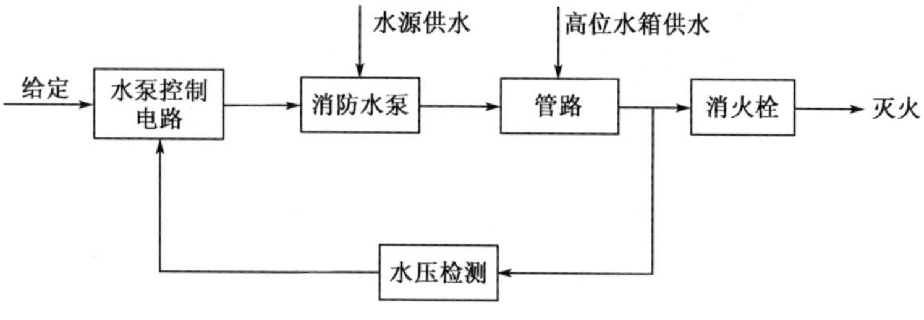

图 3-24　系统灭火系统原理图

四、消火栓灭火系统的设计要求

(1)在设置消火栓的场所必须设置消火栓按钮。

(2)设置火灾自动报警系统时，消火栓按钮可采用二总线制，即引至消防联动控制器总线回路,用于传输按钮的动作信号,同时消防联动控制器接收到消防泵动作反馈信号后,通过总线回路点亮消火栓按钮的启泵反馈指示灯。

(3)未设置火灾自动报警系统时,消火栓按钮采用四线制,即两线引至消防泵控制柜(箱)用于启动消防泵;两线引至消防泵动作反馈触点,接收消防泵启动的反馈信号,在消防泵启动后点亮消火栓按钮的启泵反馈指示灯。

(4)稳高压系统中设置的消火栓按钮,其启动信号不作为启动消防泵的联动触发信号,只用来确认被使用消防栓的位置信息。因此稳高压系统中,消火栓按钮也是不能省略的。

五、手动火灾报警按钮与消火栓按钮的区别

(1)手动火灾报警按钮是人工报警装置,消火栓按钮是启动消防泵的触发装置,虽然两者信号都传输至消防控制室,但两者的作用不同。

(2)手动火灾报警按钮按防火分区设置,一般设在出入口附近;而消火栓按钮是按消火栓的布点设置,两者在设置位置和标准不同。

(3)手动火灾报警按钮的启动信号是接到火灾报警控制器上,消火栓按钮的启动信号是接到消防联动控制器上。火灾报警时,不一定要启泵,所以,手动报警按钮不能代替消火栓按钮兼作启泵的联动触发装置。

六、与给排水专业的配合

电气设计人员应了解消火栓系统的组成、工作原理及工艺要求,确定消火栓、消火栓泵、低压压力开关、高位消防水箱出水管流量开关、信号阀、阀组等设备的位置和数量;消火栓泵的控制要求、功率大小等。

第五节　气体灭火系统

气体灭火系统适用于不能用水喷洒且保护对象又较重要的场所。在大楼中,采用气体灭火的地方主要有:柴油发电机房、高压配电室、低压配电室、中央控制室、电子计算机房、变压器室、电话机房、档案资料室、陈列室、书库、可燃气体及易燃液体仓库等。

气体灭火系统主要由灭火剂储瓶和瓶头阀、驱动钢瓶和瓶头阀、选择阀(组合分配系统)、自锁压力开关、喷嘴及气体灭火控制器、感烟火灾探测器、感温火灾探测器、指示发生火灾的火灾声光报警器、指示灭火剂喷放的带有声光报警的气体释放灯、紧急启停按钮、电动装置等组成。通常,组成气体(泡沫)灭火系统的上述设备自成系统。

一、二氧化碳灭火系统

二氧化碳在常温下无色无臭,是一种不燃烧、不助燃的气体,便于装罐和储存,应用较广。它具有对保护物体不污损、灭火迅速、空间淹没性能好等优点。图 3-25 为单元独立型二氧化碳灭火系统示意图,图 3-26 为组合分配型二氧化碳灭火系统示意图。

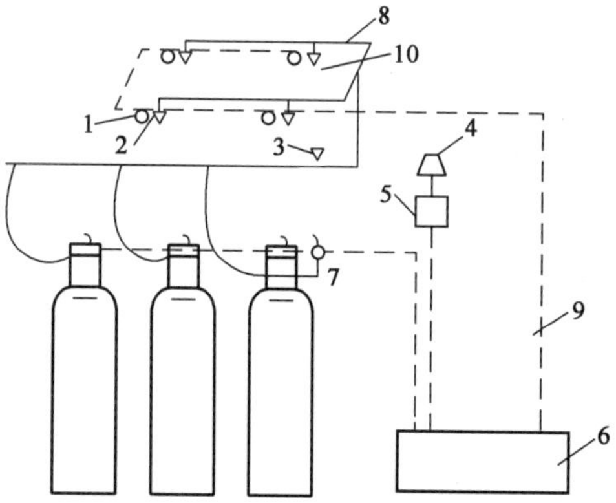

图 3-25　单元独立型灭火系统

1-火灾探测器;2-喷嘴;3-压力继电器;4-报警器;5-手动按钮启动装置;6-控制盘;7-电动启动器;8-二氧化碳输气管道;9-控制电缆线;10-被保护区

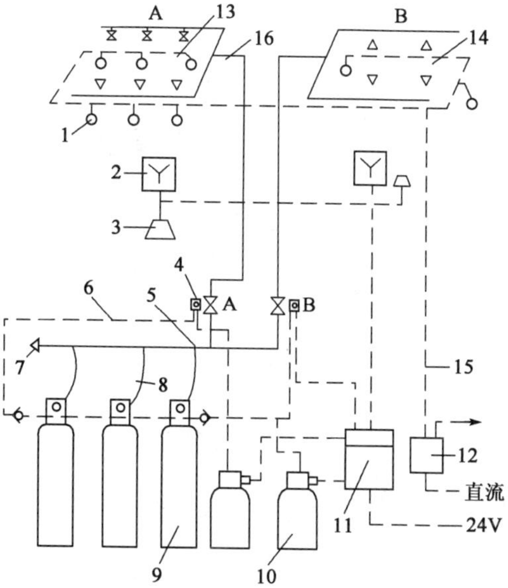

图 3-26　组合分配型二氧化碳灭火系统

1-火灾探测器;2-手动按钮启动装置;3-报警器;4-选择阀;5-总管;6-操作管控制盘;7-安全阀;8-连接管;9-储存容器;10-启动用气体容器;11-报警控制装置;12-控制盘;13-被保护区 1;14-被保护区 2;15-控制电缆线;16-二氧化碳支管

当防护区发生火灾时,探测器动作,将火警信号发送到消防中心,发出火警信号,延时 30s 以后,发出指令启动二氧化碳储存容器,储存的二氧化碳灭火剂通过管道输送到防护区,经喷嘴释放灭火。在气体释放的同时,管道上的压力继电器动作,通过气体释放灯显示气体放出的信号,同时告知人们切勿入内。此外,设备还具有音响报警功能。如果手动控制,可按下启动按钮,其他同上。

图 3-27 为二氧化碳灭火系统工作原理框图。

装有二氧化碳灭火系统的场所,如变电所或配电室,一般都在门口加装自动或手动选择开关。当有工作人员进入里面工作时,为了防止意外事故,避免有人在里面工作时喷出二氧化碳,影响健康,必须在入室之前把开关转到手动位置,离开并关门之后复归自动位置。为了避免无关人员乱动选择开关,宜用钥匙型的转换开关。

消防监控设备在喷射灭火剂之前将保护区的空调系统送风口、通风百叶窗等自动封堵,达到良好的灭火效果。

二氧化碳适用于气体火灾、电气火灾、液体或可熔化固体、固体表面火灾及部分固体的深位火灾等。二氧化碳不能扑救的火灾有金属氧化物、活泼金属、含氧化剂的化学品等。

二氧化碳自动灭火系统应用场所有易燃可燃液体贮存容器、易燃蒸气的排气口、可燃油油浸电力变压器、高低压配电室、机械设备、实验设备、反应釜、淬火槽、图书档案室、精密仪器室、贵重设备室、电子计算机房、电视机房、广播机房、通信机房等。

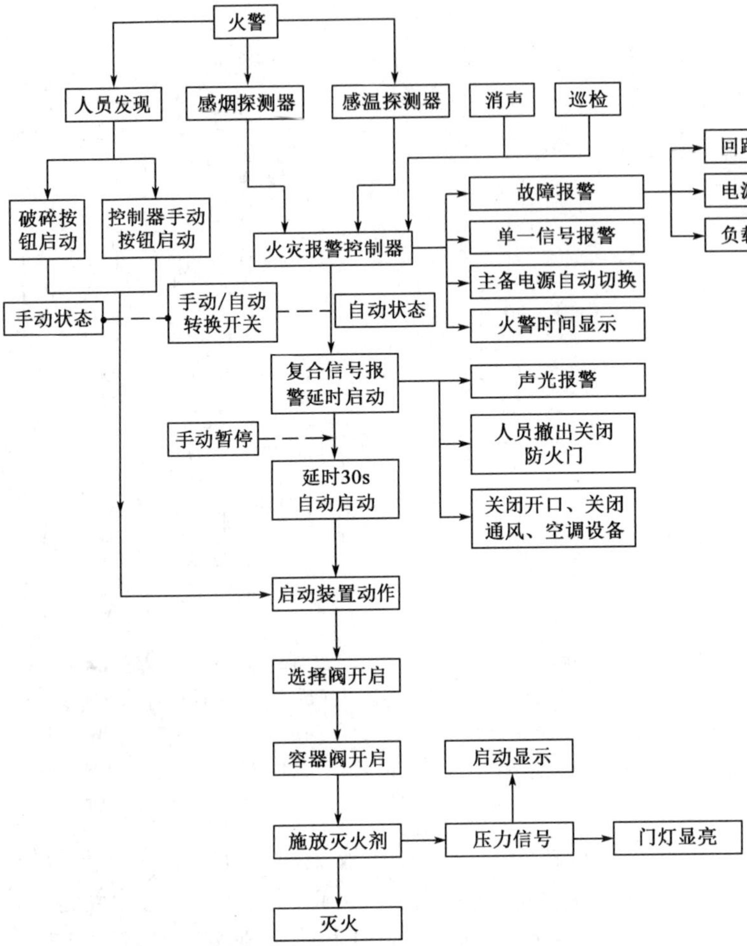

图3-27　二氧化碳自动灭火系统工作原理框图

二、卤代烷灭火系统

卤代烷是以卤素原子取代烷烃分子中的部分氢原子或全部氢原子而得到的一类有机化合物的总称。一些低级烷烃的卤代物具有不同程度的灭火能力。

卤代烷灭火剂不是依赖所谓的物理性冷却、稀释或覆盖隔离作用灭火，却有异常的优良灭火功能。卤代烷灭火剂的灭火是一种化学性灭火，灭火速度非常快，大约是二氧化碳的六倍。一般认为，燃烧是物质激烈的氧化过程，在这个过程中产生中间体，构成燃烧链，才使得这一过程进行得异常迅速。卤代烷的灭火作用，就在于它在高温时热分解后产生另一种中间体去中断（断裂）原来的燃烧链而抑制燃烧，使燃烧过程中的化学连锁反应中断而扑灭火灾。

在工程应用中，灭火剂的毒性是人们最关心的问题之一。只要按照规范设计，严格安全措施，卤代烷对人体的危害是完全可以避免的。因此，卤代烷的毒性并不妨碍它的实际使用价值。

卤代烷灭火剂具有灭火效率高、速度快、灭火后不留痕迹（水渍）、电绝缘性好、腐蚀性极小、便于贮存且久储不变质等优点，是一种性能十分优良的灭火剂。

卤代烷灭火剂的临界压力较小，在系统中可以用储存容器作液态储存，使用方便；沸点低，常温下只要灭火剂被释放出来，就会成为气体状态，属于气体灭火方式；饱和蒸气压力低，不能快速地从系统中释放出来，需要增加气体加压工作。卤代烷灭火剂液化后成为无色透明，汽化后略带芳香味。

卤代烷灭火剂适合于扑救各种易燃液体、气体和电气设备火灾，而不适用于扑救活泼金属、金属氢化物及能在惰性介质中由自身供氧燃烧的物质的火灾。固体纤维物质火灾需要采用卤代烷含量较高的灭火剂。

卤代烷灭火系统的构成与二氧化碳灭火系统基本一样，也分为单元独立型和组合分配型。可以认为，单元独立型是组合分配型中最简单的情况，但组合分配型并不是单元独立型的简单组合。

卤代烷灭火系统也可以针对某一具体部位做局部应用方式灭火，还可以将无管网灭火装置以悬挂方式就地灭火。

卤代烷灭火剂在常温下的饱和蒸气压力较低，且随温度下降而急剧下降，需要加压使用。这样就可以保证灭火剂在很短时间内（不超过 10s）从储存容器排出，经管道、喷嘴快速排出，迅速灭火。

储压系统的增压气体规定用氮气。临时加压系统只有在系统动作时，增压气体才与卤代烷短时接触，允许用二氧化碳作为增压气体。

全淹没灭火系统是指在规定时间内，向防护区喷放设计规定用量的灭火剂，并使其均匀地充满整个防护区的灭火系统。全淹没是卤代烷灭火系统最主要和应用最成功的形式，其系统的组成灵活，适用范围很广，它可以由管网式灭火系统或无管网灭火装置实现，对大小房间都应用。

由于卤代烷灭火剂从喷嘴释放出来后呈气态，因此，可以对封闭的保护区采用全淹没方式灭火。全淹没灭火要求灭火剂与空气均匀混合，充满（淹没）整个保护区的空间，这个混合气体不但要求达到规定的灭火浓度，还要让这个灭火浓度维持一段时间，以这种方式来扑灭保护区内任意部位发生的火灾。

图 3-28 为组合分配型卤代烷灭火系统构成图。该系统由监控系统、灭火剂和释放装置、管道及喷嘴等组成，用一套储存装置对两个保护区进行全淹没方式灭火。每个保护区对应一个管网、一个选择阀、一个启动气瓶、若干个钢瓶，储瓶通过软管与集流管相连。图 3-29 为卤代烷灭火系统工作流程图。

当某分区发生火灾，感烟（温）探测器均报警，则控制柜上两种探测器报警灯亮，由电铃发出变调“警报”音响，并向灭火现场发出声、光警报。同时，电子钟停走记下着火时间。灭火指令须经过延时电路延时 20 ~30s 发出，以保证值班人员有时间确认是否发生火灾。转换开关至“自动”上，值班人员确认是火情后，执行电路自动启动气瓶的电磁瓶头阀，释放充压氮气，将选择阀和止回阀打开，使钢瓶释放卤代烷药剂至汇集管，并通过选择阀将卤代烷灭火剂释放到火灾区域。卤代烷药剂沿管路由喷嘴喷射到火灾区途经压力开关，使压力开关触点闭合，即把回馈信号送至控制柜，通过控制器显示卤代烷放出的信号，同时告知人们切勿入内。此外，系统还具有音响报警功能，发出火灾警报。指示气体已经喷出实现了自动灭火。

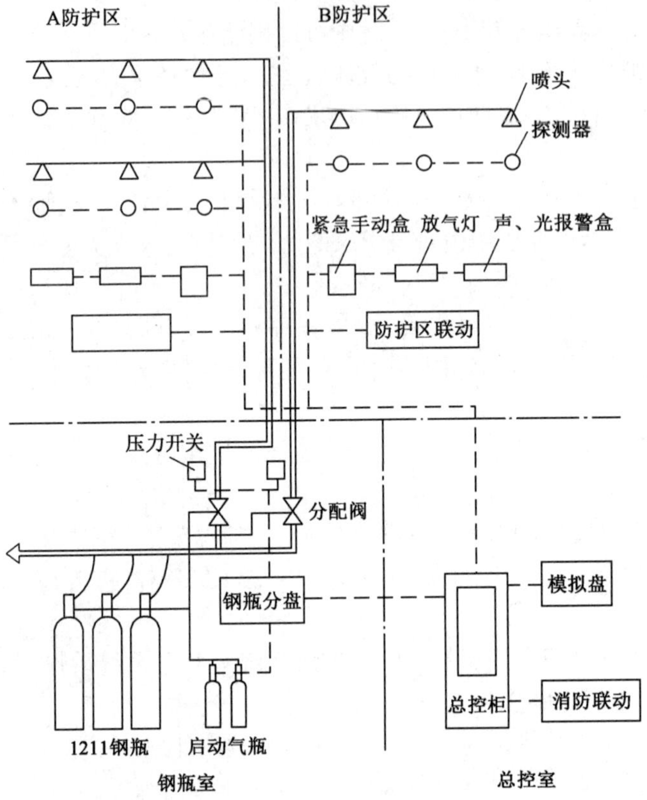

图3-28　卤代烷有管网灭火系统示意图

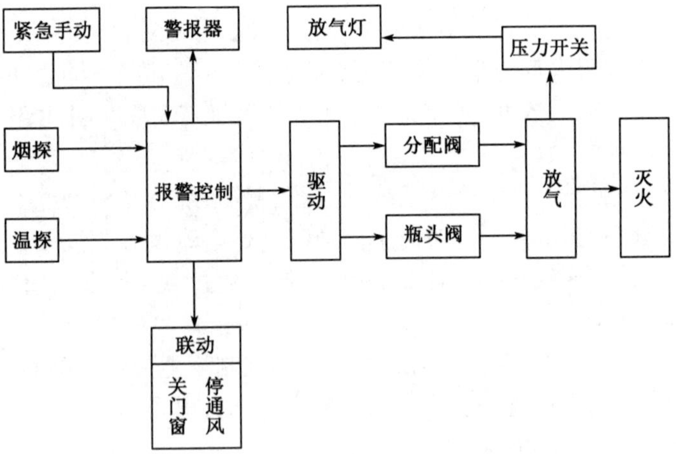

图3-29　卤代烷有管网灭火系统工作框图

在接到火情20～30s内，如无火情或火势小，可用手提式灭火器扑灭时，应立即按现场手动"停止"按钮，以停止喷灭火剂。如值班人员发现有火情，而控制柜并没发出灭火指令，则应立即按"手动"启动按钮，使控制柜对火灾区发出火警，人员可撤离，经20～30s后施放灭火剂灭火。

气体自动灭火系统常设有联动装置，以便在装置动作喷射灭火剂之前将保护区的空调系统送风口、通风百叶窗等自动封堵，达到良好的灭火效果。

值得注意的是：消防中心有人值班时应将转换开关至“手动”位，值班人员离开时转换开关至“自动”位，其目的是防止因环境干扰、报警控制元件损坏产生的误报而造成误喷。

三、烟络尽气体灭火系统

烟络尽是三种自然界存在的氮气、氩气和二氧化碳气体的混合物，不是化学合成品，是无毒的灭火剂，也不会因燃烧或高温而产生腐蚀性分解物。烟络尽气体按氮气 52%、氩气 40% 和二氧化碳 8% 比例进行混合物，是无色无味的气体，以气体的形式储存于储存瓶中。它排放时不会形成雾状气体，可保证人们可以在视觉清晰的情况下安全撤离保护区。由于烟络尽的密度与空气接近，不易流失，有良好的浸渍时间。

烟络尽具有不导电、不遗留残渍，对设备无腐蚀等优点。一般用来扑灭可燃液体、气体和电气设备的火灾。但对于涉及以下方面的化学物品火灾，不应使用烟络尽灭火。

（1）自身带有氧气供给的化学物品，如硝化纤维。

（2）带有氧化剂，如氨酸钠或硝酸钠的混合物。

（3）能够进行自然分解的化学物品，如某些有机过氧化物。

（4）活泼的金属。

（5）火能迅速深入到固体材料内部的。

在合适的浓度下，用烟络尽可以很快地扑灭固体和可燃液体的火灾。但是在扑灭气体火灾时，要特别考虑爆炸的危险，可能的话，在灭火前或灭火后尽快将可燃的气体隔开来。

烟络尽是自然界存在的气体混合物，不会破坏大气层，是卤代烷的替代品。

烟络尽气体灭火系统的功能及工作原理与管网式二氧化碳、卤代烷等全淹没系统基本相似，不再赘述。

四、设计要求

气体（泡沫）灭火系统应由专用的气体（泡沫）灭火控制器控制，即在实施灭火各阶段的全部联动控制信号均由气体（泡沫）灭火控制器发出。

1. 气体（泡沫）灭火控制器直接连接火灾探测器时的联动控制要求

应由同一防护区域内两只独立的火灾探测器的报警信号或一只火灾探测器与一只手动火灾报警按钮的报警信号或防护区外的紧急启动信号，作为系统的联动触发信号，探测器的组合宜采用感烟火灾探测器和感温火灾探测器。

2. 气体（泡沫）灭火控制器不直接连接火灾探测器时的联动控制要求

气体（泡沫）灭火系统的联动触发信号应由火灾报警控制器或消防联动控制器发出。

3. 气体（泡沫）灭火系统联动控制内容

（1）关闭防护区域的送、排风机及送排风阀门。

（2）停止通风和空气调节系统及关闭设置在该防护区域的电动防火阀。

(3)联动控制防护区域开口封闭装置的启动,包括关闭防护区域的门、窗。

(4)启动气体(泡沫)灭火装置,气体(泡沫)灭火装置可设定不大于30s的延迟喷射时间。上述联动控制信号应由气体(泡沫)灭火控制器发出。

4. 联动反馈信号组成及显示要求

气体(泡沫)灭火装置启动及喷放各阶段的联动控制及系统反馈信号,应反馈至消防联动控制器。系统的联动反馈信号应包括下列内容:

(1)气体(泡沫)灭火控制器直接连接的火灾探测器的报警信号。

(2)选择阀的动作信号。

(3)压力开关的动作信号。

5. 与给排水专业的配合

电气设计人员应了解气体(泡沫)灭火系统的组成、工作原理及工艺要求,确定系统的设置位置、分区及控制要求等。

第六节　防烟和排烟系统

火灾时,伴随着物质的燃烧将产生大量的有毒烟气。弥漫的烟气将阻碍人的视线,易使人迷失正确的逃离方向。在发生火灾这种紧急的情况下,将加重人的恐惧心理。同时,烟气还会通过呼吸对人的生命安全造成直接威胁。国内外火灾均表明,烟气是造成人员伤亡最主要的原因,其导致的死亡率很高,达50%~70%。因此,在灭火的同时,必须考虑火灾现场的排烟和其他区域特别是疏散通道的排烟问题,尤其是高层建筑,因其自身的“烟囱效应”,使烟上升速率极快,如不及时排出,很快会垂直扩散到各处。因此,当发生火灾后,应立即使防排烟装置投入工作,迅速将烟气排出,并防止烟气窜入防烟楼梯、消防电梯及非火灾区域。防排烟设施应具有便于安全疏散、便于灭火、可控制火势蔓延扩大的作用。防烟排烟系统是人员生命安全的重要保证。

现代建筑中,防烟设备的作用是防止烟气侵入疏散通道,而排烟设备的作用是消除烟气大量积累。

一、防烟和排烟设施的设置范围

根据我国目前经济技术条件,防排烟装施的设置范围不是越宽越好,而是既要从保障基本疏散安全要求,满足扑救活动需要、控制火势蔓延、减少损失出发,又能以节约投资为基点,保证重点突出。《建筑设计防火规范》(GB 50016—2014)规定下列场所中应设置防排烟设施。

(1)民用建筑的下列场所或部位应设置防烟设施:

①防烟楼梯间及其前室。

②消防电梯间前室或合用前室。

③避难走道的前室、避难层(间)。

(2)民用建筑的下列场所或部位应设置排烟设施:

①设置在一、二、三层且房间建筑面积大于 $100m^2$ 的歌舞娱乐放映游艺场所,设置在四层及以上楼层、地下或半地下的歌舞娱乐放映游艺场所。

②中庭。

③公共建筑内建筑面积大于 $100m^2$ 且经常有人停留的地上房间。

④公共建筑内建筑面积大于 $300m^2$ 且可燃物较多的地上房间。

⑤建筑内长度大于 20m 的疏散走道。

(3)地下或半地下建筑(室)、地上建筑内的无窗房间,当总建筑面积大于 $200m^2$ 或一个房间建筑面积大于 $50m^2$,且经常有人停留或可燃物较多时,应设置排烟设施。

在进行高层建筑平面设计时,建筑专业设计者应按照相关规范的规定,合理划分防火分区、防烟分区及安全疏散通道(走道和防烟楼梯、消防电梯及其前室内)。与此同时,通风空调专业设计者,应根据工程的规模、性质和用途等因素,合理采用防烟、排烟类型。

二、建筑防烟及其控制

1. 建筑防烟方式

(1)非燃化防烟,即建筑材料、室内装修材料、室内家具材料、各种设施(如柜台、生活设备等)、各种管道及其保温绝热材料等均为不燃性或难燃性的,发生火灾时,烟气产生量很少。这是一种杜绝烟气的防烟方式。

(2)密闭防烟,即采用密闭性能很好的墙壁和门窗等将空间封闭起来,并对进出的气流加以控制,使着火房间内的燃烧因缺氧而自行熄灭。缺点是门窗等经常处于关闭状态,使用不方便,而且发生火灾时,如果有人需要疏散,打开门时仍将引起漏烟。适用于面积较小房间。

(3)阻碍防烟,即在烟气扩散流动的路线上设置各种障碍以防止烟气继续扩散的防烟方式。这种方式常常用在防排烟分区的分界处,在同一区域内也采用,防烟卷帘、防火门、防烟垂壁等都是这种障碍结构。

(4)机械加压送风防烟,即对建筑物的某些部位送入足够量的新鲜空气,使其维持高于建筑物其他部位一定的压力,从而使其他部位因着火所产生的火灾烟气或因扩散所侵入的火灾烟气被堵截于加压部位之外。设置机械加压送风防烟系统的目的就是为了在建筑物发生火灾时,提供不受烟气干扰的疏散路线和避难场所。因此,加压部位在关闭门时,必须与着火层保持一定的压力差(该部位空气压力值为相对正压);同时,在打开加压部位的门时,在门洞断面处能有足够大的气流速度,以有效地阻止烟气的入侵,保证人员安全疏散与避难。

对疏散通道的楼梯间进行机械送风,使其压力高于防烟楼梯间或消防电梯前室,而这些部位的压力又比走道和火灾房间要高些,这种防止烟气侵入的方式,称为机械加压送风方式。送风可直接利用室外空气,不必进行任何处理。烟气则通过远离楼梯间的走道外窗或排烟竖井排至室外。机械加压送风系统,如图 3-30 所示。

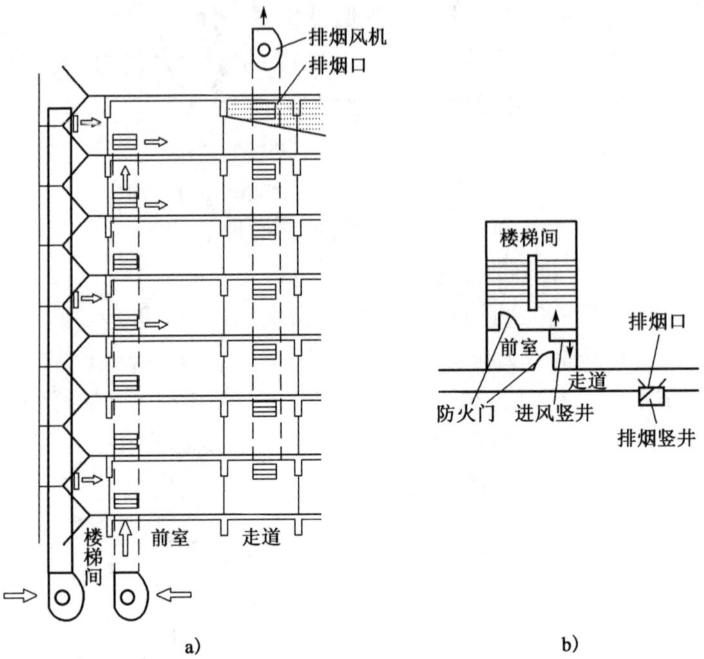

图 3-30　机械加压送风系统

a）对楼梯间机械加压送风；b）对疏散通道进行机械加压送风

2. 防烟装置的控制

机械加压送风系统由加压送风机、送风道、加压送风口及自动控制等组成。它是依靠加压送风机向建筑物内被保护部位提供新鲜空气，使该部位的室内压力高于火灾区压力，形成压力差，从而防止烟气侵入被保护部位。

（1）加压送风口

楼梯间的加压送风口一般采用自垂式百叶风口或常开的百叶风口。当采用常开的百叶风口时，应在加压送风机出口处设置止回阀。楼梯间的加压送风口一般每隔 2 ~ 3 层设置一个。前室的加压送风口为常开的双层百叶风口，每层均设一个。

自动控制：加压送风口由其所在防火分区内的两只独立的火灾探测器或一只火灾探测器与一只手动火灾报警按钮的报警信号（“与”逻辑），作为送风口开启和加压送风启动的联动触发信号，消防联动控制器在接收到满足逻辑关系的联动触发信号后，联动控制火灾层和相关层前室等需要加压送风场所的加压送风口开启和加压送机启动。

手动控制：是通过消防联动控制器总线控制盘上的按钮实现的，按钮按下后，控制器将根据预设的逻辑关系启动对应的总线控制模块，从而控制相应的受控设备动作，这种一键式的操作方式大大简化了消防管理人员在应急情况下的操作。

（2）加压送风机

加压送风机可采用中、低离心式风机或轴流式风机，其位置根据供电位置、室外新风入口条件、风量分配情况等因素来确定。机械加压送风机的全压，除计算最不利环管压头外，尚有余压，余压值在楼梯间为 40 ~ 50Pa，前室、合用前室、消防电梯间前室、封闭避难层（间）

为25～30Pa。

(3)挡烟垂壁

电动挡烟垂壁由铅丝玻璃、铝合金、薄不锈钢板等配以电控装置组合而成，挡烟垂壁下垂不小于50cm。用于高层建筑防火分区的走道(包括地下建筑)和净高不超过6m的公共活动用房等，起隔烟作用。其挡烟垂壁示意图，如图3-31所示。平时通过DC 24V、0.9A电磁线圈及弹簧锁组成的挡烟垂壁锁将挡烟垂壁锁住。开锁后，挡烟垂壁由于重力的作用靠滚珠的滑动而自动落下，下垂到90°。

自动控制：挡烟垂壁由同一防烟区内且位于电动挡烟垂壁附近的两只独立的感烟火灾探测器的报警信号(“与”逻辑)作为电动挡烟垂壁降落的联动触发信号，消防联动控制器在接收到满足逻辑关系的联动触发信号后，联动控制电动挡烟垂壁的降落。

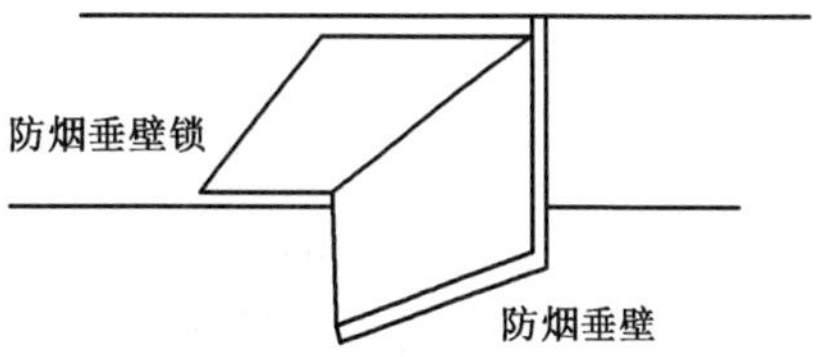

图3-31　防烟垂壁示意图

手动控制时：操作手动杆也可使弹簧锁的销子拉回开锁，防烟垂壁落下。把挡烟垂壁升回原来的位置即可复位，将挡烟垂壁固定住。

三、建筑排烟及其控制

1. 排烟方式

排烟方式总体可分为自然排烟和机械排烟，而机械排烟又分为加压送风排烟、机械排烟机械送风排烟、机械排烟自然送风排烟、负压机械排烟四种不同方式。

(1)自然排烟

自然排烟是火灾时利用室内热气流的浮力或室外风力的作用，将室内的烟气从与室外相邻的窗户、阳台、凹廊或专用排烟口排出。自然排烟不使用动力，结构简单、运行可靠，但当火势猛烈时，火焰有可能从开口处喷出，从而使火势蔓延；自然排烟还容易受到室外风力的影响，当火灾房间处在迎风侧时由于受到风压的作用烟气很难排出。虽然如此，在符合条件时宜优先采用。自然排烟有两种方式：

①利用外窗或专设的排烟口排烟。

②利用竖井排烟。

图3-32a)为利用可开启的外窗进行排烟，如果外窗不能开启或无外窗，可以专设排烟口进行自然排烟。图3-32b)是利用专设的竖井，即相当于专设一个烟囱，各层房间设排烟风口与之连接，当某层起火有烟时，排烟风口自动或人工打开，热烟气即可通过竖井排到室外。

(2)机械排烟

使用排烟风机进行强制排烟的方法称机械排烟。机械排烟可分为局部和集中排烟两种。局部排烟方式是在每个房间内设置风机直接进行，集中排烟方式是将建筑物划分为若干个防烟分区，在每个分区内设置排烟风机，通过风道排出各分区内的烟气。

①加压送风排烟

加压送风排烟是通过机械加压送风，使被保护区保持正压而阻止烟气侵入，如可利用送风机供给走廊、楼梯间前室和楼梯间等以新鲜空气，使这些部位的空间压力比着火房间相对高些，而着火房间产生的烟气则通过专设的排烟口或外窗以自然排烟方式排至室外。在建筑中常采用机械加压送风排烟措施的部位有以下几处：

A. 不具备自然排烟条件的防烟楼梯间及其前室，或采用自然排烟措施的楼梯间及不具备自然排烟条件的前室。

B. 消防电梯前室或合用前室。

C. 封闭避难层。

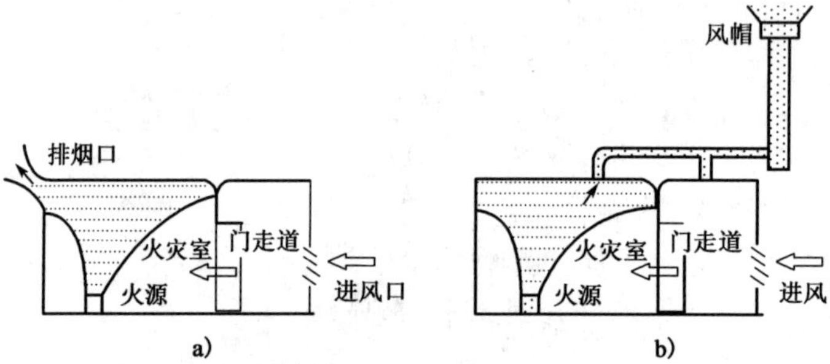

图 3-32　房间自然排烟系统示意图

a)利用外窗或专设的排烟口排烟；b)利用竖井排烟

②机械排烟机械送风

利用设置在建筑物最上层的排烟风机，通过设在防烟楼梯间、前室或消防电梯前室上部的排烟口及与其相连的排烟竖井排至室外，或通过房间（或走道）上部的排烟口排至室外；由室外送风机通过竖井和设于前室（或走道）下部的送风口向前室（或走道）补充室外的新风。各层的排烟口及送风口的开启与排烟风机及室外送风风机联锁，如图 3-33 所示。

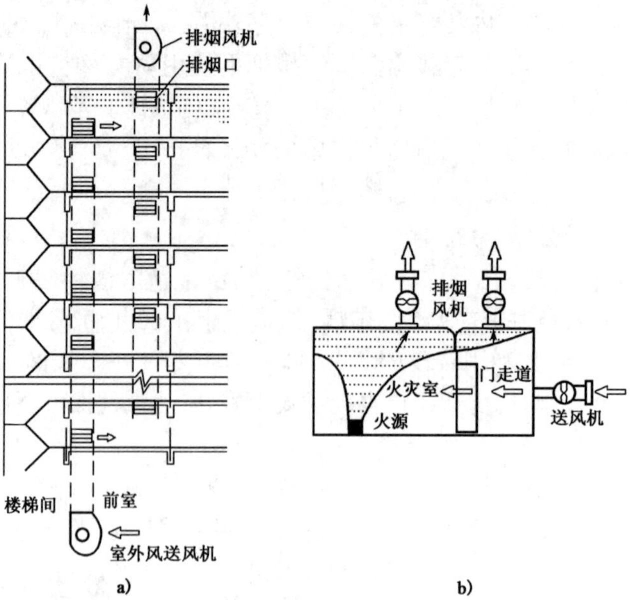

图 3-33　机械排烟、机械送

a)通过设在前室上部的排烟口及与其相连的排烟竖井排至室外；b)通过房间（或走道）上部的排烟口排至室外

③机械排烟、自然送风

排烟系统同②，但室外风向前室（或走道）的补充并不依靠风机，而是依靠排烟风机所造成的负压，通过自然进风竖井和进风口补充到前室（或走道）内，如图3-34所示。

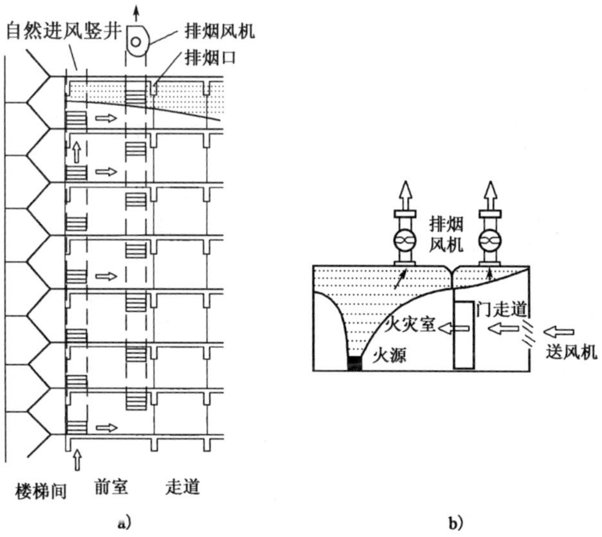

图3-34　机械排烟、自然送风

a）通过自然进风竖井和进风口补充到前室；b）通过自然进风竖井和进风口补充走道内

④负压机械排烟

负压机械排烟是利用排烟机把着火部位所产生的烟气通过排烟口排至室外的措施。在火灾发展初期，这种排烟措施能使烟气不会向其他区域扩散；但在火灾猛烈发展阶段，由于烟气大量产生，排烟机如来不及将其安全排除，烟气就可能扩散到其他区域中去。

2. 机械排烟装置的控制

机械排烟系统由防烟垂壁、排烟口、排烟阀、排烟防火阀及排烟风机等组成。

（1）排烟口

排烟口一般尽可能布置在防烟分区的中心，距最远点的水平距离不能超过30m。排烟口应设在顶棚或靠近顶棚的墙面上，且与附近安全出口沿走道方向相邻边缘之间最小的水平距离小于15m，排烟口平时处于关闭状态。当火灾发生时，自动控制系统使排烟口开启，通过排烟口将烟气及时迅速排至室外。图3-35为多叶式排烟口（多叶送风口）及电路图。

板式排烟口由电磁铁、阀门、微动开关、叶片等组成，如图3-36所示。

板式排烟口的控制：

自动控制：火灾时，自动开启装置接收到感烟（温）探测器通过控制盘或远距离操纵系统输入的电气信号（DC 24V）后，电磁铁线圈通电，动铁芯吸合，通过杠杆作用使棘轮、棘爪脱开，依靠阀体上的弹簧力，棘轮逆时针旋转，卷绕在滚筒上的钢丝绳释放，于是叶片被打开，同时微动开关动作，切断电磁铁电源，并将阀门开起动作显示线接点接通，将信号返回控制盘，使排烟风机连动等。

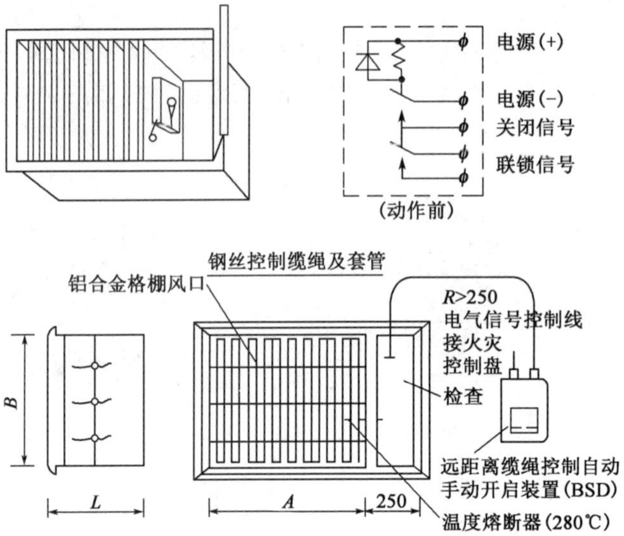

图 3-35　多叶式排烟口及电路图

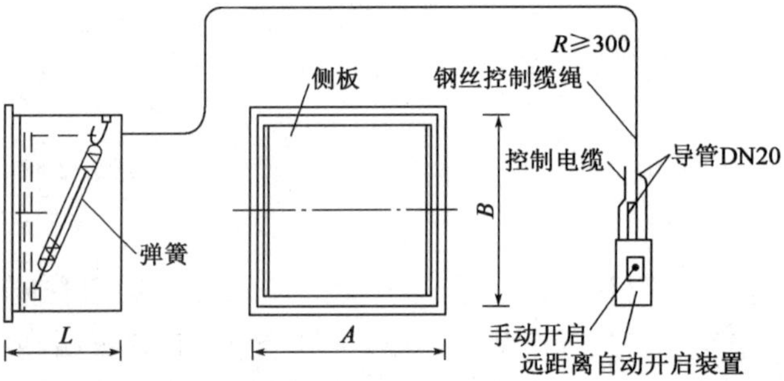

图 3-36　板式排烟口示意图

远距离手动控制:当火灾发生时,由人工拔开 BSD 操作装置上的荧光塑料板,按下红色按钮,阀门开起。

手动复位:按下 BSD 操作装置上的蓝色复位按钮,使棘爪复位,将摇柄插入卷绕滚筒的插入口,按顺时针方向摇动摇柄,钢丝绳即被拉回卷绕在滚筒上,直至排烟口关闭为止,同时微动开关动作复位。

(2)排烟阀

排烟阀应用于排烟系统的风管上,平时处于关闭状态,火灾发生时,烟感探头发出火警信号,控制中心输出 DC 24V 电源,使排烟阀开启,通过排烟口进行排烟。

(3)排烟防火阀

排烟防火阀安装在排烟系统管道上或风机吸入口处,兼有排烟阀和防烟阀功能,在一定时间内能满足耐火稳定性和耐火完整性要求,并起阻火隔烟作用。排烟防火阀平时处于关闭状态,需要排烟时,其动作和功能与排烟阀相同,可自动开启排烟。当管道气流温度达到 280℃ 时,阀门靠装有易熔金属温度断路器而自动关闭,切断气流,防止火灾蔓延。

排烟口、排烟阀等自动控制由同一防烟分区内的两只独立的火灾探测器的报警信号（“与”逻辑）作为排烟口、排烟窗或排烟阀门开启的联动触发信号，消防联动控制器在接收到满足逻辑关系的联动触发信号后，联动控制排烟口、排烟窗或排烟阀的开启，同时停止该防烟分区的空气调节系统。手动控制是通过消防联动控制器总线控制盘上的按钮实现的。

（4）排烟机

排烟风机也有离心式和轴流式两种类型。在排烟系统中一般采用离心式风机。排烟风机在构造性能上具有一定的耐火性和隔热性，以保证输送烟气温度在280℃时能够正常连续运行30min以上。排烟风机一般设置在该风机所在的防火分区的排烟系统中最高排烟口的上部，并设在该防火分区的风机房内。

自动控制：由排烟口、排烟窗或排烟阀开启的动作信号作为排烟风机启动的联动触发信号，消防联动控制器在接收到满足逻辑关系的联动触发信号后，联动控制排烟风机的启动。即在该排烟系统任何一个排烟口启动时，排烟风机都能联动启动。

手动控制：防烟、排烟风机的启动、停止按钮应采用专用路线直接连接至设置的消防控制室内的消防联动控制器的手动控制盘上，并应直接手动控制防烟、排烟风机的启动与停止。

排烟机、送风机一般由三相异步电动机控制，其电气控制应按防排烟系统的要求进行设计。高层建筑中的送风机一般装在下技术层或2～3层，排烟机构均安装在顶层或上技术层。排烟机的控制电路组成，如图3-37所示。电气线路工作情况分析如下：

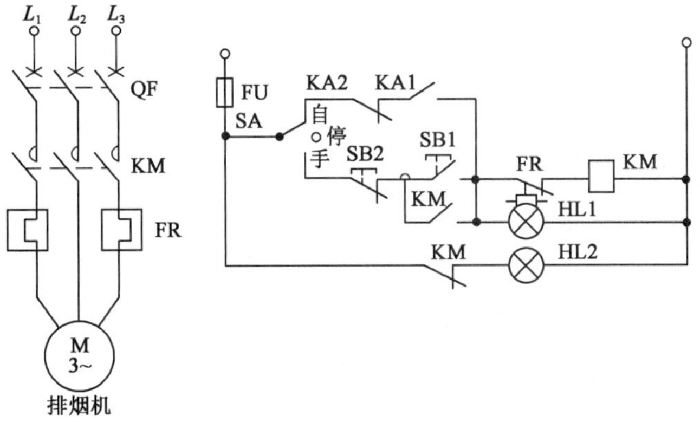

图3-37　排烟机控制电路图

将转换开关SA转至“手动”位置，按下启动按钮SB1，接触器KM线圈通电动作，使排烟机起动运转。按下停止按钮SB2，KM失电，排烟机停止。这一控制作为平时维护巡视用。将转换开关SA转至“自动”位时，KA1、KA2均为DC 24V继电器触点，继电器的线圈受控于排烟阀和防火阀，即当排烟阀开起后，DC 24V继电器的接点KA1动作，当防火阀关阀时，继电器的触点KA2动作。排烟系统的控制，由任一个排烟阀开起后，通过联锁触点KA1的闭合，即可使KM1通电，起动排烟风机。当排烟风道内温度超过280℃时，防火阀自动关闭，其联锁触点KA2断开，使排烟风机停止。

送风口、排烟口、排烟窗或排烟阀开启和关闭的动作信号，防烟、排烟机启动和停止及电动防火阀关闭的动作信号，均应反馈至消防联动控制器。

防烟机入口处的总管上的设置在280℃排烟防火阀在关闭后应直接联动控制风机停止，排烟防火阀及风机的动作信号应反馈至消防联动器。

四、防排烟系统工作流程

消防控制联动要求，被联动的消防设备动作后，其应答信号返回控制室，点亮动作指示灯。火灾发生时，应在启动防排烟设备的同时，关停空调机和送风机。防排烟系统工作流程，如图3-38所示。

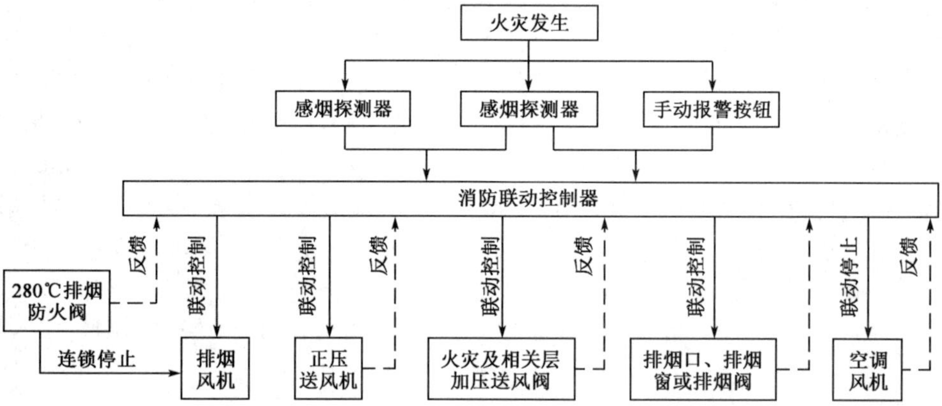

图3-38　防排烟系统工作流程图

以上所述防排烟系统的电气控制是由联动控制器发出指令给各防排烟设施的执行机构，使其进行工作并发出动作反馈信号的。

总之，自动消防联动设备有用于排烟口上的排烟阀，有用于防火分隔的通道上的防火门及防火卷帘门，有用于通风或排烟管道中的防火阀，有送风机、排烟风机，有喷水灭火的消防水泵等。这些防火、排烟、灭火等设备，在自动火灾报警消防系统中都有自动和手动两种方式，使其动作并发挥消防作用。自动控制方式一般是接收来自火灾报警控制器的火灾报警联动信号，使电磁线圈通电，电磁铁动作，牵引设备开启或闭合，或者是由联动控制信号使继电器或接触器线圈通电动作，启动消防水泵或排烟风机工作。

电气设计人员应与暖通专业配合，了解防烟排烟系统的组成、工作原理、分区情况及联动控制要求；各类防火阀、排烟阀、风口位置及控制要求；有关风机的控制要求、功率大小、位置等。

五、防火门及防火卷帘系统

建筑门窗是火灾蔓延的主要途径，防火门、防火卷帘是应用于建筑内作为防火墙和防火分区的防火分隔物，它具有一定的阻火、耐火功能，可将大火控制在预定的范围内，以达到有效阻止火势蔓延的目的；同时又是人员安全疏散、消防人员火灾扑救的通道。

1. 防火门及其控制原理

防火门由防火门锁、手动及自动环节组成。防火门按门的固定方式可分为两种：一种是防火门被永久磁铁吸住平时处于开起状态，当发生火灾时通过自动或手动将其关闭。自动控制时，由探测器或联动控制盘发来指令信号，使 DC 24V、0.6A 电磁线圈产生的吸力克服永久磁铁的吸着力，从而靠弹簧将门关闭。手动操作是只要把防火门或永久磁铁的吸着板拉开，门即关闭。另一种是防火门被电磁锁的固定销扣住，平时呈开起状态。

火灾时，由探测器或联动控制盘发出指令信号使电磁锁固定销动作，锁扣被解开，靠弹簧将门关闭，或手动拉防火门使固定销掉下，门被关闭。防火门关闭后，应有关闭信号反馈到区控盘或消防中心控制室。图 3-39 为防火门示意图、图 3-40 为防火门电气控制电路图。

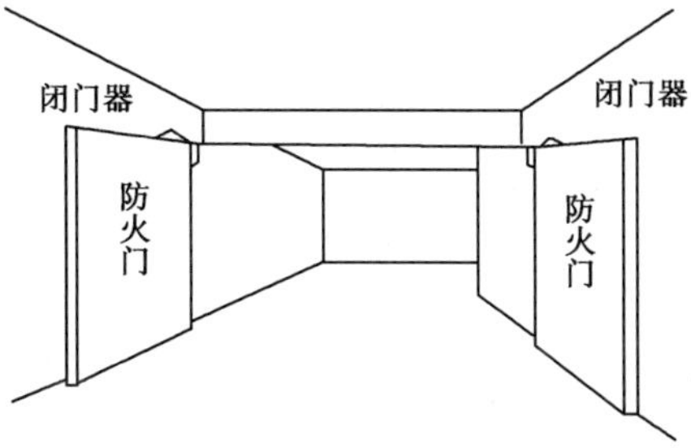

图 3-39　防火门示意图

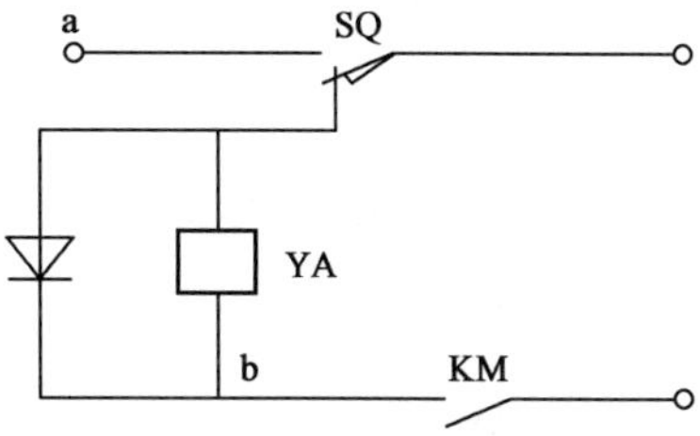

图 3-40　防火门电气控制电路

2. 防火卷帘及其控制原理

防火卷帘的设置部位一般有消防电梯前室、自动扶梯周围、中庭与每层走道、过厅、房间相通的开口部位、代替防火墙需设置防火分隔设施的部位等。防火卷帘门安装示意，如图 3-41 所示。

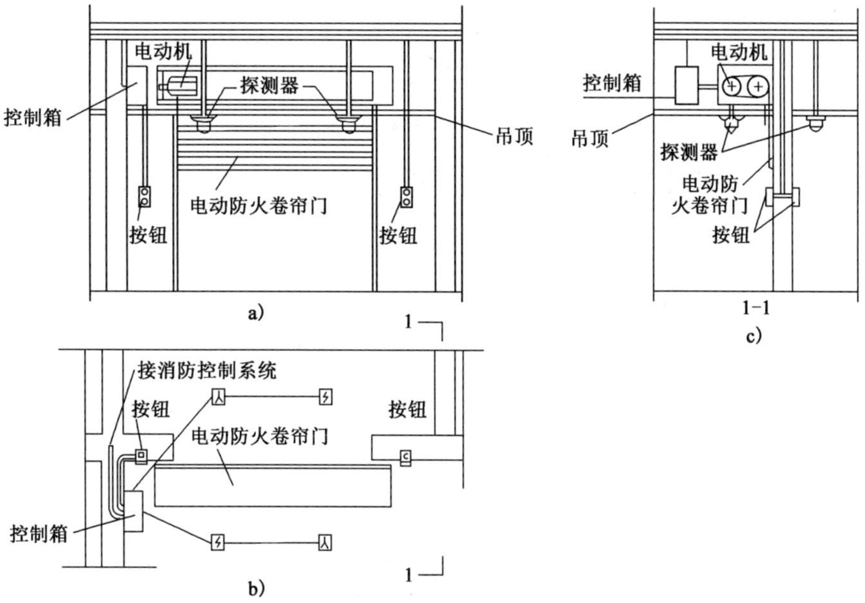

图 3-41　防火卷帘门安装示意图

a）立面图；b）平面图；c）侧面图

当发生火灾时，由探测器或联动控制盘发来指令信号使卷帘门上方的控制装置动作，自动将卷帘门下降到预定位置。防火卷帘的升降应由防火卷帘控制器控制，防火卷帘门控制电路如图 3-42 所示。防火卷帘门控制程序，如图 3-43 所示。

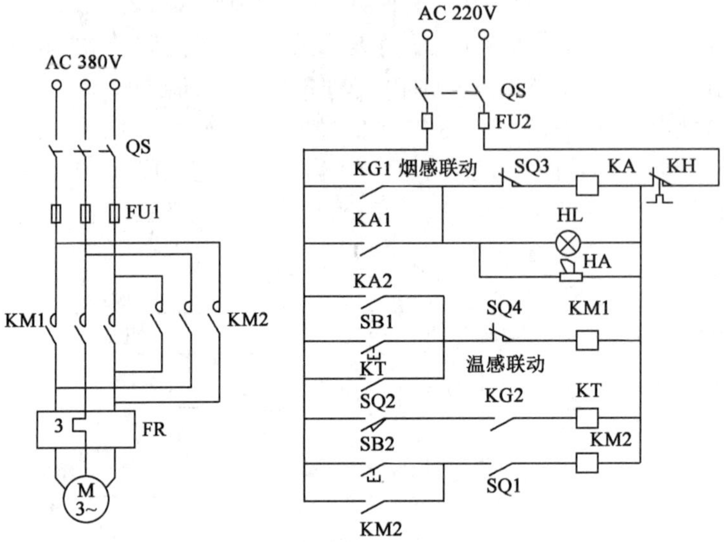

图 3-42　防火卷帘门控制电路

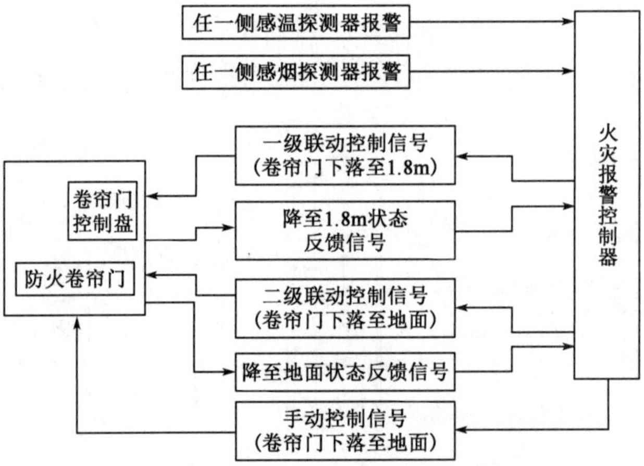

图 3-43　防火卷帘门控制程序

3. 设计提示

(1)防火门的控制

①疏散通道上的防火门有常闭型和常开型。常闭型防火门有人通过后，闭门器将门关闭不需要联动；常开型防火门平时开启。常开防火门所在防火分区内的两只独立的火灾探测器或一只火灾探测器与一只手动火灾报警按钮的报警信号，作为常开防火门关闭的联动触发信号，联动触发信号应由火灾报警控制器或消防联动控制器发出，并应由消防联动控制器或防火门监控器联动控制防火门关闭。

②疏散通道上各种防火门的开启、关闭及故障状态(包括闭门器故障、门被卡后未完全关闭等)信号应反馈至防火门控制器。

(2)防火卷帘的控制

①疏散控制上设置的防火卷帘

联动控制方式:防火分区内任两只独立的感烟火灾探测器或任一只专门用于联动防火卷帘的感烟火灾探测器的报警信号应联动控制防火卷帘下降至距楼板面1.8m处,是为保障防火卷帘能及时动作,以起到防烟作用,避免烟雾经此扩散,既起到防烟作用又可保证人员疏散;任一只专门用于联动防火卷帘的感温火灾探测器的报警信号表示火已蔓延到该处,此时人员已不可能从此逃生,应联动控制防火卷帘下降到楼板面,起到防火分隔作用;为了保证防火卷帘在火势蔓延到防火卷帘前及时动作,也为防止单只探测器由于偶发故障而不能动作,在卷帘的任一侧距卷帘纵深0.5~5m内应设置不少于2只专门用于联动防火卷帘的感温火灾探测器。

手动控制方式:应由防火卷帘两侧设置的手动控制按钮控制防火卷帘的升降,并应能在消防控制室的消防联动控制器手动控制防火卷帘的降落。

②非疏散通道上设置的防火卷帘

联动控制方式:非疏散通道上设置的防火卷帘大多仅用于建筑的防火分隔作用,建筑共享大厅回廊楼层间等处设置的防火卷帘不具有疏散功能,仅用作防火分隔。应将防火卷帘所在的防火分区内任两只独立的火灾探测器的报警信号,作为防火卷帘下降的联动触发信号,由防火卷帘控制器联动控制防火卷帘直接下降到楼板面。

手动控制方式:应由防火卷帘两侧设置的手动控制按钮控制防火卷帘的升降,并应能在消防控制室的消防联动控制器手动控制防火卷帘的降落。

③联动反馈信号要求

防火卷帘下降至距楼板面1.8m处、下降到楼板面的动作信号和防火卷帘控制器直接连接的感烟、感温火灾探测器的报警信号,应反馈至消防联动控制器。

第七节 应急照明和疏散指示系统

消防应急照明和疏散指示系统是为人员疏散、消防作业提供照明和疏散指示的系统,由各类消防应急灯具和相关装置组成。

应急照明也称事故照明,其作用是当正常照明因故熄灭后,供人员继续工作、保障安全或疏散用的照明。应急照明和疏散指示系统包括备用照明、疏散照明和安全照明。

(1)备用照明:正常照明失效时,为继续工作或暂时继续工作而设置的照明。

(2)疏散照明:为了使人员在火灾情况下,能从室内安全撤离至室外或某一安全地区而设置的照明,疏散照明包括通道疏散指示灯和出入口标志灯。

(3)安全照明:正常照明突然中断时,为确保处于潜在危险的人员安全而设置的照明。

一、应急照明和疏散指示系统设置

疏散照明的设置应根据建筑的层数、规模大小、复杂程度,建筑物内停留和流动人员多少,以及这些人对建筑物的熟悉程度,建筑物内的生产或使用特点,火灾危险程度等多种因素综合确定。

1. 应急照明的设置部位

(1)除建筑高度小于27m的住宅建筑外,民用建筑、厂房和丙类仓库的下列部位,从有利人员安全疏散需要出发,应设置疏散照明。

①封闭楼梯间、防烟楼梯间及其前室、消防电梯间的前室或合用前室、避难走道、避难层(间)。

②观众厅、展览厅、多功能厅和建筑面积大于$200m^2$的营业厅、餐厅、演播室等人员密集的场所。

③建筑面积大于$100m^2$的地下或半地下公共活动场所。

④公共建筑内的疏散走道。

⑤人员密集的厂房内的生产场所及疏散走道。

(2)消防控制室、消防水泵房、自备发电机房、配电室、防排烟机房以及发生火灾时仍需正常工作的消防设备房应设置备用照明。

(3)凡是在火灾时因正常电源突然中断将导致人员伤亡的潜在危险场所(如医院手术室、急救室等),应设安全照明。

2. 应急照明的设置要求

(1)疏散照明灯具应设置在安全出口的顶部,底边距地不宜低于2m;必须装设在墙面的上部或顶棚上时,灯具应明装,且距地高度不宜大于2.5m。备用照明灯具应设置在墙面的上部或顶棚上。

(2)公共建筑、建筑高度大于54m的住宅建筑、高层厂房(库房)和甲、乙、丙类单、多层厂房,应设置灯光疏散指示标志,并应符合下列规定:

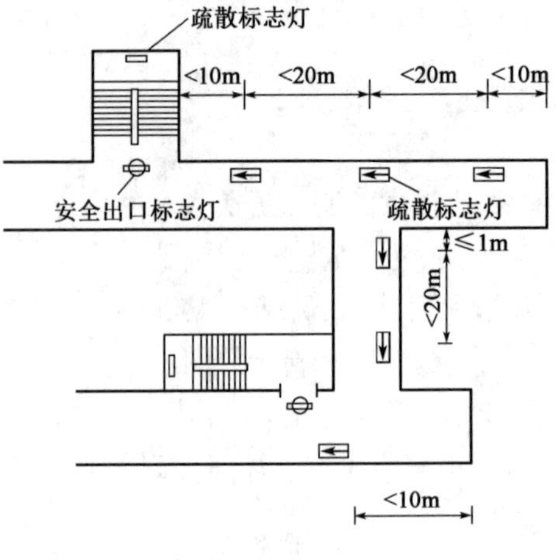

图3-44　疏散标志灯设置位置

①应设置在安全出口和人员密集的场所的疏散门的正上方。

②应设置在疏散走道及其转角处距地面高度1m以下的墙面或地面上。走道疏散指示标志的间距不应大于20m;对于袋形走道,不应大于10m;在走道转角区,不应大于1m。

疏散标志灯设置位置,如图3-44所示。

(3)应急照明灯和灯光疏散指示标志,应设玻璃或其他不燃烧材料制作的保护罩。

3. 应急照明的照度要求

(1)建筑内疏散照明的地面最低水平照度应符合下列规定:

①对于疏散走道,不应低于1lx。

②对于人员密集场所、避难层(间),不应低于2lx;对于病房楼或手术部的避难间,不应低于10lx。

③对于楼梯间、前室或合用前室、避难走道,不应低于5lx。

(2)备用照明作业面的最低照度不应低于正常照明的照度。

(3)安全照明,如医院手术室应维持正常照明的30%照度。

4. 应急照明的持续工作时间

(1)疏散照明的应急持续工作时间不应小于20min;高度超过100m高层建筑应不小于30min。

(2)安全照明和备用照明:其持续工作时间应根据该场所的工作或生产操作的具体需要确定。如生产车间某些部位的安全照明一般不小于20min可满足要求;备用照明一般不小于20~60min。医院手术室的备用照明,持续时间要求达3~8h;对于通信中心、重要的交通枢纽等,要求持续到正常电源恢复。

(3)应急照明在正常供电电源停止供电后,其应急电源供电的转换时间应满足下列要求:备用照明不应大于5s;金融商业交易场所不应大于1.5s;疏散照明不应大于5s;安全照明时不应大于0.5s。

二、供电方式及防火要求

1. 供电方式

应急照明一般供给一路正常工作电源,一路备用电源。且两电源应在末端配电箱内自动切换,这种配电箱称为切换箱。应急照明的正常供电电源应由本层(本防火分区)配电盘以放射式配出到各灯具。配电箱按楼层或防火分区装设,照明支路不应跨越防火分区,每一单相回路容量不宜超过15A,单相回路连接的灯具出线口数量不宜超过20个(最多不超过25个)。对于某些建筑物内仅有少量应急照明设施,宜采用灯具内自带蓄电池(全封闭免维护)作为备用电源时,正常电源和备用电源可在灯具内进行切换即可。用蓄电池作为备用电源,且连续供电时间不应少于20min;高度超过100m的高层建筑连续供电时间不应少于30min。备用照明及疏散照明的最少持续供电时间及最低照度,应符合表3-1的规定。

备用照明及疏散照明的最少持续供电时间及最低照度　　表3-1

区域类别	场所举例	最少持续供电时间(min)		照度(lx)	
		备用照明	疏散照明	备用照明	疏散照明
一般平面疏散区域	公共建筑、居住建筑疏散照明	—	≥30	—	≥0.5
竖向疏散区域	疏散楼梯	—	≥30	—	≥5
人员密集流动疏散区域及地下疏散区域	高层公共建筑的观众厅、宴会厅、展览厅、候车(机)厅、多功能厅、餐厅、办公大厅和避难层(间)等场所	—	≥30	—	≥5
航空疏散场所	屋顶消防救护用直升机停机坪	≥60	—	不低于正常照明的照度	—

续上表

区域类别	场所举例	最少持续供电时间(min)		照度(lx)	
		备用照明	疏散照明	备用照明	疏散照明
避难疏散区域	避难层	≥60	—	不低于正常照明的照度	—
消防工作区域	消防控制室、电话总机房	≥180	—	不低于正常照明的照度	—
	配电室、发电站	≥180	—	不低于正常照明的照度	—
	水泵房、风机房	≥180	—	不低于正常照明的照度	—

2. 应急照明光源防火要求

应急照明光源防火要求,如表3-2所示。

应急照明光源防火要求 表3-2

名　称	保护措施
开关、插座、照明器具	靠近可燃物时应采取隔热,散热等
卤钨灯、>100W白炽灯泡的吸顶灯、槽灯、嵌入式灯	引入线应采取瓷管、石棉、玻璃丝等隔热
白炽灯、卤钨灯、荧光高压汞灯、镇流器	不应安装在可燃构件或可燃装修材料上
卤钨灯	不应安装在可燃物品库房

3. 应急照明灯具分类

灯具有如下多种分类方式,消防应急灯具如图3-45所示。

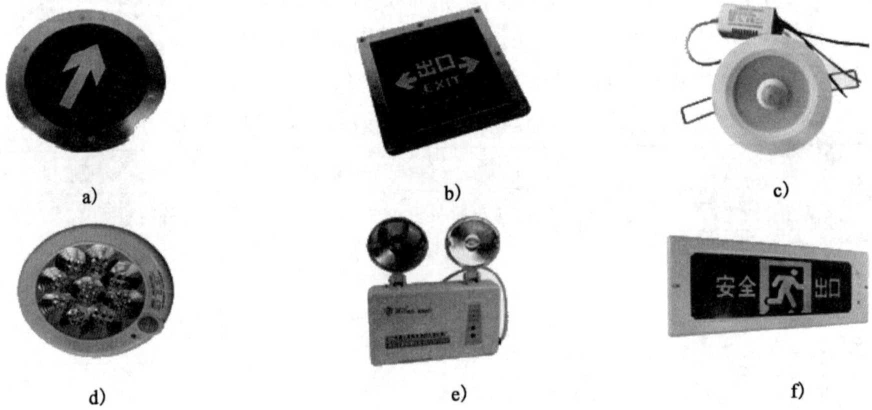

图3-45　消防应急灯具

a)消防应急标志灯(地埋式);b)消防应急标志灯(地埋式);c)LED人体感应筒灯;d)LED感应吸顶灯(消防强启型);e)应急灯;f)嵌入式疏散指示灯

按用途分为:标志灯具、照明灯具(含疏散用电手筒)、照明标志复合灯具。

按工作方式分为:持续型、非持续型。

按应急供电形式分为:自带电源型、集中电源型、子母型。

按应急控制方式分为:集中控制型、非集中控制型。

三、设计要求

1. 系统类型

应急照明和疏散指示系统按控制方式分为集中控制型、集中电源非集中控制型、自带电源非集中控制型三种类型。

(1)集中控制型消防应急照明和疏散指示系统应由应急照明集中控制器、双电源应急照明配电箱、消防应急灯具和配电线路等组成,消防应急灯具可为持续型或非持续型。其特点是所有消防应急灯具的工作状态都受应急照明集中控制器控制。

发生火灾时,火灾报警控制器或消防联功控制器向应急照明集中控制器发出相关信号,应急照明集中控制器按照预设程序控制各消防应急灯具的工作状态。

(2)集中电源非集中控制型系统主要由应急照明集中电源、应急照明分配电装置、消防应急灯具和配电线路等组成,消防应急灯具可为持续型或非持续型。

发生火灾时,消防联动控制器联动控制集中电源和/或应急照明分配电装置的工作状态,进而控制各路消防应急灯具的工作状态。

(3)自带电源非集中控制型系统主要由应急照明配电箱、消防应急灯具和配电线路等组成。

发生火灾时,消防联动控制器联动控制应急照明配电箱的工作状态,进而控制各路消防应急灯具的工作状态。

2. 设计要求

(1)消防应急照明和疏散指示系统的联动控制设计

①集中控制型消防应急照明和疏散指示系统,应由火灾报警控制器或消防联动控制器启动应急照明控制器实现。

②集中电源非集中控制型消防应急照明和疏散指示系统,应由消防联动控制器联动应急照明集中电源和应急照明分配电装置实现。

③自带电源非集中控制型消防应急照明和疏散指示系统,应由消防联动控制器联动消防应急照明配电箱实现。

(2)应急转换时间和应急转换控制的方式

当确认火灾后,由发生火灾的报警区域开始,顺序启动全楼疏散通道的消防应急照明和疏散指示系统,系统全部投入应急状态的启动时间不应大于5s。

第八节　火灾警报和消防应急广播系统

一、火灾警报装置

火灾警报装置是一种安装在现场的声和/或光报警设备,是火灾自动报警系统的组成部件之一。在火灾自动报警系统中,用已发出区别于环境声、光的火灾警报信号的装置,以警示人们迅速采取安全疏散及灭火救灾措施。

1. 火灾警报器分类

按用途分为:火灾声警报器、火灾光警报器、火灾声光警报器。

按使用场所分为:室内型和室外型。

2. 火灾警报器的设置

(1)在建筑中的火灾光警报器,应设置在每个楼层的楼梯口、消防电梯前室、建筑内部拐角等处的明显部位。考虑光警报器不能影响疏散设施的有效性,故不宜与安全出口指示标志灯具设置在同一墙上。

(2)考虑便于在各个报警区域内部都能听到警报信号声,以满足告知所有人员发生火灾的要求,每个报警区域内应均匀设置火灾警报器,声压等级要求:声压级不应小于 60dB;在环境噪声大于 60dB 的场所,其声压级应高于背景噪声 15dB。

(3)火灾警报器在墙上明装时,其底边距地面高度应大于 2.2m;在普通高度空间下,以距顶棚 0.2m 处为宜。安装方式,如图 3-46 所示。

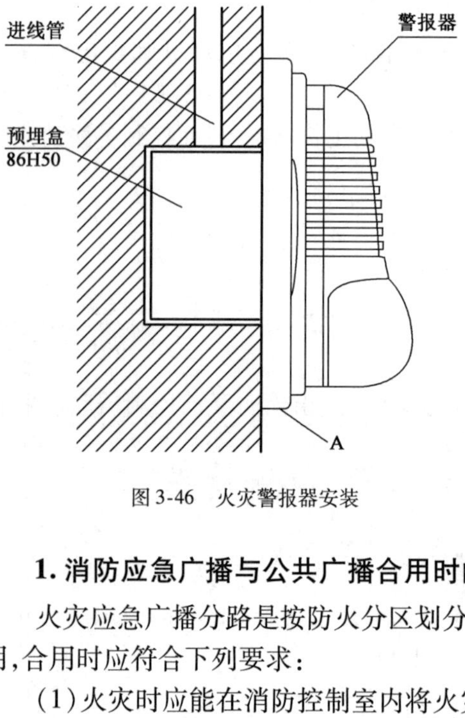

图 3-46　火灾警报器安装

(4)布线要求:编码型火灾警报器与控制器采用无极性阻燃 RVS 双绞线,截面积≥$1.0mm^2$ 信号二总线连接;与电源线采用无极性阻燃 BV 线,截面积≥$1.5mm^2$;二线制连接。

二、消防应急广播

建筑物内发生火灾时,消防应急广播系统是引导处于危险场所的人员逃生和指挥施救人员控制扑灭火灾的重要设施。消防应急广播系统作为建筑物的消防指挥系统,在整个消防控制管理系统中起着极其重要的作用。

按照规范要求,集中报警系统和控制中心报警系统应设置消防事故广播。

1. 消防应急广播与公共广播合用时的要求

火灾应急广播分路是按防火分区划分,而公共广播分路是按业务分区划分。二者可以合用,合用时应符合下列要求:

(1)火灾时应能在消防控制室内将火灾疏散层的扬声器和公共广播扩音机强制转入消防应急广播功能。控制切换方式一般有如下两种:

①消防应急广播系统仅利用公共广播系统的扬声器和馈电线路,而消防应急广播系统的扩音机等装置是专用的。当火灾发生时,在消防控制室切换输出线路,使消防应急广播系统按照规定播放应急广播。

②消防应急广播系统全部利用公共广播系统的扩音机、馈电线路和扬声器等装置,在消防控制室只设紧急播送装置,当发生火灾时可遥控公共广播系统紧急开启,强制投入消防应急广播。

以上两种控制方式，都应注意不管扬声器处于关闭还是播放状态时，都应能紧急开启消防应急广播。

(2)在客房内设有床头控制柜音乐广播时，不论床头控制柜内扬声器在火灾时处于何种工作状态(开、关)，都应能紧急切换到消防应急广播。

(3)消防控制室应能监控用于消防应急广播时的扬声器的工作状态，并应具有遥控开启扬声器和采用传声器播音(能用话筒播音)的功能。

2. 消防应急广播系统的组成

它由音源设备、广播功率放大器、广播区域控制盘及现场扬声器组成。

(1)音源设备

主要用磁带播音，也可以进行话筒播音，并能对播放内容录音。消防联动控制系统控制启动录放机或手动录放机的"紧急启动"键启动。录放机可实现正常广播和事故广播的自动切换，便于正常广播和事故广播共用一套功率放大器和现场扬声器。

(2)音频功率放大器

它提供音频信号的功率放大，一般用定压 120V 输出。功率放大器有过载保护功能，使用直流 24V 或交流 220V 供电。交流 220V 失电时，可用后备电池供电。

(3)广播区域控制盘

广播区域控制盘与功率放大器配合进行现场广播的分区控制，完成正常广播和事故广播的切换。它可分为多路、多区域。平时进行全区域正常广播，发生火警时，手动控制需要事故放音的区域进行火警事故广播，而其他区域应为正常广播。

(4)扬声器

①吸顶音箱。它是圆柱形箱体，安装在天花板上，功率为 3W。

②壁挂式音箱。它是现场扬声设备，为长方体，安装于墙上。音箱外壳是 ABS 防火塑料，功率为 3W。

3. 总线制消防应急广播系统

在实际应用设置消防广播时，有总线制及多线制两种消防广播系统方案可供选择，二者的区别在于总线制系统是通过控制现场专用消防广播编码切换模块来实现广播的切换及播音控制。而多线制系统是通过消防控制中心的专用多线制消防广播分配盘(GST-LD-GBFP-200)来完成播音切换控制的。

(1)消防广播输出模块(GST-LD-8305)

特点：本模块专用于总线制消防广播系统中正常广播与消防广播间的切换。模块设有自回答功能，当模块动作后，将产生一个报警信号送入控制器产生报警，表明切换成功。其线制为与控制器连接的信号二总线和电源二总线。

布线要求：无极性信号二总线采用阻燃 RVS 双绞线，截面积大于或等于 1.0mm^2；DC 24V 电源二总线采用阻燃 BV 线，截面积大于或等于 1.5mm^2；正常广播线、消防广播线均采用阻燃 RV 线，截面积大于或等于 1.0mm^2。

(2)总线制消防广播系统组成

总线制消防广播系统由消防控制中心的广播设备、配合使用的总线制火灾报警控制器、

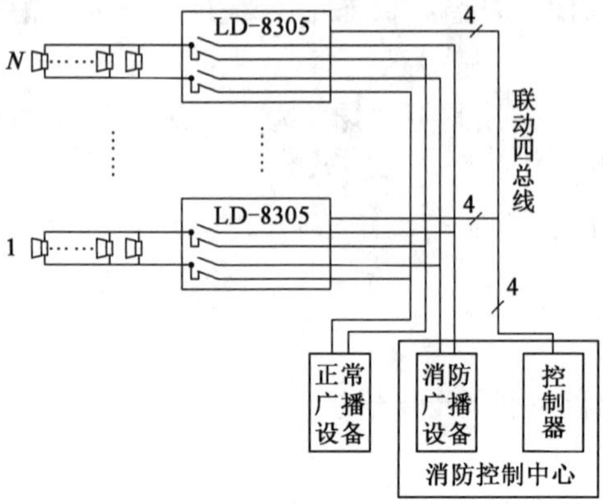

图 3-47　总线制消防广播系统图

GST-LD-8305 消防广播模块及现场放音设备组成。

消防广播设备可与其他设备一起也可单独装配在消防控制柜内，各设备的工作电源统一由消防控制系统的电源提供。

总线制消防广播系统的示意图如图 3-47 所示，一个广播区域可由一个 GST-LD-8305 模块来控制。

有些场合，尤其是档次较高的宾馆客房内设有床头广播柜，可由 GST-LD-8301 型模块和 GST-LD-8302 型模块组合控制多个床头广播柜，如图 3-48 所示。

为实现广播切换功能，床头广播柜必须设一只两开两闭继电器和两只线间变压器，对床头广播柜实现广播切换控制的电气原理图，如图 3-49 所示。

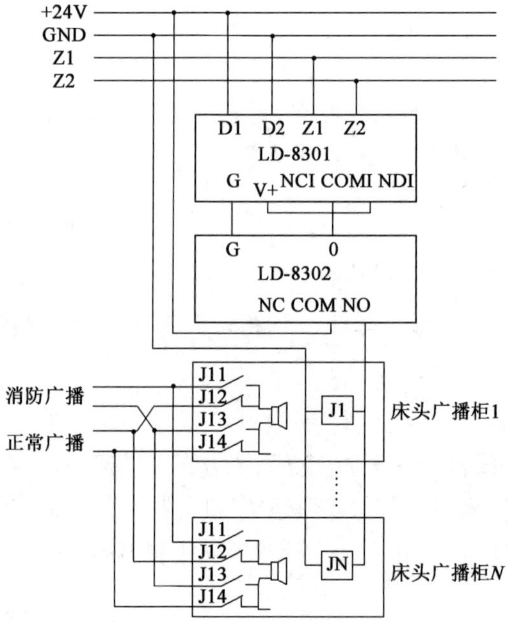

图 3-48　模块组合控制多个床头广播柜示意图

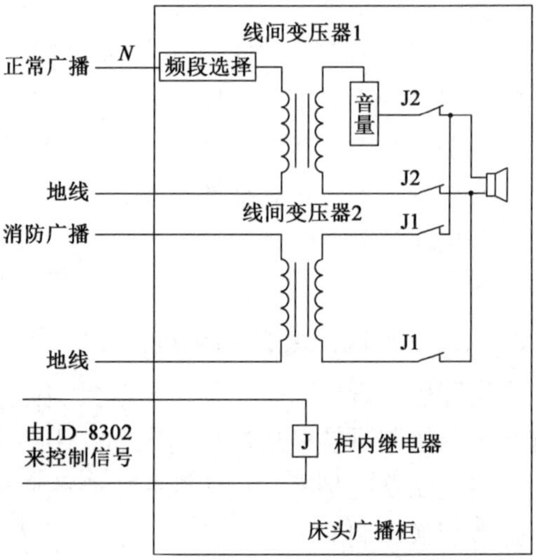

图 3-49　对床头广播柜切换控制原理图

4. 多线制消防广播系统组成

多线制广播系统对外输出的广播线路按广播分区来设计，每一广播分区有两根独立的广播线路与现场放音设备连接，各广播分区的切换控制由消防控制中心专用的多线制消防广播切换盘来完成。多线制消防广播系统使用的播音设备与总线制消防广播系统内的设备相同。

多线制消防广播系统核心设备为 LD-GBFP-100 型多线制广播切换盘，通过此切换盘，可完成手动对各广播分区进行正常或消防广播的切换。显然，多线制消防广播系统最大的缺点是，N 个防火（或广播）分区，需敷设 $2N$ 条广播线路。图 3-50 为多线制消防广播系统的示意图。

5. 消防应急广播的设置

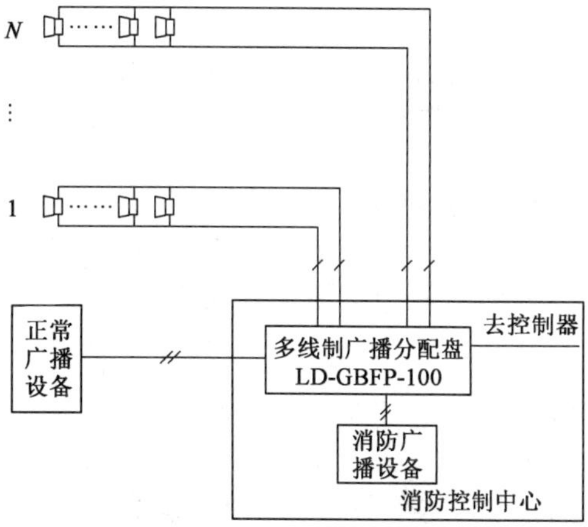

图 3-50　多线制消防广播系统图

（1）民用建筑内扬声器应设置在走道和大厅等公共场所。每个扬声器的额定功率不应小于 3W，其数量应能保证从一个防火分区内的任何部位到最近的一个扬声器的直线距离不大于 25m，走道末端距最近的扬声器距离不应大于 12.5m。

（2）在环境噪声大的场所，如工业建筑内，设置消防应急广播扬声器时，考虑到背景噪声大、环境情况复杂等因素，故有声压级要求：在环境噪声大于 69dB 的场所设置的扬声器，在其有效播放范围内最远点的播放声压级高于背景噪声 15dB。

（3）客房内如设消防应急广播专用扬声器，一般都装于床头柜上，距离客人很近，容量无需过大，每个扬声器的额定功率不宜小于 1W。

（4）壁挂扬声器的底边距地面高度应大于 2.2m。

三、设计要求

（1）火灾自动报警系统应设置火灾声光警报器，并应在确认火灾后启动建筑内的所有火灾声光警报器。

（2）未设置消防联动控制器的火灾自动报警系统，火灾声光警报器应由火灾报警控制器控制；设置消防联动控制器的火灾自动报警系统，火灾声光警报器应由火灾报警控制器或消防联动控制器控制。

（3）公共场所宜设置具有同一种火灾变调声的火灾声警报器；具有多个报警区域的保护对象，宜选用带有语音提示的火灾声警报器；学校、工厂等各类日常使用电铃的场所，不应使用警铃作为火灾声警报器。火灾声警报器设置带有语音提示功能时，应同时设置语音同步器。

（4）同一建筑内设置多个火灾声警报器时，火灾自动报警系统应能同时启动和停止所有火灾声警报器的工作。

（5）集中报警系统和控制中心报警系统应设置消防应急广播。消防应急广播系统的联动控制信号应由消防联动控制器发出。当确认火灾后，应同时向全楼进行广播。

（6）在消防控制室应能手动或按预设控制逻辑联动控制选择广播分区、启动或停止应急广播系统，并应能监听消防应急广播，应能自动对广播内容进行录音。

（7）消防应急广播与普通广播或背景音乐广播合用时，应具有强制切入消防应急广播的功能。

第九节　消防专用电话系统

消防电话系统是一种消防专用的通信系统，通过这个系统可迅速实现对火灾的人工确认，并可及时掌握火灾现场情况及进行其他必要的通信联络，便于指挥灭火及现场恢复工作。

一、消防专用电话系统的组成和设置

1.消防专用电话系统组成

消防电话系统由消防电话总机、消防电话分机、消防电话插孔构成。消防电话是与普通电话分开的专用独立系统，一般采用集中式对讲电话。

消防电话总机是消防通信专用设备，当发生火报警时，由它提供方便快捷的通信手段，是消防控制及其报警系统中不可缺少的通信设备。

消防电话分机可以迅速实现对火灾的人工确认，并可以及时掌握火灾现场情况，便于指挥灭火工作。与消防电话总机配合使用。

消防电话插孔主要用于将手提消防电话分机连入消防电话系统。可呼叫主机，用于携带。

2.消防专用电话的设置

(1)消防值控制室应设置消防专用电话总机。

(2)电话分机或电话插孔的设置。

①消防水泵房、发电机房、配变电室、计算机网络机房、主要通风和空调机房、防排烟机房、灭火控制系统操作装置处或控制室、企业消防站、消防值班室、总调度室、消防电梯机房及其他与消防联动控制有关的且经常有人值班的机房应设置消防专用电话分机。消防专用电话分机，应固定安装在明显且便于使用的部位，并应有区别普通电话的标识。

②设有手动火灾报警按钮或消火栓按钮等处，宜设置电话插孔，并宜选择带有电话插孔的手动火灾报警按钮。

③各避难层应每隔20m设置一个消防专用电话分机或电话插孔。

④电话插孔在墙上安装时，其底边距地面高度宜为1.3~1.5m。

⑤消防值控制室、消防值班室或企业消防站等处，应设置可直接报警的外线电话。

二、消防电话系统设计

消防电话系统分为总线制消防电话系统和多线制消防电话系统。

1.总线制消防电话系统

总线制消防电话系统由设置在消防控制中心的消防电话总机、火灾报警控制器、现场消防电话专用模块、消防电话插孔及消防电话分机构成。

(1)GST-LD-8304型编码消防电话模块

GST-LD-8304型是一种编码模块，直接与火灾报警控制器连接，能实现消防电话总机和消防电话分机的驳接，同时也能实现消防电话总线断、短路检线功能。

布线要求：

与火灾报警控制器采用无极性信号二总线连接，截面积≥1.0mm^2 的阻燃 RVS 双绞线。

与电源线采用无极性二线制连接，截面积大于或等于 1.5mm^2 的阻燃 BV 线。

与消防电话采用无极性二总线连接，截面积大于或等于 1.0mm^2 的阻燃 RVVP 线。

(2)GST-TS-100 型消防电话分机

GST-TS-100 型消防电话分机是消防专用总线制通信设备，固定式安装。

(3)GST-LD-8312 型消防电话插孔

GST-LD-8312 型消防电话插孔为一种非编码消防电话插座，不能接入火灾报警控制总线，仅能与 GST-LD-8304 模块连接，构成编码式电话插座，通常为多个 GST-LD-8312 电话插座并联后与一个 GST-LD-8304 模块相连，仅占用控制系统一个编码点。应当注意的是，利用 GST-LD-8304 作为所连接电话插座的编码模块使用时，GST-LD-8304 模块不允许再连接电话分机。另外，多个 GST-LD-8312 电话插孔并联后，也可直接与总线制消防电话主机或多线制消防电话主机连接，不占用控制器的编码点。

(4)消防电话接线图

在工程应用设计时，有固定电话分机和电话插孔的系统连接示意图，如图 3-51 所示。它能满足一座大厦内不同位置的不同要求，这是在实际中用得最多的系统构成方式。如在电梯机房、水泵房、配电房、电梯门口等重要的地方安装固定式电话分机 TS-100A，而在每一楼层安装一个或多个 GST-LD-8304 型模块作为电话插座分区编码模块，在走廊墙壁上隔一定距离安装一只 GST-LD-8312 型消防电话插座，并将这些消防电话插座分组并联在该楼层的 GST-LD-8304 型模块上。无需编码的电话插座则可直接接在消防电话主机两根电话线上。

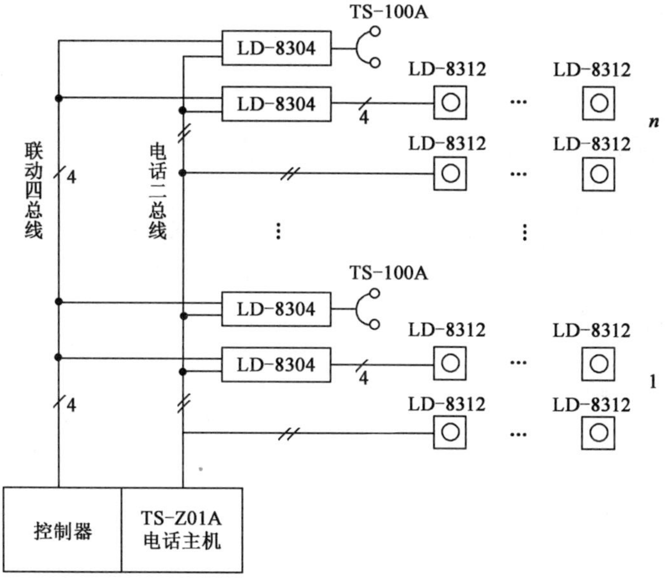

图 3-51　有固定电话分机和电话插孔的系统连接示意图

2. 多线制消防电话系统

多线制消防电话系统的控制核心为 TS-Z03 型多线制消防电话主机。按实际需求不同，消防电话主机容量也不同。在多线制消防电话系统中，每一部 TS-200A 型固定式消防电话分机占用消防电话主机的一路，采用独立的两根线与消防电话主机连接。GST-LD-8312 型消防电话插座可并联使用，并联的数量不限，并联的电话插孔座仅占用消防电话主机的一路。

多线制消防电话系统中主机与分机、分机与分机间的呼叫、通话等均由主机自身控制完成，无须其他控制器配合。设计方法如图 3-52 所示。布线要求：所有电话线采用 RVVP 屏蔽线，截面积大于或等于 $1.0mm^2$。

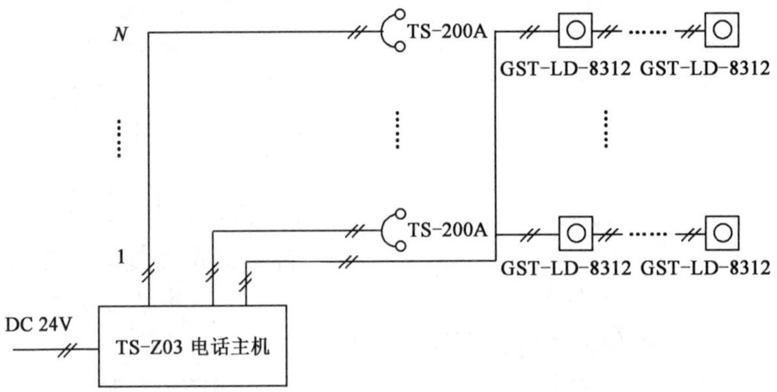

图 3-52　多线制消防电话系统连接示意图

第十节　消 防 电 梯

随着高层建筑、超高层建筑的不断涌现，电梯作为重要的垂直运输工具得到了非常广泛的应用。

建筑物中设有电梯及消防电梯时，消防控制室应能对电梯，特别是消防电梯的运行进行管理。这是因为消防电梯是在发生火灾时，供消防人员扑灭火灾和营救人员用的纵向的交通工具，联动控制一定要安全可靠。火灾时，一般电梯不用作疏散，因为这时电源可能会不稳定。

一、消防电梯控制要求

(1)消防控制室在火灾确认后，消防联动控制器应能发出联动控制信号强制所有电梯停于首层或电梯转换层，并接收其反馈信号。

(2)动力与控制电缆、电线应采取防水措施，以防消防救火用水导致电源线路泡水而漏电，影响救火使用。

(3)消防电梯间前室宜靠外墙设置，在首层应设直通室外的出口或经过长度不超过 30m 的通道通向室外。

(4)消防电梯除了正常供电线路之外,还应有备用事故电源,使之不受火灾停电的影响。消防电梯的供电,一般保证双电源在末端自投,连续供电不少于60min,并应保证它的电源质量。宜增加EPS作为备用电源。

(5)消防电梯轿厢内应设专用电话,以便消防人员与控制中心、火场指挥部保持通话联系。

(6)消防电梯可与客梯兼用,但符合消防电梯的要求。

(7)电梯井道内除电梯的专用线路(控制、照明、信号等井道的消防需用线路)外,其他线路不得沿电梯井道敷设。井道内敷设的电缆和导线应是阻燃和耐潮湿的,穿线管槽亦应为阻燃型。

(8)应在首层设供消防队员专用的操作按钮。火灾时,常用的控制按钮失去作用,使用专用操作按钮可令电梯降到首层,保证消防队员的使用。在首层设开锁装置。

(9)消防电梯间前室门口宜设挡水设施。消防电梯的井底应设排水设施,排水井容量不应小于2.00m^3,排水泵的排水量不应小于10L/s。

二、与建筑专业的配合

电气设计人员应与建筑专业配合,确定电梯的用途、数量、安装位置,电梯井道情况和控制要求等。

第十一节　其他相关联动控制设计

相关联动控制主要是在火灾确认后,火灾自动报警系统应能切断相关区域的非消防电源、疏散通道上的门禁系统控制的门、庭院的电动大门等设备,并及时打开停车场入口的挡杆、闸杆,以保证人员的安全、快速疏散和火灾救援人员和装备进出火灾现场。

一、设计要求

消防联动控制器应具有切断火灾区域及相关区域的非消防电源的功能,当需要切断正常照明时,宜在自动喷淋系统、消火栓系统动作前切断。

消防联动控制器应具有自动打开涉及疏散的电动栅杆等的功能,宜开启相关区域安全技术防范系统的摄像机,以监视火灾现场。

二、设计提示

关于火灾确认后,火灾自动报警系统应能切断火灾区域及相关区域的非消防电源,《火灾自动报警系统设计规范》(GB 50116—2013)要求:

火灾时可立即切断的非消防电源有:普通动力负荷、自动扶梯、排污泵、空调用电、康乐设施、厨房设施等。

火灾时不应立即切断的非消防电源有:正常照明、生活给水泵、安全防范系统设施、地下室排水泵、客梯和Ⅰ~Ⅲ类汽车库作为车辆疏散口的提升机。

关于切断点的位置,原则上在变电所切断比较安全。当用电设备采用封闭母线供电时,可在楼层配电小间切断。

本章小结

本章先介绍灭火介质、灭火的基本方法及灭火系统的几种形式。接着介绍自动喷水灭火系统及室内消火栓灭火系统的组成、特点及电气控制要求,气体灭火系统的组成、应用场合及电气控制要求。重点介绍以水为灭火剂的湿式自动喷水灭火系统和室内消火栓灭火系统的组成、特点及电气控制,掌握不同的场所、不同的灭火特点应采用不同的灭火方式。防烟排烟系统、应急照明系统和消防专用电话及通信广播的有关设计要求,消防电梯等内容。部分内容结合厂家样本讲解,便于读者通过本章的学习,为今后工程设计、施工及工程预算等打下基础。

复习思考题

1. 灭火系统的有几种类型?各有什么特点?
2. 湿式自动喷水灭火系统主要由几部分组成?各起什么作用?工作原理如何?
3. 简述室内消火栓灭火系统的灭火过程、消火栓泵启动方式。
4. 通过对几种类型的喷洒水灭火系统的分析比较,说明它们的特点及应用场合。
5. 压力开关和水流指示器的作用是什么?
6. 简述闭式喷头(玻璃球式)的工作原理。
7. 简述二氧化碳灭火系统的构成特点及应用场合、灭火过程。
8. 消防应急广播的设置场所及相关要求有哪些?
9. 什么场所应设置应急照明?
10. 什么场所应设置疏散指示标志?其疏散指示标志的表达方式如何?其安装距离为多少?
11. 应急照明的供电与照度要求是什么?
12. 防排烟设施的作用和类型有哪些?
13. 防排烟设施的适用范围是什么?
14. 送风口(排烟口)、防烟防火阀、防烟垂壁、防火门的自动与手动控制过程是什么?
15. 防火卷帘的电气控制包括哪些内容?
16. 简述排烟风机的手动与自动控制原理。
17. 总线制与多线制消防电话系统的区别是什么?
18. 消防电梯的作用及消防电梯的控制要求是什么?
19. 消防专用电话分机设置场所及要求有哪些?

第四章　消防控制室

消防控制室是建筑消防系统的信息中心、控制中心、日常运行状态和各自动消防系统运行状态监视中心，也是建筑发生火灾和日常火灾演练时的应急指挥中心。消防控制室也是建筑消防设施远程监控中心的接口。

第一节　一般规定

具有消防联动功能的火灾自动报警系统的保护对象中应设置消防控制室，且消防控制室的设置应符合下列规定：

(1)仅有火灾报警系统而无消防联动控制功能时，宜设消防值班室。消防值班室宜设在首层主要出入口附近，可与经常有人值班的部门合并设置。

(2)设有火灾自动报警和自动灭火或有消防联动控制设施的建筑物内应设消防控制室。

(3)消防系统规模大，需要集中管理的群体建筑及建筑高度超过100m的高层民用建筑内应设消防控制中心。

(4)当建筑物内设置有消防炮灭火系统时，其消防控制室尚应满足国家标准《固定消防炮灭火系统设计规范》(GB 50338—2003)的有关规定。

(5)消防控制室中心宜与主体建筑的消防控制室结合；消防控制也可与建筑设备监控系统(BAS)、安全技术防范系统(FA)合用控制室。当与BAS、FA系统合用控制室时，各系统在其室内应各占有独立的区域，且相互间不应产生干扰，也可在消防系统与其他相邻系统之间设置简易隔断。

(6)消防控制室(中心)的位置选择，宜满足下列要求：

①消防控制室应设置在建筑物的首层或地下一层，并宜布置在靠外墙部位。当设在首层时，应有直通室外的安全出口；当设置在地下一层时，宜设置专用安全出口，并与通往室外的安全出入口的距离不应大于20m。消防控制室和安全出口均应设有明显标志。

②有条件时，宜与防灾监控、广播、通信设施等用房相邻近。

③消防控制室的送、回风管在其穿墙处应设防火阀。

④消防控制室内严禁有与其无关的电气线路及管路穿过。

⑤消防控制室周围不应布置在电磁场干扰较强及其他影响消防控制设备正常工作的房间附近。

⑥应适当考虑长期值班人员房间的朝向。

(7)根据工程规模的大小，应适当考虑与消防控制室相配套的其他房间，诸如电源室、维修室和值班室休息室等。应保证有容纳消防控制室设备和值班、操作、维修工作所必需的空间。

(8)消防控制室的门应向疏散方向开启，且控制室入口处设置明显的标志。

第二节　消防控制室功能及设备布置

消防控制室内设置的消防设备应包括火灾报警控制器、消防联动控制器、消防控制室图形显示装置、消防专用电话总机、消防应急广播控制装置、消防应急照明和疏散指示系统控制装置、消防电源监控器等设备。根据每个建筑使用性质和功能的不同,其包括的消防控制设备也不尽相同。消防控制室,应集中控制、显示和管理建筑内的所有消防设施,包括火灾报警和其他联动控制装置的状态信息,并能将状态信息通过网络或电话传输到城市建筑消防设施远程监控中心。

一、消防控制室的功能

(1)消防控制室的控制与显示功能。

消防控制室内设置的消防控制室图形显示装置功能:应能显示表4-1 规定的建筑物内设置的全部消防系统及相关设备的动态信息和表4-2 规定的消防安全管理信息,同时应具有向远程监控系统传输表4-1 和表4-2 规定的有关信息的功能。

火灾报警、建筑消防设施运行状态信息　　表4-1

设备名称		内　容
火灾探测警报系统		火灾报警信息、可燃气体探测警报信息、电气火灾监控警报信息、屏蔽信息、故障信息
消防联动控制系统	消防联动控制器	动作状态、屏蔽信息、故障信息
消防联动控制系统	消火栓系统	消防水泵电源工作状态,消防水泵的启、停状态和故障状态,消防水箱(池)水位、管网压力报警信息及消火栓按钮的报警信息
消防联动控制系统	自动喷水灭火系统、水喷雾(细水雾)灭火系统(泵供水方式)	喷淋泵电源工作状态,喷淋泵的启、停状态和故障状态,水流指示器、信号阀、报警阀、压力开关的正常工作状态和动作状态
消防联动控制系统	气体灭火系统、细水雾灭火系统(压力容器供水方式)	系统的手动、自动工作状态故障状态,阀驱动装置的正常工作状态和动作状态,保护区域中的防火门(窗)、防火阀、通风空调等设备的正常工作状态和动作状态,系统的启、停信息,紧急停止信号和管网压力信号
消防联动控制系统	泡沫灭火系统	消防水泵、泡沫液泵电源工作状态,系统的手动、自动工作状态及故障状态,消防水泵、泡沫液泵的正常工作状态和故障状态
消防联动控制系统	干粉灭火系统	系统的手动、自动工作状态及故障状态,阀驱动装置的正常工作状态和动作状态,系统的启、停信息,紧急停止信号和管网压力信号
消防联动控制系统	防烟排烟系统	系统的手动、自动的工作状态,防烟排烟风机电源的工作状态,风机、电动防火阀、电动排烟防火阀、常闭送风口、排烟阀(口)、电动排烟窗、电动挡烟垂壁的正常状态和动作状态
消防联动控制系统	防火门及防火卷帘	防火卷帘控制器、防火门监控器的工作状态和故障状态;卷帘门的工作状态,具有反馈信号的各类防火门、疏散门的工作状态和故障状态等动态信息
消防联动控制系统	消防电梯	消防电梯的停用和故障状态

续上表

设备名称		内容
消防联动控制系统	消防应急广播	消防应急广播的启动、停止和故障状态
	消防应急照明和疏散指示系统	消防应急照明和疏散指示系统的故障状态和应急工作状态信息
	消防电源	系统内各消防用电设备的供电电源工作状态和欠压警报信息

消防安全管理信息 表4-2

序号	名称		内容
1	基本情况		单位名称、编号、类型、地址、联系电话、邮政编码，消防控制电话；单位工人数、成立时间、上级主管（或管辖）单位名称、占地面积、总建筑面积、单位总平面图（含消防车道、毗邻建筑等）；单位法人代表、消防安全负责人、消防安全责任人、消防安全管理人及专兼职消防管理人的姓名、身份证号码、电话
2	主要建筑物等信息	建（构）筑物	建筑物名称、编号、使用性质、耐火等级、结构类型、建筑高度、地上层数及建筑面积，地下层数及建筑面积、隧道高度及长度等、建造日期、主要储存物名称及数量、建筑物内最大容纳人数、建筑立面图及消防设施平面图布置图；消防控制室位置，安全出口的数量、位置及形式（指数三楼图）；毗邻建筑的使用特性、结构类型、建筑高度、与本建筑的间距
		堆场	堆场名称、主要堆放物品名称、总储量、最大堆高、堆场平面图（含消防车道、防火间距）
		储罐	储罐区名称、储罐类型（指地上、地下、立式、卧式、浮顶、固定顶等）、总容积、最大单罐容积及高度、储存物名称、性质和形态、储罐区平面图（含消防车道、防火间距）
		装置	装置区域名称、占地面积、设计日产量、主要原料、主要产品、装置平面图（含消防车道、防火间距）
3	单位（场所）内消防安全重点部位信息		重点部位名称、所在位置、使用性质、耐火等级、有无消防设施、负责人姓名、身份证号码及电话
4	室外消防设施信息	火灾自动报警系统	设置部位、系统形式、维保单位名称；控制器（含火灾报警、消防联动、可燃气体报警、电气火灾监控等）、探测器（含火灾报警、消防联动、可燃气体报警、电气火灾监控等）、手动火灾报警按钮、消防电话控制装置等的类型、数量、制造商；火灾自动报警系统图
		消防水源	市政给水网形式（指环状、支状）及管径、市政管网向建（构）筑物供水的进水管数量及管径、消防水池位置及容量、屋顶水箱位置及容量、其他水源形式及供水量、消防泵房设置位置及水泵数量、消防给水系统平面布置图
		室外消火栓	室外消火栓管网形式（指环状、支状）及管径、消火栓数量、室外消火栓平面布置图
		室内消火栓系统	室内消火栓管网形式（指环状、支状）及管径、消火栓数量、水泵接合器位置及数量、有无与本系统相连的屋顶消防水箱
		自动喷水灭火系统（含雨淋、水幕）	设置部位、系统形式（指湿式、干式、预作用、开式、闭式等）、报警阀位置及数量、水泵接合器位置及数量、有无与本系统相连的屋顶消防水箱、自动喷水灭火的系统图
		防烟排烟系统	设置部位、风机安装位置、风机数量、风机类型、防烟排烟系统图
		防火门及卷帘	设置部位、数量

续上表

<table>
<tr><th>序号</th><th colspan="2">名称</th><th>内　容</th></tr>
<tr><td rowspan="3">4</td><td rowspan="3">室外消防设施信息</td><td>消防应急广播</td><td>设置部位、数量、消防应急广播系统图</td></tr>
<tr><td>应急照明及疏散指示系统</td><td>设置部位、数量、应急照明及疏散指示系统图</td></tr>
<tr><td>消防电源</td><td>设置部位、消防主电源在配电室是否有独立配电柜供电、备用电源形式(市电、发电机、EPS 等)</td></tr>
<tr><td>5</td><td colspan="2">消防设施定期检查及维护保养信息</td><td>检查人姓名、检查日期、检查类型、检查内容(指各类消防设施相关技术规范规定的内容)及处理结果,维护保养日期、内容</td></tr>
</table>

(2)消防联动控制功能。

①应能将消防系统及设备的状态信息传输到消防控制室图形控制显示装置显示。

②对自动喷水灭火系统的控制和显示。

③对消水栓系统的控制和显示。

④气体、泡沫、干粉灭火系统的控制和显示。

⑤对防烟排烟系统的控制和显示。

⑥对防火门及防火卷帘系统的控制和显示。

⑦对通风、空调系统的控制和显示。

⑧对电梯的控制和显示。

(3)消防控制室应能显示消防电话的故障状态,并能将故障状态信息传输给消防控制室图形显示装置。

(4)消防控制室应能显示处于应急广播状态的广播分区、预设广播信息;应能分别通过手动和按照预设控制逻辑自动控制选择广播分区、启动或停止应急广播,并在扬声器进行广播时自动对广播内容进行录音;应能显示应急广播的故障状态,并能将故障状态信息传输给消防控制室图形显示装置。

(5)消防控制室应能手动控制自带电源型消防应急照明和疏散指示系统的主电工作状态和应急工作状态的转换;应能分别通过手动和自动控制集中电源型消防应急照明和疏散指示系统及集中控制型消防应急照明和疏散指示系统从主电工作状态切换到应急工作状态;受消防联动控制器控制的系统应能将系统的故障状态和应急工作状态信息传输给消防控制室图形显示装置;不受消防联动控制器控制的系统应能将系统故障状态和应急工作状态信息传输给消防控制室图形显示装置。

(6)消防控制室应能显示消防用电设备的供电电源和备用电源的工作状态和欠压报警信息;应能显示消防用电设备的供电电源和备用电源的工作状态和故障报警信息,并能传输给消防控制图形显示装置。

(7)消防控制室应设有用于火灾报警的外线电话,以便于确认火灾后及时报警,得到消防部队的救援。

(8)消防控制室的管理及应急程序。

消防控制室应实行每日24h专人值班制度，每班不应少于2人。

火灾自动报警系统和灭火系统应处于正常工作状态；高位消防水箱、消防水池、气压水罐等消防储水设施水量应充足，消防泵出水管阀门、自动喷水灭火系统管道上的阀门常开；消防水泵、防排烟风机、防火卷帘等消防用电设备的配电柜开关处于自动（接通）位置。

消防控制室的值班程序：接到火灾警报后，值班人员应立即以最快方式确认；在火灾确认后，立即将火灾报警联动控制开关转入自动状态（处于自动状态的除外），同时拨打“119”报警；还应立即启动单位内部应急疏散和灭火预案，同时报告单位负责人。

二、消防控制室设备布置

根据对重点城市、重点工程消防控制室情况的调查，不同地区、不同工程消防控制室的规模差别很大，有的控制室面积大到60～80m^2，有的小到10m^2。面积大了造成一定的浪费，面积小了又影响消防值班人员的工作。为满足消防控制室值班维修人员工作的需要，便于设计部门各专业的协调工作，参照建筑电气设计的有关规程，《火灾自动报警系统设计规范》从使用的角度对建筑内消防控制设备的布置及操作、维修所必需的空间做了原则性规定，以便使建设、设计、规划等有章可循，使消防控制室的设计既满足工作需要，又避免浪费。

对于消防控制室规模大小，各国都是根据自己的国情做规定。在满足消防工作实际需要的同时，在设计中还应根据实际需要考虑值班人员休息和维修活动的面积。

（1）火灾报警控制器和消防联动控制器在消防控制室内的布置规定

①设备面盘前的操作距离，单列布置时不应小于1.5m，双列布置时不应小于2m。

②在值班人员经常工作的一面，设备面盘至墙的距离不应小于3m。

③设备面盘后的维修距离不宜小于1m。

④设备面盘的排列长度大于4m时，其两端应设置宽度不小于1m的通道。

⑤与建筑其他弱电系统合用的消防控制室内，消防设备应集中设置，并应与其他设备间有明显间隔。

⑥火灾报警控制器和消防联动控制器（设备）采用壁挂式安装时，其主显示屏高度宜为1.5～1.8m，其靠近门轴的侧面距墙不应小于0.5m，正面操作距离不应小于1.2m。

消防控制室内设备的布置，如图4-1所示。消防联动控制台的布置，如图4-2所示。

（2）消防控制室图形显示装置的设置

①消防控制室图形显示装置应设置在消防控制室内，并应符合火灾报警控制器的安装设置要求。

②消防控制室图形显示装置与火灾报警控制器、消防联动控制器、电气火灾监控器、可燃气体报警控制器等消防设备之间，应采用专用线路连接。

（3）火灾报警传输设备或用户信息传输装置的设置

火灾报警传输设备：用于将火灾报警控制器的火警、故障、监管报警、屏蔽等信息传送至报警接收站的设备，是消防联动控制系统的组成部分。

用户信息传输装置：设置在联网用户端，通过报警传输网络与监控中心进行信息传输的装置。

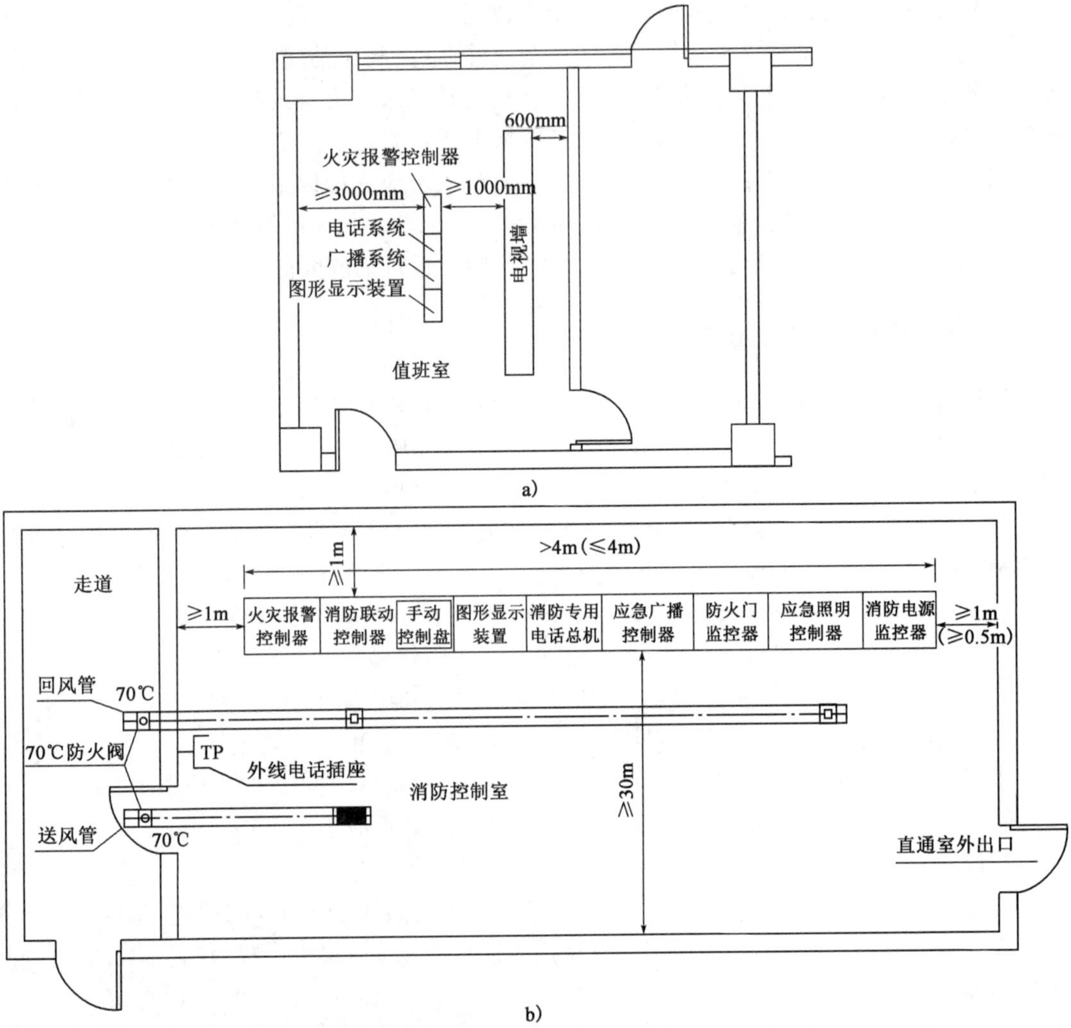

图 4-1　消防控制室内设备的布置

①火灾报警传输设备或用户信息传输装置,应设置在消防控制室内;未设置消防控制室时,应设置在火灾报警控制器附近的明显部位。

②火灾报警传输设备或用户信息传输装置与火灾报警控制器、消防联动控制器等设备之间,应采用专用线路连接。

③火灾报警传输设备或用户信息传输装置的设置,应保证有足够的操作和检修间距。

④火灾报警传输设备或用户信息传输装置的手动报警装置,应设置在便于操作的明显部位。

(4)防火门监控器的设置

①防火门监控器应设置在消防控制室内,未设置消防控制室时,设置在有人值班的场所。

②电动开门器的手动控制按钮应设置在防火门内侧墙面上,距门不宜超过0.5m,底边距地面高度宜为0.9~1.3m。

③防火门监控器的设置应符合火灾报警控制器的安装设置要求。

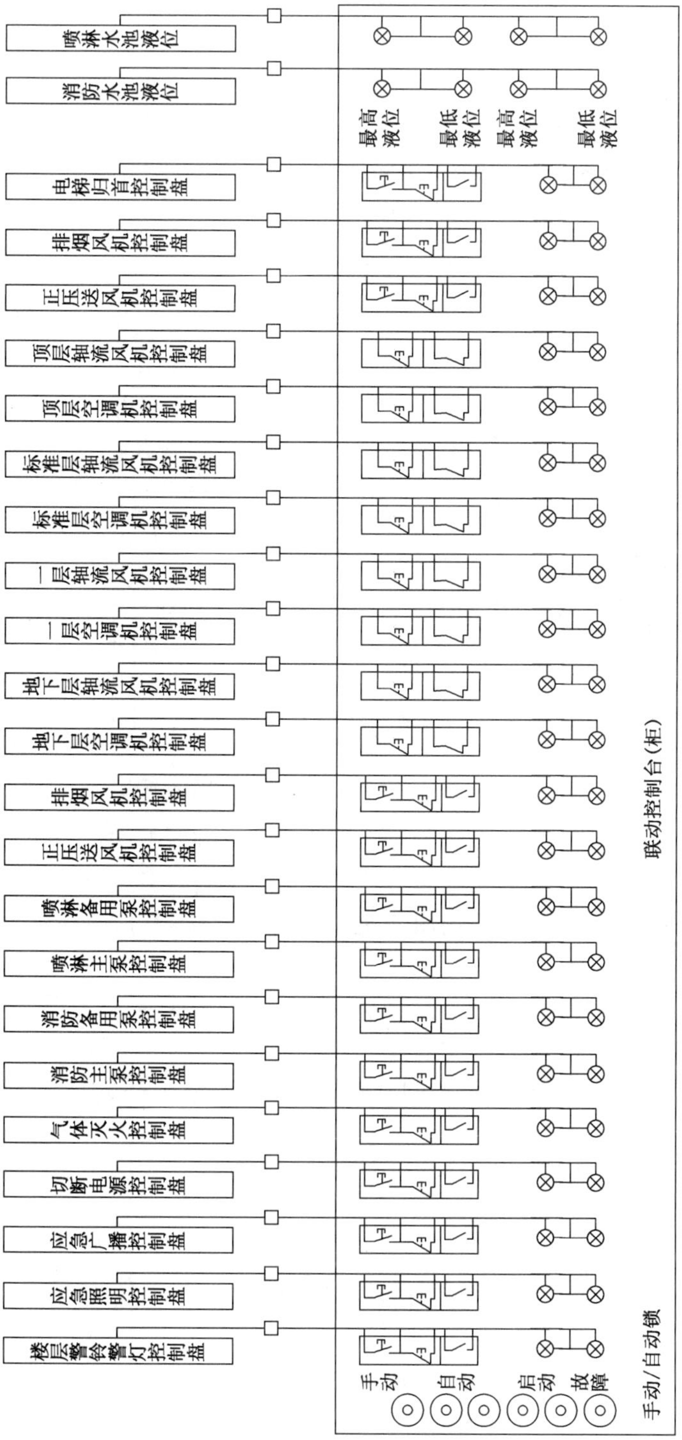
喷淋水池液位
消防水池液位
最高液位
最低液位
最高液位
最低液位
电梯归首控制盘
排烟风机控制盘
正压送风机控制盘
顶层轴流风机控制盘
顶层空调机控制盘
标准层轴流风机控制盘
标准层空调机控制盘
一层轴流风机控制盘
一层空调机控制盘
地下层轴流风机控制盘
地下层空调机控制盘
排烟风机控制盘
正压送风机控制盘
喷淋备用泵控制盘
喷淋主泵控制盘
消防备用泵控制盘
消防主泵控制盘
气体灭火控制盘
切断电源控制盘
应急广播控制盘
应急照明控制盘
楼层警铃警灯控制盘
手动
自动
启动
故障
手动/自动锁
联动控制台(柜)

图4-2　消防联动控制图

第三节 消防控制室接地

为了保证消防系统正常工作，对系统的接地做如下要求：

(1)火灾自动报警系统应在消防控制室设置专用的接地板，接地装置的接地电阻应符合下列要求：当采用专用接地装置时，接地电阻值不应大于4Ω，如图4-3所示；当采用共用接地装置时，接地电阻值不应大于1Ω，如图4-4所示。

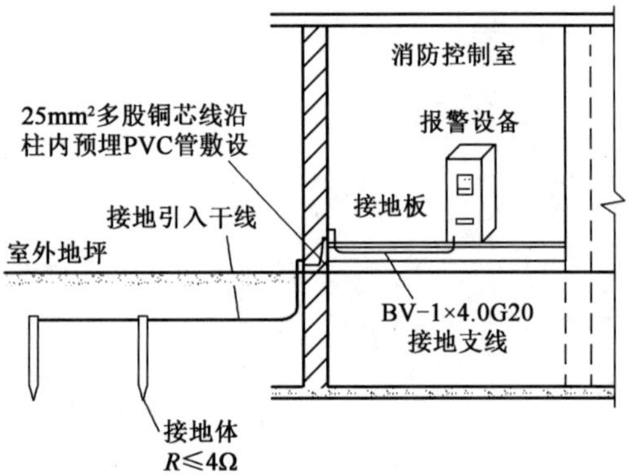

图4-3 专用接地示意图

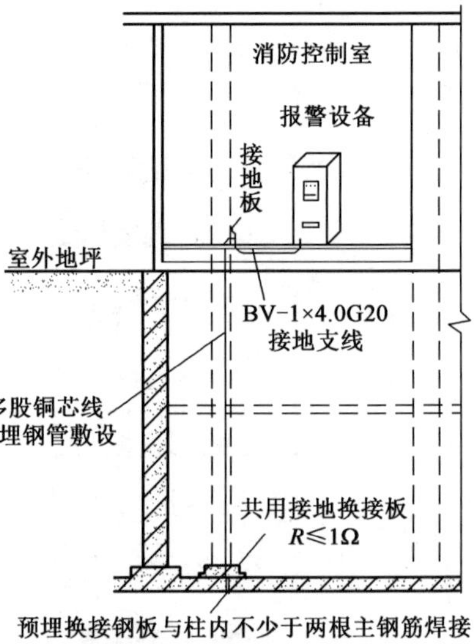

图4-4 共用接地示意图

(2)由消防控制室接地板引至各消防电子设备的专用接地线，应选用铜芯绝缘导线，其线芯截面积不应小于$4mm^2$。

(3)由消防控制室引至接地体的专用接地干线，采用线芯截面积不小于$25mm^2$的铜芯绝缘导线连接，宜穿硬质塑料管埋设至接地体。

(4)消防控制室内的电气和电子设备的金属外壳、机柜、机架和金属管、槽等，应采用等电位连接。

(5)消防电子设备凡采用交流供电时，设备金属外壳和金属支架等应做保护接地，接地线应与电气保护接地干线(PE线)相连接。

本章小结

本章首先介绍了消防控制室的设置规定，其次介绍了消防控制室功能、消防控制室里的设备及其布置要求，最后介绍了消防控制室接地等。通过本章的学习，可以使读者对这些内容有较明确的理解和掌握。

复习思考题

1. 消防控制室设置有哪些规定?
2. 消防控制室接地及其接地电阻有什么要求?
3. 消防控制室内一般都有哪些设备? 这些设备的功能是什么?

第五章　消防系统供电与布线

第一节　消防系统供电

建筑物中火灾自动报警系统的工作特点是连续、不间断。由于在应用上的特殊性，因此要求它的供电系统要绝对安全可靠，且便于操作和维护。根据工程的具体实际，机动灵活，做到安全可靠、科学合理、经济实用。

一、消防供电一般规定

根据相关规范规定，系统供电应满足下列要求：

(1)火灾自动报警系统应设置交流电源和蓄电池备用电源。蓄电池备用电源主要用于停电条件下保证火灾自动报警系统的正常工作。

(2)交流电源应采用消防电源，备用电源可采用火灾报警控制器和消防联动控制器自带的蓄电池电源或消防设备应急电源。当备用电源采用消防设备应急电源时，火灾报警控制器和消防联动控制器应采用单独的供电回路，并应保证在系统处于最大负载状态下不影响火灾报警控制器和消防联动控制器的正常工作。

(3)火灾自动报警系统主电源不应采用剩余电流动作保护和过负荷保护装置。

(4)消防控制室图形显示装置、消防通信设备等的电源，宜由 UPS 电源装置或消防设备应急电源供电。

消防控制室图形显示装置，消防通信设备等的电源切换不能影响消防控制室图形显示装置、消防通信设备的正常工作，因此电源装置的切换时间应该非常短。建议选择 UPS 电源装置或消防设备应急电源供电。

(5)消防设备应急电源输出功率应大于火灾自动报警及联动控制系统全负荷功率的120%，蓄电池组的容量应保证火灾自动报警及联动控制系统在火灾状态同时工作负荷条件下连续工作 3h 以上。

(6)消防用电设备应采用专用的供电回路，其配电设备应设有明显标志。其配电线路和控制回路宜按防火分区划分。

由于消防用电及配线的重要性，强调消防用电回路及配线应为专用，不应与其他用电设备合用。另外，消防配电及控制线路要求尽可能按防火分区的范围来配置，可提高消防线路的可靠性。

(7)对容量较大或较集中的消防用电设施(如消防电梯、消防水泵等)，应由配电室采用放射式供电。

(8)对于火灾应急照明、消防联动控制设备、火灾报警控制器等设施，当采用分散供电时，在各层(或最多不超过3~4层)应设置专用消防配电箱。

(9)消防用电设备的两个电源或两回线路,应在最末一级配电箱处自动切换。

(10)在设有消防控制室的建筑工程中,消防用电设备的两个独立电源(或两回线路),应在下列场所的配电箱处自动切换:

①消防控制室。

②消防电梯机房。

③防排烟设备机房。

④火灾应急照明配电箱。

⑤各楼层消防配电箱。

⑥消防水泵房。

(11)消防联动控制装置的控制电源应采用直流24V。

二、消防供电要求

消防用电负荷的供电电源,应符合国家标准《供配电系统设计规范》(GB 50052)的规定。

1. 一级消防负荷的供电要求

一级消防负荷应由两个电源供电,当一个电源发生故障时,另一个电源不应同时受到损坏。两个电源的要求应符合下列条件之一(图5-1):

(1)两个电源无联系。

(2)两个电源间有联系,但符合下列各要求:

①发生任何一种故障时,两个电源的任何部分应不致同时受到损坏。

②发生任何一种故障且主保护装置动作正常时,有一个电源不中断供电,并且在发生任何一种故障且主保护装置失灵以致两电源均中断供电后,应有人值班完成各种必要操作,迅速恢复一个电源供电。

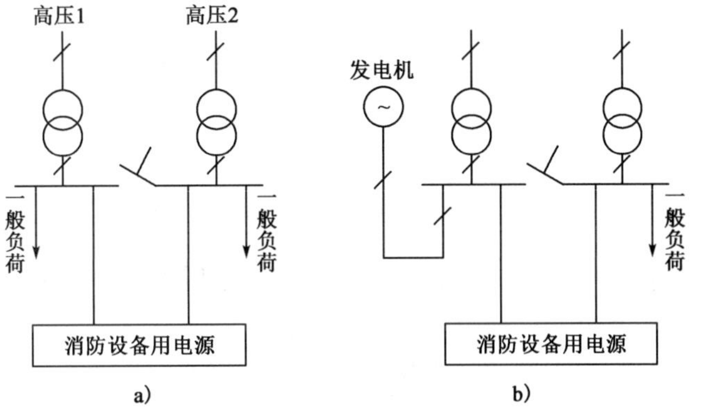

图5-1　一类建筑消防供电系统

a)不同电源;b)同一电网

结合高层建筑用电设备(含消防控制室、消防水泵、消防电梯、防排烟设施、火灾自动报警系统、自动灭火装置、火灾应急照明、疏散指示标志和电动防火门窗、卷帘、阀门等)及供电具体情况,具备下列条件之一的供电,可视为一级负荷:

①电源来自两个不同的发电厂。

②电源来自两个不同的区域变电站(电压在35kV及35kV以上)。

③其中一个电源来自区域变电站,另一个为自备发电设备(应设有自动启动装置,并能在30s内供电)。

从图5-1可知,图5-1a)表示采用不同电网构成的电源,两台变压器互为备用,单母线分段提供消防设备用电源;图5-1b)表示采用同一电网双回路供电,两台变压器互为备用,单母线分段,设置柴油发电机组作为应急电源向消防设备供电,满足一级负荷要求。

2. 二级消防负荷的供电要求

二级消防负荷的供电系统,宜由同两回线路供电,形成一主一备的供电方式。例如:成片成街的高层建筑住宅区,办公楼、教学楼等,有时为加大备用电源容量,确保消防系统不受停电事故影响,还配有柴油发电机组,如图5-2所示。

从图5-2可知,图5-2a)表示由外部引来的一路低压电源与本部门电源(自备柴油发电机组)互为备用,供给消防设备电源;图5-2b)表示双回路供电,可满足二级负荷要求。

3. 消防直流电源

主工作电源一般由交流电源经整流、滤波、稳压等措施形成。备用直流电源采用大容量蓄电池组,以确保消防系统对直流电源的需求,如图5-3所示。

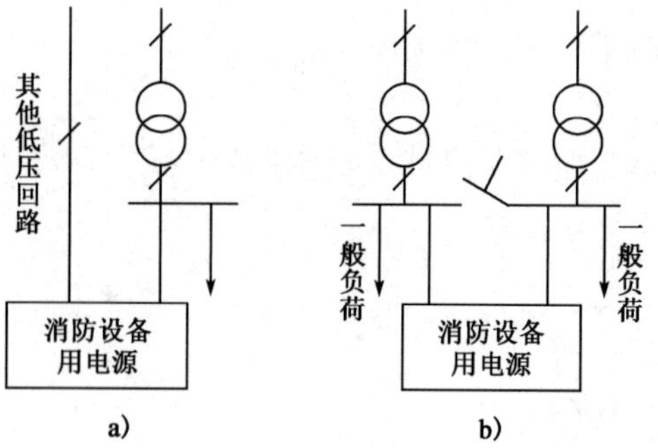

图5-2　二类建筑消防供电系统

a)一路为低压电源;b)双回路电源

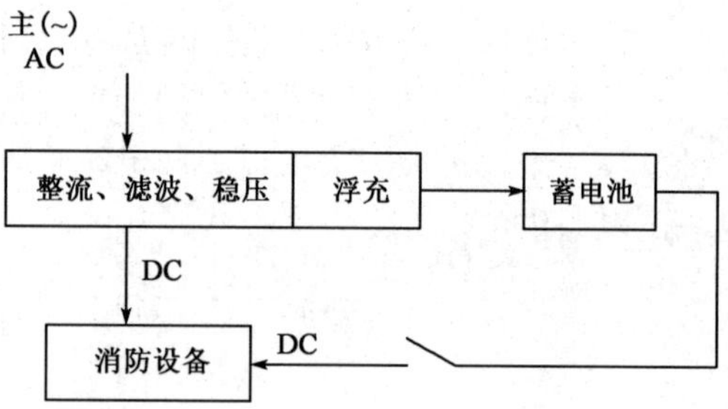

图5-3　直流供电回路

(1)蓄电池应能自动充电,充电电压应高于额定电压的10%左右。

(2)蓄电池应设有防止过充电设备。

(3)蓄电池应设有自动与手动且易于稳定地进行均等充电的装置,但如果设备稳定性能正常,可不受此限制。

(4)自蓄电池引至火灾监控系统的消防设备线路应设开关及过电流保护装置。

(5)对蓄电池输出的电压及电流应设电压表及电流表进行监视。

(6)环境温度在0~40℃时,蓄电池应能保持正常工作状态。

4. 备用电源自动投入装置

备用电源的自动投入装置(BZT)可使两路供电互为备用,也可用于主供电电源与应急电源(如柴油发电机组)的连接和应急电源自动投入。

(1)备用电源自动投入线路组成

如图5-4所示,由两台变压器,KM1、KM2、KM3三只交流接触器,自动开关QF,手动开关SA1、SA2、SA3组成。

(2)备用电源自动投入原理

正常时两台变压器分别运行,自动开关QF处于闭合状态,将SA1、SA2先合上后,再合上SA3,接触器KM1、KM2线圈通电闭合,KM3线圈断电触头释放。若Ⅰ段母线失压(或1号回路掉电),KM1失电断开,KM3线圈通电,其常开触头闭合,使Ⅰ段母线通过Ⅱ段母线接受2号回路电源供电,以实现自动切换。

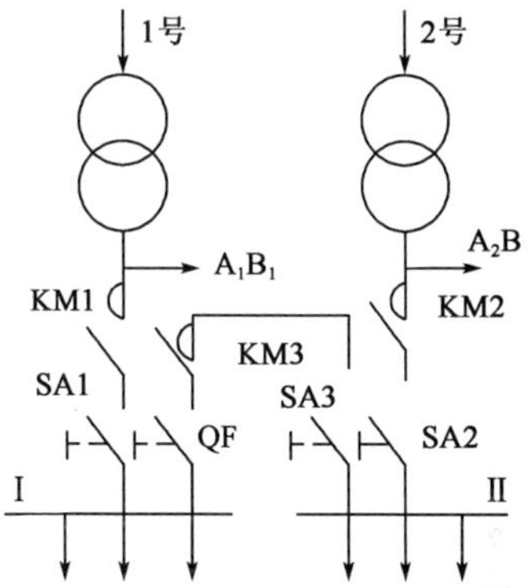

图5-4　备用电源自动投入原理图

应当指出:两路电源在消防电梯、消防泵等设备末端实现切换,常采用备用电源自动投入装置。

5. 消防用电设备配电系统的实际应用

(1)保证供电的可靠性

属于一类建筑的消防控制室、消防水泵、消防电梯、防排烟设施、火灾自动报警、自动灭火装置、火灾事故照明、疏散指示标志和电动的防火门窗、卷帘、阀门等消防用电,为一级负荷。因此,一类建筑一般应有两个独立电源供电。设计时,要同供电部门研究确定两个电源回路是否是独立电源。如果无法取得两个独立电源回路,当负荷比较大时也要由两个回路供电。

除了具有外部电网的可靠电源外,还应有备用的柴油发电机组作为应急电源。备用发电机组的容量,主要应保证消防设备和事故照明装置的供电。备用柴油发电机组应有自启动和自动投入装置。

为了保证消防中心的供电可靠,除上述考虑外,还应有后备镉镍蓄电池组作为第三电源,保证消防通信系统、事故照明等特别重要的一级负荷供电可靠性的要求。

(2)保证接线的灵活性

消防系统的配电方式力求简单灵活,便于维护管理,能适应负荷的变化,并留有必要的发挥余地。消防用电设备的配电应按防火分区进行。消防用电设备的两个电源或两回路共电线路应在末端切换。

从配电箱至消防设备应是放射式配电,每个回路的保护应当分开设置,以免相互影响。配电线路不设漏电保护装置。当电路发生接地故障时,可根据需要设置单相接地报警装置。

为了保证消防用电设备的供电可靠性和灵活性,要求从电源端至负荷端的消防用电设备供电系统与非消防用电设备供电系统截然分开。根据建筑物的分类和外部电源情况,下列供电系统可供参考:

①双电源各自独立的系统

这种系统适用于一类高层建筑物,要求外电源有两个并各自是独立的,以满足一类高层建筑对消防负荷的要求，系统结线见图5-5（如果消防配电设备设在变电所内，K2、K4应取消）。

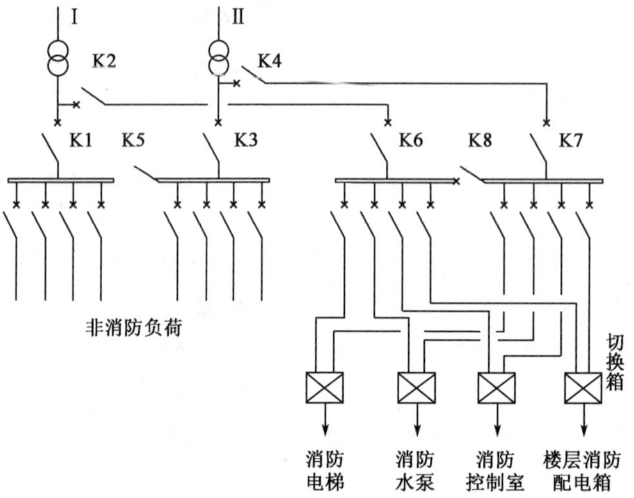

图5-5　双电源系统结线

该系统自变压器低压出线后，即把消防及非消防负荷通过K1～K4开关分开，消防及非消防负荷由各自单母线分段供电。一旦火灾发生，可把K1、K3切断，保证对消防负荷可靠供电。该系统由于负荷分段明确，火灾发生时不易产生误操作。如果可能，可将消防配电室与消防控制室贴邻布置，以便消防控制室值班人员联系处理。

应急照明一般由置于电缆竖井内的楼层消防配电箱配出，当楼层应急照明容量较大，配出回路较多时，也可专设楼层应急照明配电箱。

②备有应急柴油发电机组的系统

在高层建筑经常采用的具有应急柴油发电机组的供电系统，如图5-6所示。该系统具有较高的可靠性。但是有的文献也有不同意见，认为这种结线虽然做到了消防负荷在末级切换，但由电网供电至切换箱的配电线路L_1、L_2、L_3中任一回路出现故障时，因外电源未停，应急发电

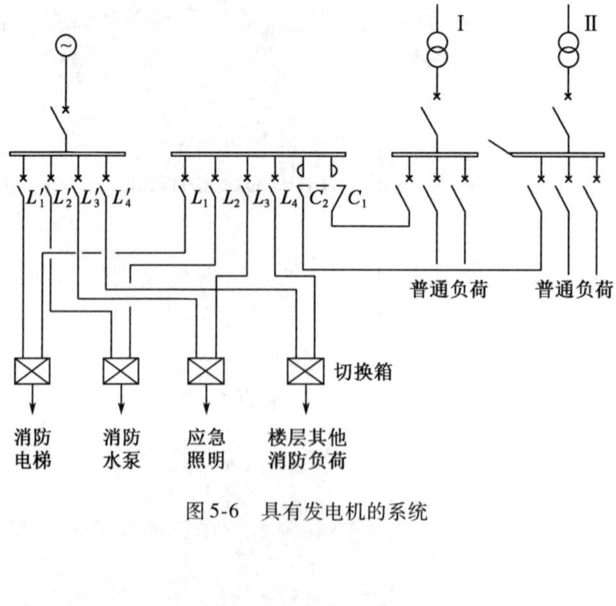

图5-6　具有发电机的系统

机并不会自动启动，消防负荷仍将断电；当发电机出线回路 L_1'、L_2'、L_3'或 L_4'故障时，由于火灾事故有可能将外电源切断。此时，虽然发电机已经启动送电，但仍然无法保证故障回路的负荷用电。笔者认为，这种考虑将问题过于复杂化，线路故障概率不可能没有，但毕竟还是个别的，而且这种运行系统的单位，一般都要配备专门的电工，可以通过经常性制度化的维护，及早发现上述所说的故障，从而排除隐患。当然，也可以在这种系统上采用一些自动检测手段来解决这一矛盾，这在实际工程中也是可行的。

③带 UPS 装置的供电系统

为保证消防用电可靠性，在图 5-6 的基础上，对特别重要的消防负荷（如消防控制系统用电脑等）又加上 UPS。这种结线方式不论系统电源出现何种情况，都能保证火灾报警装置和通信系统得到可靠的供电，如图 5-7 所示。

④由附近低压备用电源供电的系统

当负荷容量较小，只能选用一台变压器供电时，对消防负荷的供电可采取如图 5-8 所示的结线系统。从建筑物附近的变电所，引一低压回路作为备用电源，以保证消防负荷的供电可靠性。

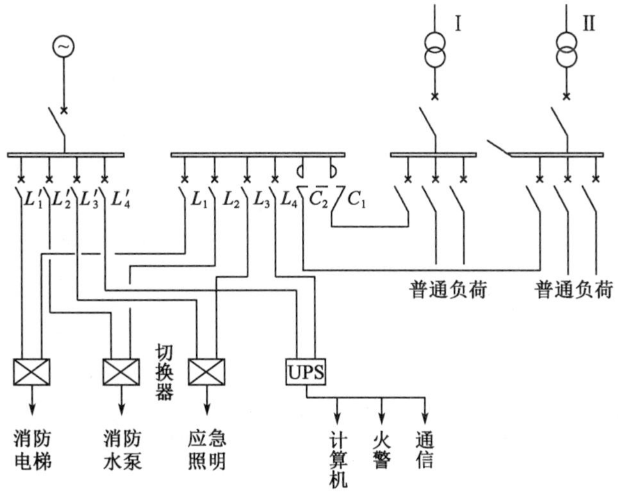

图 5-7　带 UPS 的供电系统

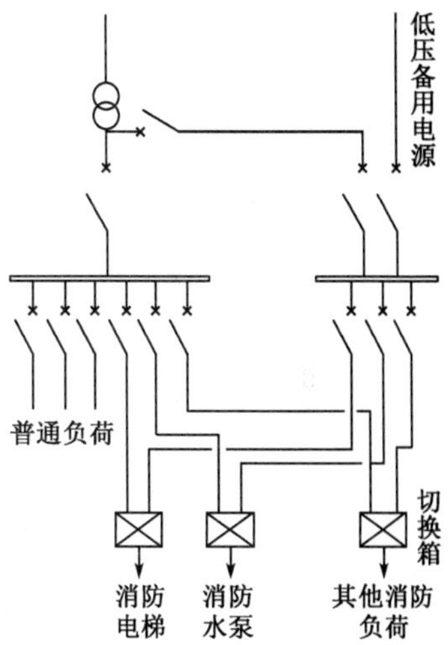

图 5-8　一台变压器的系统

第二节　消防系统布线

火灾自动报警系统的布线包括供电线路、信号传输线路和控制线路。这些线路是火灾自动报警系统完成报警和控制功能的重要设施，特别是在火灾条件下，线路的可靠性是火灾自动报警系统能够保持长时间工作的先决条件。

一、一般规定

（1）火灾自动报警系统的传输线路和 50V 以下供电的控制线路，应采用电压等级不低于交流 300/500V 的铜芯绝缘导线和铜芯电缆。采用交流 220/380V 的供电和控制线路的交流用电设备线路,应采用电压不低于交流450/750V的铜芯绝缘电线和铜芯电缆。

(2)火灾自动报警系统的供电线路和传输线路设置在室外时,应埋地敷设。

(3)火灾自动报警系统的供电线路和传输线路设置在地(水)下隧道或湿度大于90%的场所时,线路及接线处应做防水处理。

(4)采用无线通信方式的系统设计,应符合下列规定:无线通信模块的设置间距不应大于额定通信距离的75%;无线通信模块应设置在明显部位,且应有明显标识。

(5)火灾自动报警系统传输线路的线芯截面选择,除应满足自动报警装置技术条件的要求外,还应满足机械强度的要求。铜芯绝缘导线、铜芯电缆线芯的最小截面积,不应小于表5-1规定。

铜芯绝缘电线和铜芯电缆线芯的最小截面积 表5-1

序号	类别	线芯最小截面积(mm^2)
1	穿管敷设的绝缘导线	1.00
2	线槽内敷设的绝缘导线	0.75
3	多芯电缆	0.50

二、室内布线

(1)系统导线敷设的一般原则。

①在火灾自动报警系统中,任何用途的导线都不允许架空敷设。

②屋内线路的布线设计,应短捷,安全可靠,尽量减少与其他管线交叉跨越,避开环境条件恶劣场所,且便于施工维护等。

③系统布线应注意避开火灾时有可能形成"烟囱效应"的部位。

(2)火灾自动报警系统的传输线路采用绝缘电线时,应采用穿金属管、经阻燃处理的硬质塑料管或封闭式线槽保护方式布线。

(3)火灾自动报警系统的供电线路、消防联动控制线路,应采取耐火铜芯电线电缆;报警总线、消防应急广播和消防专用电话等传输线路,应采用阻燃或阻燃耐火电线电缆。

(4)消防电源、联动、控制、自动灭火控制、通信、应急照明及应急广播等线路暗敷设时,应采用穿金属管、可挠金属电气导管或难燃型刚性塑料管保护,并应敷设在不燃烧体的结构层内,且保护层厚度不宜小于30mm;当必须在电缆竖井外明敷时,应采用穿有防火保护措施的(一般情况下为涂防火涂料保护)金属管、可挠金属电气导管或金属封闭线槽保护。对消防电气线路所经过的建筑物基础、天棚、墙壁、地板等处均应采用阻燃性能良好的建筑材料和建筑装饰材料填充。

(5)火灾自动报警系统用的布线竖井,宜与电力、照明用的低压配电线路电缆竖井分别设置。如受条件限制必须合用时,应将火灾自动报警系统用的电缆和电力、照明用的低压配电线路电缆分别布置在竖井的两侧。

(6)不同电压等级的线缆不应穿入同一根保护管内,当合用同一线槽时,线槽内应有隔板分隔。

(7)横向敷设的报警系统传输线路如采用穿管布线时,不同防火分区的线路不应穿入同一根管内，但探测器报警线路若采用总线制布设时可不受此限。

(8)建筑物内宜按楼层分别设置配线箱做线路汇接。对同一系统不同电流类别或不同电压等级的导线，应分别接于不同的端子板上，且各种端子板应做明确的标志和隔离。

(9)矿物绝缘电缆可直接明敷，但应采取防止机械损伤的措施。

(10)难燃型电缆或有机绝缘耐火电缆在电气竖井内或电缆沟内敷设时可不穿管保护，但应采取分隔措施与非消防用电电缆隔离。

(11)从接线盒、线槽等处引到探测器底座盒、控制设备盒、扬声器箱的线路，均应加金属保护管保护。

(12)火灾探测器的传输线路，宜选择不同颜色的绝缘导线或电缆。正极“+”线应为红色，负极“-”线应为蓝色或黑色。同一工程中相同用途的绝缘导线颜色应一致，接线端子应有标号。

(13)绝缘导线或电缆穿管敷设时，所占总面积不应超过管内截面积的40%，穿于线槽的绝缘导线或电缆总面积不应大于线槽截面积的60%。

本章小结

本章介绍了对消防系统供电及布线的要求及规定、消防供电系统形式及备用电源的自动投入。通过本章的学习，使读者掌握消防系统供电和布线的要求，消防系统的供电形式，火灾自动报警系统线路敷设要求，为今后从事消防设计、施工等打下基础。

复习思考题

1. 消防系统供电有哪些要求？
2. 消防系统布线有哪些要求？

第六章　可燃气体探测报警及电气火灾监控系统

第一节　可燃气体探测系统

一、可燃气体探测报警系统概述

可燃气体探测报警系统是火灾自动报警系统的独立子系统，属于火灾预警系统。

1. 可燃气体探测报警系统组成

可燃气体探测报警系统应由可燃气体报警控制器、可燃气体探测器和火灾声光警报器等组成。可燃气体探测报警系统的组成，如图6-1所示。

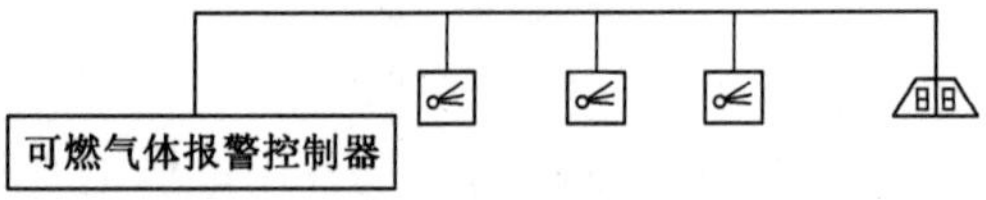

图6-1　可燃气体探测报警系统组成

(1)可燃气体报警控制器

可燃气体报警控制器用于为所连接的可燃气体探测器供电，接收来自可燃气体探测器的报警信号，发出声、光报警信号和控制信号，指示报警部位，记录并保存报警信息的装置。

(2)可燃气体探测器

可燃气体探测器是能对泄漏可燃气体响应、自动产生报警信号并向可燃气体报警控制器传输报警信号及泄漏可燃气体浓度信息的器件。

2. 可燃气体探测报警系统工作原理

发生可燃气体泄漏时，安装在保护区域现场的可燃气体探测器，将泄漏可燃气体的浓度参数转变为电信号，经数据处理后，将可燃气体浓度参数信息传输至可燃气体报警控制器；或直接报警判断，将报警信息传输到可燃气体报警控制器。可燃气体报警控制器在接收到探测器的可燃气体浓度参数信息或警报信息后，经报警确认判断，显示泄漏报警探测器的部位并发出泄漏可燃气体浓度信息，记录探测器报警的时间，同时驱动安装在保护区域现场的声光报警装置，发出声光报警，警示人员采取相应的处理措施；必要时可以控制并关断燃气的阀门，防止燃气的进一步泄漏。可燃气体探测报警系统的工作原理，如图6-2所示。

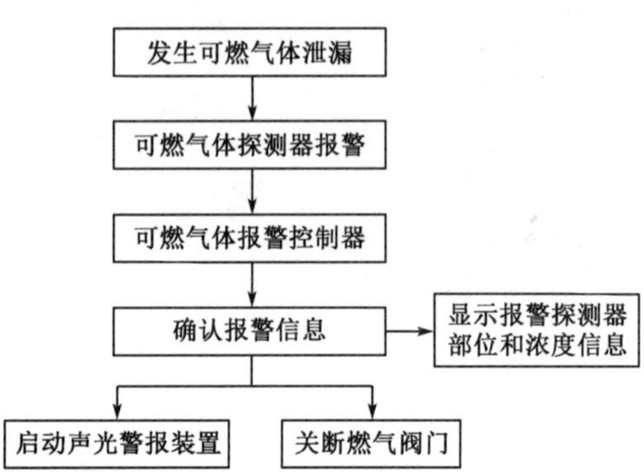

图6-2　可燃气体探测报警系统工作原理

3. 可燃气体探测报警系统分类

可根据探测气体类型的不同以及适用场所

的不同,对可燃气体探测报警系统进行分类。

(1)按防爆要求分类

①防爆型可燃气体探测器。

②非防爆型可燃气体探测器。

(2)按使用方式分类

①固定式可燃气体探测器。

②便携式可燃气体探测器。

(3)按探测可燃气体的分布特点分类

①点型可燃气体探测器。

②线型可燃气体探测器。

(4)按探测气体特征分类

①探测爆炸气体的可燃气体探测器。

②探测有毒气体的可燃气体探测器。

(5)按可燃气体报警控制器分类

①多线制可燃气体报警控制器,即采用多线制方式与可燃气体探测器连接。

②总线制可燃气体报警控制器,即采用总线(一般为 2 ~4 根)方式与可燃气体探测器连接。

4. 可燃气体探测报警系统的适用场所

可燃气体探测报警系统适用于使用、生产或聚集可燃气体或可燃液体蒸气场所可燃气体浓度探测,在泄漏或聚集可燃气体浓度达到爆炸下限前发出报警信号,提醒专业人员排除火灾、爆炸隐患,实现火灾的早期预防,避免火灾、爆炸事故的发生。

二、可燃气体探测报警系统设计要求

1. 一般规定

(1)可燃气体探测报警系统是一个独立的子系统,属于火灾预警系统,应独立组成。可燃气体探测器应接入可燃气体报警控制器,不应直接接入火灾报警控制器的探测器回路。当可燃气体的报警信号需接入火灾自动报警系统时,应由可燃气体报警控制器接入。

(2)由可燃气体报警控制器将报警信号传输至消防控制室的图形显示装置或集中火灾报警控制器,但其显示应与火灾报警信息有区别。

(3)可燃气体报警控制器的报警信息和故障信息,应在消防控制室图形显示装置或起集中控制的火灾报警控制器上显示;但该类信息与火灾报警信息的显示应有区别。

(4)可燃气体报警控制器发出报警信号时,应能启动保护区域的火灾声光警报器。

(5)可燃气体探测报警系统保护区域内有联动和报警要求时,应由可燃气体报警控制器或消防联动控制器联动实现。

(6)可燃气体探测器报警系统设置在有防爆要求的场所时,尚应符合有关防爆要求。

2. 可燃气体探测器的设置

(1)可燃气体探测器适宜应用的探测区域

①探测区域为使用管道煤气或天然气的场所。

②探测区域为煤气站和煤气表房以及存储液化石油气罐的场所。

③探测区域为其他散发可燃气体和可燃蒸气的场所。

④探测区域为有可能产生一氧化碳气体的场所,宜选择一氧化碳气体探测器。

另外,使用煤气的家庭,应设感应一氧化碳的可燃气体探测器。使用天然气或液化石油气的家庭,应分别设感应甲烷和丙烷的可燃气体探测器。

(2)可燃气体探测器的设置要求

①探测气体密度小于空气密度的可燃气体探测器应设置在被保护空间的顶部,探测气体密度大于空气密度的可燃气体探测器应设置在被保护空间的下部,探测气体密度与空气密度相当时,可燃气体探测器可设置在被保护空间的中间部位或顶部。

②可燃气体探测器宜设置在可能产生可燃气体的部位。

③线型可燃气体探测器的保护区域长度不宜大于60m。

④可燃气体探测器安装位置应选择阀门、管道接口、出气口或易泄漏处附近1m的范围内,并尽可能靠近,但不要影响其他设备操作,同时尽量避免高温、高湿环境。

3. 可燃气体报警控制器的设置

当有消防控制室时,可燃气体报警控制器可设置在保护区域附近;当无消防控制室时,可燃气体报警控制器应设置在有人员值班的场所。可燃气体报警控制器的设置应符合火灾报警控制器的安装设置要求。

第二节　电气火灾监控系统

根据我国近几年的火灾情况统计,电气火灾年均发生次数占火灾年均总发生次数的30%左右,占重特大火灾总发生次数的80%左右,居各火灾原因之首位,且损失占火灾总损失的53%,而发达国家每年电气火灾发生次数仅占总火灾发生次数的8%~13%。火灾的产生一般包括电气故障、违章作业和用火不慎等原因,其中电气故障原因引发的火灾居于首位,而电气故障引发火灾的原因是多方面的,主要包括电缆老化、施工的不规范、电气设备故障等。

电气火灾一般初起于电器柜、电缆隧道等内部,当火蔓延到设备及电缆表面时,已形成较大火势,此时往往已不易被控制,扑灭电气火灾的最好时机已经错过。而电气火灾监控系统能在发生电气故障、产生一定电气火灾隐患的条件下发出报警,提醒专业人员排除电气火灾隐患,实现电气火灾的早期预防,避免电气火灾的发生,因此具有很强的电气防火预警的特殊实用功能。通过合理设置电气火灾监控系统,可以有效地探测供电线路及供电设备故障,以便及时处理,避免电气火灾的发生。

根据《电气火灾监控系统　第1部分:电气火灾监控设备》(GB 14287.1—2014),电气火灾监控系统是,当被保护电气线路中的被探测参数超过报警设定值时,能发出报警信号、控制信号并能指示报警部位的系统。

1. 电气火灾监控系统概述

(1)电气火灾监控系统组成

电气火灾监控系统是火灾自动报警系统的独立子系统,属于火灾预警系统。

电气火灾监控系统由电气火灾监控器、电气火灾监控探测器组成。电气火灾监控系统组成示意图,如图 6-3 所示。

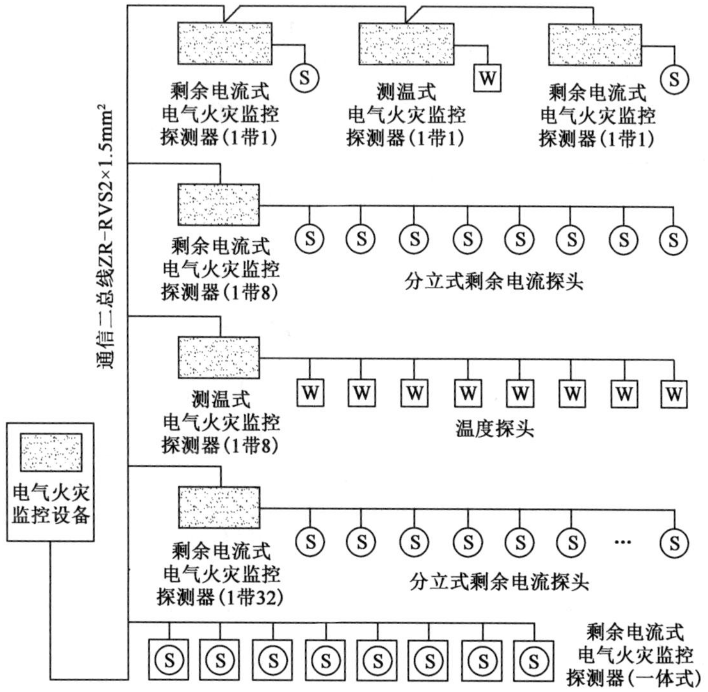

图 6-3　电气火灾监控系统组成示意图

①电气火灾监控器

能接收来自电气火灾监控探测器的报警信号,发出声光报警信号和控制信号,指示报警部位,记录并保存报警信息的装置。

②电气火灾监控探测器

探测被保护线路中的剩余电流、温度等电气火灾危险参数变化的探测器。

(2)电气火灾监控系统分类

①按系统连线方式分类

A. 多线制,即采用多线制方式将电气火灾监控器与电气火灾监控探测器连接。

B. 总线制,即采用总线制(一般为 2 ~4 根)方式将电气火灾监控器与电气火灾监控探测器连接。

②按电气火灾监控探测器工作方式分类

A. 独立式电气火灾探测器,即可以自成系统,不需要配接电气火灾监控设备,独立探测保护对象电气火灾危险参数变化,并能发出声光报警信号的探测器。

B. 非独立式电气火灾监控探测器,即自身不具有报警功能,需要配接电气火灾监控设备组成系统。

③按电气火灾监控探测器的工作原理分类

电气火灾监控探测器包括：剩余电流式电气火灾监控探测器、测温式电气火灾监控探测器、故障电弧式电气火灾监控探测器、热解粒子式电气火灾监控探测器等。

A. 剩余电流式电气火灾监控探测器，即当被保护线路的相线直接或通过非预期负载对大地接通，而产生近似正弦波形且其有效值呈缓慢变化的剩余电流，当该电流大于预定数值时即自动报警的电气火灾监控探测器。

B. 测温式（过热保护式）电气火灾监控探测器，即当被保护线路的温度高于预定数值时，自动报警的电气火灾监控探测器。

C. 故障电弧式电气火灾监控探测器，即当被保护线路上发生故障电弧时，发出报警信号的电气火灾监控探测器。

D. 热解粒子式电气火灾监控探测器，监测被保护区域中电线电缆、绝缘材料和开关插座由于异常温度升高而产生的热解粒子浓度变化的探测器，一般由热解粒子传感器和信号处理单元组成。

（3）电气火灾监控系统工作原理

发生电气故障时，电气火灾监控探测器将保护线路中的剩余电流、温度、故障电弧等电器故障参数信息转变为电信号，经数据处理后，探测器作出报警判断，将报警信息传输到电气火灾监控器。电气火灾监控器在接收到探测器的警报信息后，经报警确认判断，显示电气故障报警探测器的部位信息，记录探测器报警的时间，同时驱动安装在保护区域或现场的声光警报装置，警示人员采取相应的处置措施，排除电气故障、消除电气火灾隐患，防止电气火灾的发生。电气火灾监控系统的工作原理，如图 6-4 所示。

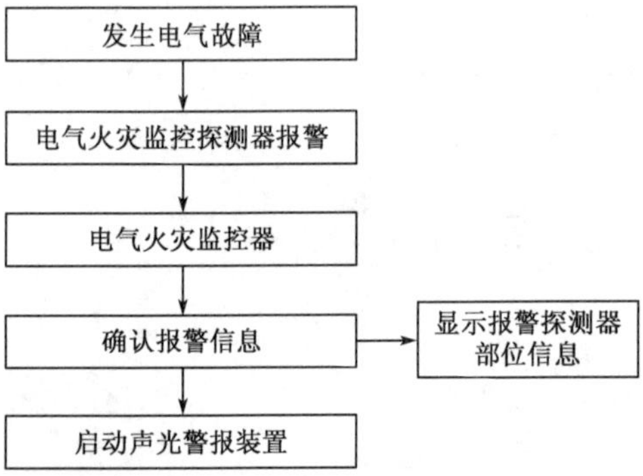

图 6-4　电气火灾监控系统原理图

电气火灾监控系统适用于具有电气火灾危险的场所，尤其是变电站、石油石化、冶金等不能中断供电的重要场所的电气故障探测，在产生一定电气火灾隐患的条件下发出报警信号，提醒专业人员排除电气火灾隐患，实现电气火灾早期预防，避免电气火灾的发生。

2. 电气火灾监控系统设计要求

（1）一般规定

①电气火灾监控系统可用于具有电气火灾危险的场所。

②电气火灾监控系统应根据建筑物的性质及电气火灾危险性设置，并应根据电气线路敷设和用电设备的具体情况，确定电气火灾监控探测器的形式与安装位置。在无消防控制室且电气火灾监控探测器设置数量不超过 8h，可采用独立式电气火灾监控探测器。

电气火灾监控系统属于火灾预报警系统，是火灾自动报警系统的独立子系统。安装电气火灾监控系统可以有效地遏制电气火灾事故的发生，保障国家财产和人民的生命财产安全。在工程设计中，应根据建筑物的性质、发生电气火灾危险性等项目实际情况，科学合理地设计电气火灾监控系统，既做到有效预防电气火灾的发生，又要避免不合理设置带来的浪费，真正体现经济合理的系统设计原则。

电气火灾监控系统一般采用分级保护，低压配电线路根据具体情况采用二级或三级保护，在总电源端、分支线首端或线路末端安装电气火灾监控探测器，并由此组成电气火灾监控系统。

应根据工程规模和需要检测电气火灾的部位，确定采用独立式探测器或非独立式探测器。应根据电气敷设和用电设备具体情况，确定电气火灾监控探测器的形式与安装位置。

③在设置消防控制室的场所，应将电气火灾监控系统的工作状态信息传输给消防控制室，在消防控制室图形显示装置上显示；但该类信息与火灾报警信息的显示应有区别，这样有利于整个消防系统的管理和应急预案的实施。

④非独立式电气火灾监控探测器，应接入电气火灾监控器，不应接入火灾报警控制器的探测器回路。

⑤电气火灾监控系统的设置不应影响供电系统的正常工作，不宜自动切断供电电源。

⑥当线型感温火灾探测器用于电气火灾监控时，可接入电气火灾监控器。

(2)电气火灾监控探测器的设置

①剩余电流式电气火灾监控探测器

剩余电流式电气火灾监控探测器，一般不是直接用于探测火灾，而是主要用于规范建筑电气线路的施工与布线，监控线路破损等故障，从而降低电气火灾发生率。因此，基于规范布线、减少电气故障隐患，继而降低电气火灾发生率的防护理念，剩余电流式电气火灾监控探测器应优先设置在一级配电出线端，一般情况下，在第一级出线端固有泄漏电流大于500mA时，可认为不符合设置条件，这种情况下应考虑设置在第二级出线端，依次向前推进。监控系统应考虑自适应保护线路的正常漏电波动，即补偿功能。

剩余电流式电气火灾监控探测器应以设置在低压配电系统为首端为基本原则，宜设置在第一级配电柜的出线端，如图6-5～图6-7所示。在供电线路泄漏电流大于500mA时，宜在其下一级配电柜设置。

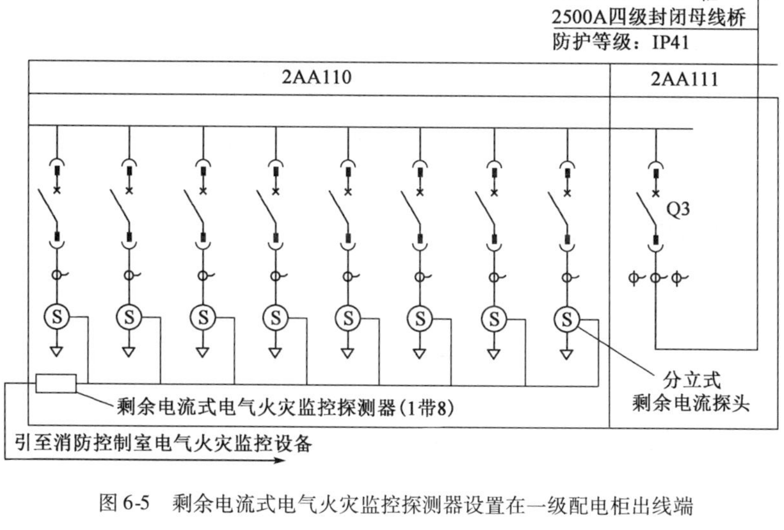

图6-5　剩余电流式电气火灾监控探测器设置在一级配电柜出线端

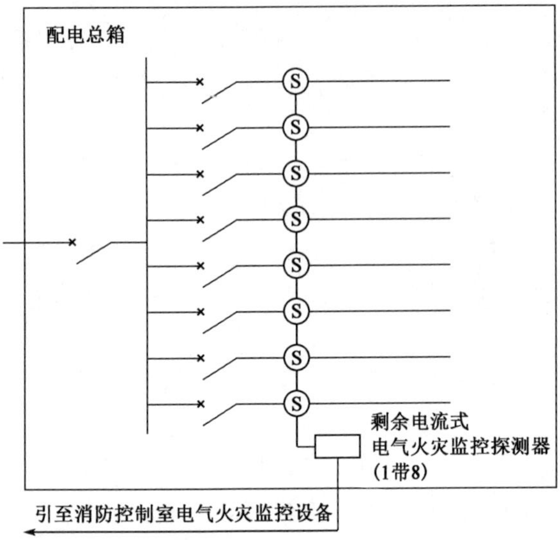

图 6-6　剩余电流式电气火灾监控探测器设置在一级配电箱出线端

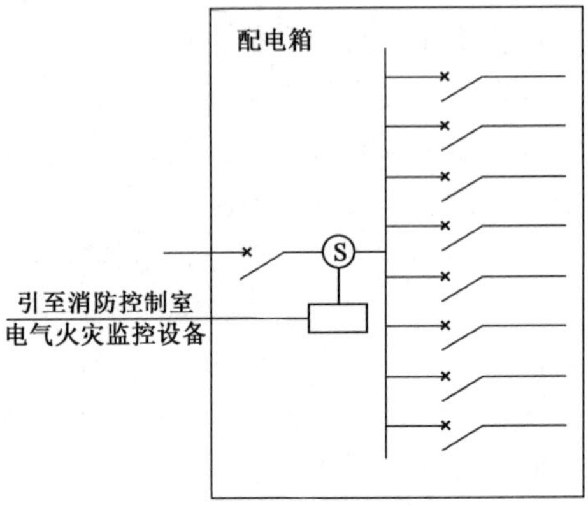

图 6-7　剩余电流式电气火灾监控探测器设置在下一级配电箱进线端

选择剩余电流式电气火灾监控探测器时,应考虑供电系统自然漏流的影响,并应选择参数合适的探测器;探测器报警值宜为 300～500mA。此值的规定是根据泄漏电流达到 300mA 就可能会引起火灾的特征,考虑到每个供电系统都存在自然漏流,而且自然泄漏电流根据线路上负载的不同而有很大差别,一般可达到 100～200mA。应考虑剩余电流报警阈值,减少误报警。

另外,一般供电线路中相间或相地间绝缘不够,或电气设备中的相与电气设备外壳间绝缘不够,会产生放电电流——漏电。局部漏电会加速电气线路绝缘性能下降,从而造成漏电流的逐渐增加,最终造成故障电弧引燃周围的可燃物,继而引发火灾。在供电线路中设置剩余电流式电气火灾探测器可以有效监控供电线路泄漏电流值的变化,在泄漏电流达到一定阈值后作出报警响应。

②测温式电气火灾监控探测器

在发生过电流、接触不良等渐变型电气故障时,会导致电缆接头、接线端子等部位温度等升高,当温度升高到一定程度即可能引燃周围的可燃物,从而引发电器火灾。电气线路中接头部位引发的火灾占总火灾 90% 以上,测温式电气火灾监控探测器是探测电气故障引发火灾最有效的手段之一,适用于所有级别配电柜内。主要设置在电气线路接头中的接线部位,即配电柜内。

在电缆接头、接线端子等薄弱部位设置测温式电气火灾监控探测器可以有效监测这些部位的温度变化,在温度达到一定阈值时作出报警响应,从而消除这类电气故障带来的电气火灾隐患。

根据对供电线路发生的火灾统计,在供电线路本身发生过负荷时,接头部位反应最强烈,因此保护供电线路过负荷时,应重点监控其接头部位的温度变化。故测温式电气火灾监控探测器应设置在电缆接头、端子、重点发热部件等部位。

测温式电气火灾监控探测器设置在一级配电柜出线端，如图 6-8 ~ 图 6-10 所示。

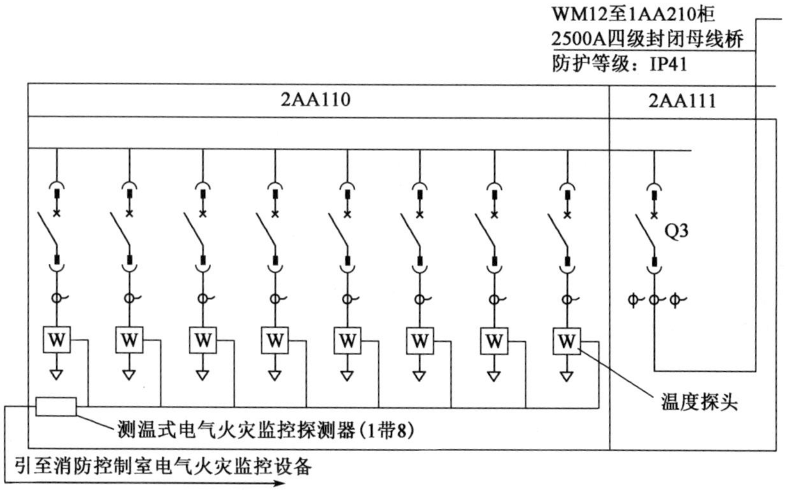

图 6-8　测温式电气火灾监控探测器设置在一级配电柜出线端

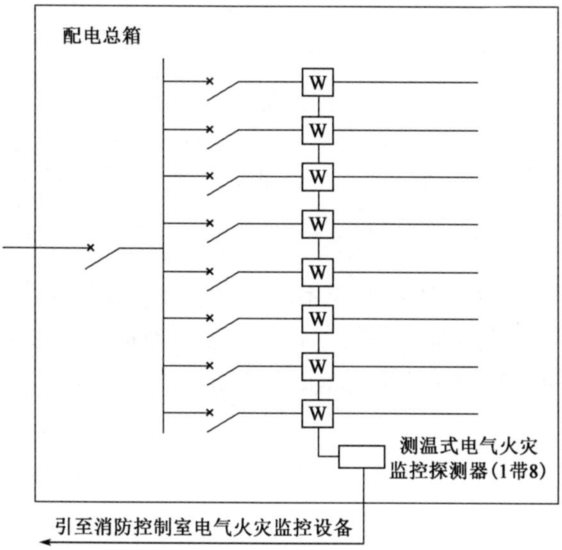

图 6-9　测温式电气火灾监控探测器设置在一级配电箱出线端

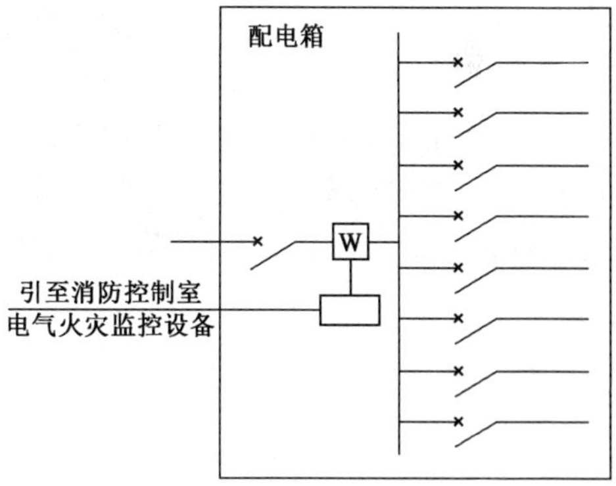

图 6-10　测温式电气火灾监控探测器设置在下一级配电箱进线端

根据目前的产品技术，在高压柜中，可采用非接触式测温探测器或采用线路端子上的传感器，无需通过布线即可连接到电气火灾监控设备的测温式探测器。这样，既可保证原有线路的电气强度，又实现了对线路故障的提前报警。

③故障电弧式电气火灾监控探测器

主要用于末端配电箱出线端，用于探测线路及用电设备由于接触不良、线间放电而引发火灾的探测。因为线路末端是负载变化最大的部分，也是电气火灾发生最多的部分，因此应属于最重点的防护部位。在供电线路中设置故障电弧式电气火灾探测器可以有效监控保护线路的故障电弧的发生，从而最终消除这类电气故障造成的电气火灾隐患。但由于其特性是切断电源式的保护，所以适合用于断电后不会产生损失和危害的场所。

④热解粒子式电气火灾监控探测器

用于柜内所有电气故障引发火灾前导线外皮等有机物受热挥发出的热解粒子的探测，一般应设置在柜内顶部。该产品对电线电缆、配电盘、开关插座等材质的产品局部异常温升后产生的异味有很好的响应，适用于多端子的电气柜火灾探测。

(3)独立式电气火灾监控探测器的设置

独立式电气火灾监控探测器能够独立完成探测和报警功能，并应符合相关规范的规定。

①设有火灾自动报警系统时，独立式电气火灾监控探测器的报警信息和故障信息应在消防控制室图形显示装置或集中火灾报警控制器上显示；但该类信息与火灾报警信息的显示应有区别。

②未设火灾自动报警系统时，独立式电气火灾监控探测器应将报警信号传至有人值班的场所。

(4)电气火灾监控器的设置

电气火灾监控器是发出报警信号并对报警信息进行统一管理的设备，因此该设备应设置在有人值班的场所。一般情况下，可设置在保护区域附近或消防控制室内。在设有消防控制室的场所，电气火灾监控器发出报警信息和故障信息，应能在消防控制室的火灾报警控制器或消防控制室图形显示装置上显示，但应与火灾报警信息和可燃气体报警信息有明显区别。这样有利于整个消防系统的管理和应急预案的实施。

本章小结

本章分两部分阐述了可燃气体探测报警系统和电气火灾监控系统，分别介绍了各系统的组成、作用、工作原理及其主要设备，还讲述了电气火灾监控系统的设计内容。通过本章的学习，读者可以对可燃气体探测报警系统和电气火灾监控系统有较全面的了解。

复习思考题

1. 简述可燃气体探测报警系统组成及作用。
2. 简述可燃气体探测报警系统设计有哪些要求。
3. 简述电气火灾监控系统的组成、工作原理。
4. 简述电气火灾监控探测器的种类及设计有哪些要求。

第七章　火灾自动报警系统工程设计实例

第一节　火灾自动报警系统设计基本原则和内容

一、基本原则

合理设计火灾自动报警系统，能及早发现和通报火灾，防止和减少火灾危害，保证人身和财产安全，应遵照下列原则进行：

(1)熟练掌握国家标准、规范、法规等，对规范中的正面词及反面词的含义领悟准确，保证做到依法设计。

(2)详细了解建筑物的使用功能及有关消防监督部门的审批意见。

(3)掌握所设计建筑物相关专业的标准、规范等，如车库、卷帘门、防排烟、人防等，以便于综合考虑后着手进行系统设计。

消防法规大致分为五类：即建筑设计防火规范、火灾自动报警系统设计规范、设备制造标准、安全施工验收规范及行政管理法规。设计者只有掌握了这五大类的消防法规，才能在设计中做到应用自如、准确无误。

在执行法规遇到矛盾时，应按以下几点执行：

(1)行业标准服从国家标准。

(2)从安全考虑就高不就低。

(3)报请主管部门解决，包括公安部、建设部等规范制定的主管部门。

二、设计内容

火灾自动报警系统的设计一般有两大部分内容：一是火灾自动报警系统；二是消防联动控制。具体设计内容，如表7-1所列。

火灾自动报警系统设计的内容　表7-1

设备名称	内　容
报警设备	火灾声光报警控制器、火灾探测器、手动报警按钮、消火栓报警按钮等
通信设备	消防电话系统等
广播	火灾声光警报器、消防应急广播等
灭火设备	自动喷水灭火系统的控制 室内消火栓灭火系统的控制 泡沫、卤代烷、二氧化碳等管网灭火系统的控制等
消防联动设备	防火门、防火卷帘的控制，消防水泵启停控制，防排烟风机、排烟阀的控制，空调、通风设施的紧急停止，电梯控制监视
避难设施	应急照明及疏散指示系统

建筑物内合理设计火灾自动报警系统，能及早发现和通报火灾，防止和减少火灾危害，保证人身和财产安全。设计的优劣主要从以下几方面进行评价：

(1)满足国家火灾自动报警设计规范及建筑设计防火规范的要求。

(2)满足消防功能的要求。

(3)技术先进，施工、维护及管理方便。

(4)设计图纸资料齐全，准确无误。

(5)投资合理，即性能价格比高。

第二节　火灾自动报警系统及探测器的设置

一、火灾自动报警系统的设置

在进行火灾自动报警系统的设计时，最重要的问题是系统方案的确定，即应根据《建筑设计防火规范》(GB 150016—2014)在建筑或场所设置火灾自动报警系统。

(1)下列建筑或场所应设置火灾自动报警系统：

①任一层建筑面积大于1500m^{2}或总建筑面积大于3000m^{2}的制鞋、制衣、玩具、电子等类似用途的厂房。

②每座占地面积大于1000m^{2}的棉、毛、丝、麻、化纤及其制品的仓库，占地面积大于500m^{2}或总建筑面积大于1000m^{2}的卷烟仓库。

③任一层建筑面积大于1500m^{2}或总建筑面积大于3000m^{2}的商店、展览、财贸金融、客运和货运等类似用途的建筑，总建筑面积大于500m^{2}的地下或半地下商店。

④图书或文物的珍藏库，每座藏书超过50万册的图书馆，重要的档案馆。

⑤地市级及以上广播电视建筑、邮政建筑、电信建筑，城市或区域性电力、交通和防灾等指挥调度建筑。

⑥特等、甲等剧场，座位数超过1500个的其他等级的剧场或电影院，座位数超过2000个的会堂或礼堂，座位数超过3000个的体育馆。

⑦大、中型幼儿园的儿童用房等场所，老年人建筑，任一层建筑面积大于1500m^{2}或总建筑面积大于3000m^{2}的疗养院的病房楼、旅馆建筑和其他儿童活动场所，不少于200床位的医院门诊楼、病房楼和手术部等。

⑧歌舞娱乐放映游艺场所。

⑨净高大于2.6m且可燃物较多的技术夹层，净高大于0.8m且有可燃物的闷顶或吊顶内。

⑩电子信息系统的主机房及其控制室、记录介质库，特殊贵重或火灾危险性大的机器、仪表、仪器设备室、贵重物品库房，设置气体灭火系统的房间。

⑪二类高层公共建筑内建筑面积大于50m^{2}的可燃物品库房和建筑面积大于500m^{2}的营业厅。

⑫其他一类高层公共建筑。

⑬设置机械排烟、防烟系统，雨淋或预作用自动喷水灭火系统，固定消防水炮灭火系统、气体灭火系统等需与火灾自动报警系统联锁动作的场所或部位。

(2)建筑高度大于100m的住宅建筑，应设置火灾自动报警系统。

建筑高度大于54m，但不大于100m的住宅建筑，其公共部位应设置火灾自动报警系统，套内宜设置火灾探测器。

建筑高度不大于54m的高层住宅建筑，其公共部位宜设置火灾自动报警系统。当设置需联动控制的消防设施时，公共部位应设置火灾自动报警系统。

高层住宅建筑的公共部位应设置具有语音功能的火灾声警报装置或应急广播。

(3)建筑内可能散发可燃气体、可燃蒸气的场所应设置可燃气体报警装置。

在消防工程设计中，还应对消防审核的重点项目认真对待，以确保交工验收，消防审核的重点项目有：

①高层民用建筑。

②地下工程。

③科研基地、学校、图书馆、幼儿园、档案馆、展览馆、博物馆等。

④宾馆、体育馆、歌舞厅、影剧院、礼堂、汽车客运站、铁路旅客站、码头、机场候机楼、医院、商(市)场等公共建筑。

⑤广播、电视中心、邮政、通信枢纽、发电厂(站)等重要工程。

⑥甲、乙、丙类火灾危险性的厂房、库房(含堆厂)、洁净厂房、高层工业建筑。

⑦其他重要工程。

二、火灾探测器的设置

设计火灾自动报警系统时，建筑物的哪些部位应设置火灾探测器是设计中首先应考虑的问题。火灾探测器的具体设置部位如下：

(1)财贸金融楼的办公室、营业厅、票证库。

(2)电信楼、邮政楼的机房和办公室。

(3)商业楼、商住楼的营业厅、展览楼的展览厅和办公室。

(4)旅馆的客房和公共活动用房。

(5)电力调度楼、防灾指挥调度楼等的微波机房、计算机房、控制机房、动力机房和办公室。

(6)广播电视楼的演播室、播音室、录音室、办公室、节目播出用房、道具布景房。

(7)图书馆的书库、阅览室、办公室。

(8)档案楼的档案室、阅览室、办公室。

(9)办公楼的办公室、会议室、档案室。

(10)医院病房楼的病房、办公室、医疗设备室、病历档案室、药品房。

(11)科研楼的办公室、资料室、贵重设备室、可燃物较多的和火灾危险性较大的实验室。

(12)教学楼的电化教室、理化演示和实验室、贵重设备和仪器室。

(13)公寓(宿舍、住宅)的卧房、书房、起居室(前厅)、厨房。

(14)甲、乙类生产厂房及其控制室。

(15)甲、乙、丙类物品库房。

(16)设在地下室的丙、丁类生产车间和物品库房。

(17)堆场、堆垛、油罐等。

(18)地下铁道的地铁站厅、行人通道和设备间,列车车厢。

(19)体育馆、影剧院、会堂、礼堂的舞台、化妆室、道具室、放映室、观众厅、休息厅及其附设的一切娱乐场所。

(20)陈列室、展览室、营业厅、商业餐厅、观众厅等公共活动用房。

(21)消防电梯、防烟楼梯的前室及合用前室、走道、门厅、楼梯间。

(22)可燃物品库房、空调机房、配电室(间)、变压器室、自备发电机房、电梯机房。

(23)净高超过2.6m且可燃物较多的技术夹层。

(24)敷设具有可延燃绝缘层和外护层电缆的电缆竖井、电缆夹层、电缆隧道、电缆配线桥架。

(25)贵重设备间和火灾危险性较大的房间。

(26)电子计算机的主机房、控制室、纸库、光或磁记录材料库。

(27)经常有人停留或可燃物较多的地下室。

(28)歌舞娱乐场所中经常有人滞留的房间和可燃物较多的房间。

(29)高层汽车库、I类汽车库、I、H类地下汽车库、机械立体汽车库、复式汽车库、采用升降梯作汽车疏散出口的汽车库(敞开车库可不设)。

(30)污衣道前室、垃圾道前室、净高超过0.8m的具有可燃物的闷顶、商业用或公共厨房。

(31)以可燃气为燃料的商业和企、事业单位的公共厨房及燃气表房。

(32)其他经常有人停留的场所、可燃物较多的场所或燃烧后产生重大污染的场所。

(33)需要设置火灾探测器的其他场所。

第三节　设计程序及设计方法

一、设计程序

1. 已知条件及专业配合

(1)全套土建图纸:包括风道(风口)、烟道(烟口)位置、防火门位置、防火卷帘樘数及位置、消防电梯位置、消防控制室位置等。

(2)水暖通风专业给出的水流指示器、压力开关的位置和消火栓的位置等。

(3)电力、给出的有关消防联动的配电箱(如应急照明配电箱、空调配电箱、防排烟机配电箱及非消防电源切换箱)的位置等。

(4)建筑专业给出的防火类别及等级。

总之,建筑物的消防设计是各专业密切配合的产物,应在总的防火规范指导下各专业密切配合,共同完成任务。电气专业做消防系统设计之前应考虑的内容,如表7-2所示。

设计项目与电气专业配合的内容　　表 7-2

序号	设计项目	电气专业配合措施
1	建筑物高度、面积	确定电气防火设计范围是否需设消防报警系统
2	建筑防火分类	确定电气消防设计内容和供电方案
3	防火分区	确定区域报警范围
4	防烟分区	确定防排烟系统控制方案
5	建筑物室内用途	确定探测器形式类别和安装位置
6	构造耐火极限	确定各电气设备设置部位
7	室内装修、家具	选择探测器类别、安装位置
8	屋架	确定屋架探测方法和灭火方式
9	疏散时间	确定紧急和疏散标志、事故照明时间
10	疏散路线	确定事故照明位置和疏散通路方向以及出口标志灯位置
11	疏散出口	确定标志灯位置指示出口方向
12	疏散楼梯	确定标志灯位置指示出口方向
13	排烟风机	确定控制系统与联锁装置
14	排烟口	确定排烟风机联锁系统
15	排烟阀门	确定排烟风机联锁系统
16	防火卷帘门	确定相关探测器联动方式
17	电动安全门	确定相关探测器联动方式
18	送回风口	确定探测器位置
19	空调系统	确定有关设备的运行显示及控制
20	消火栓	确定人工报警方式与消防泵联锁控制
21	喷淋灭火系统	确定动作显示方式
22	气体灭火系统	确定人工报警方式、安全启动和运行显示方式
23	消防水泵	确定消防联动方式及控制系统
24	水箱	确定报警及控制方式
25	电梯机房及电梯井	确定消防联动方式、探测器的安装位置
26	竖井	确定使用性质、采取隔断火源的各种措施，必要时放置探测器
27	垃圾道	设置探测器
28	管道竖井	根据井的结构及性质，采取隔断火源的各种措施，必要时设置探测器
29	水平运输带	穿越不同防火分区，采取封闭措施

2. 设计准备

（1）确定设计依据

①《民用建筑电气设计规范》（JGJ/T 16）。

②《建筑设计防火规范》（GB 50016—2014）。

③《火灾自动报警系统设计规范》（GB 50116—2013）。

④《全国民用建筑工程设计技术措施:电气》(2009)等。

(2)确定设计方案

确定合理的设计方案是设计成败的关键所在,应根据建筑物的性质、建筑物高度和面积及全部已知条件确定采用什么规模、类型的系统,采用哪个厂家的产品。

3. 平面图的绘制

(1)按房间使用功能、层高及相关规范要求布置消防设备,包括火灾探测器、手动火灾报警按钮、区域显示器(楼层显示器)、消火栓报警按钮、消防广播中继器、总线驱动器、总线隔离器、各种模块等。

(2)根据不同的消防设备所实现的功能进行选线、布线,并确定敷设、安装方式并加以标注。

4. 系统图的绘制

参考厂家产品样本所给系统图并结合平面图的实际情况绘制系统图,要求分层清楚、布线标注明确、设备符号与平面图一致、设备数量与平面图一致。

5. 绘制其他施工详图

包括消防控制室设备布置图及有关非标准设备的尺寸及布置图等。

6. 编写设计说明书(计算书)

(1)编写设计总体说明:包括设计依据、厂家产品的选择、消防系统各子系统的工作原理、设备接线表、材料表、图例符号及总体方案的确定等。

(2)设备、管线的计算选择过程(此过程仅在校学生做设计时提供,实际工程中可不表现在所交内容上)。

7. 装订上交材料

(1)设计总体说明。

(2)全部平面图。

(3)局部施工详图。

(4)整体系统图。

二、设计方法

1. 设计方案的确定

火灾自动报警系统的设计方案应根据保护对象及设立的消防安全目标、使用功能要求、消防管理体制、防烟、防火分区及探测区域或报警区域的划分确定。

(1)仅需要报警,不需要联动消防设备的保护对象宜采用区域报警系统。

(2)不仅需要报警,同时需要联动消防设备,而且只设置一台具有集中控制器的保护对象,应采用集中报警系统,并应设置一个消防控制室。

(3)控制中心报警系统适用于设置了两个及以上消防控制室或设置了两个及以上集中报警系统的保护对象。控制中心报警系统一般适用于建筑群或体量很大的保护对象,这些保护对象中可能设置几个消防控制室,也可能由于分期建设而采用不同企业的产品或同一企业不同系列的产品，或由于系统容量限制而设置了多个起集中作用的火灾报警控制器等情况，这些情况下均应选择控制中心报警系统。

为了使设计更加规范化，且又不限制技术的发展，消防规范对系统的基本形式规定很多原则，工程设计人员可在符合这些基本原则的条件下，根据工程规模和对联动控制的复杂程度，选择检验合格且质量上乘的厂家产品，组成合理、可靠的火灾自动报警与消防联动系统。

2. 火灾自动报警系统设计

按相关规范要求设置火灾探测器、手动火灾报警按钮、消火栓报警按钮等。

3. 消防联动控制系统设计

(1)消防控制设备

消防控制设备可由下列部分或全部控制装置组成：

①火灾报警控制器或消防联动控制器。

②消防控制室图形显示装置。

③自动灭火系统的控制装置。

④室内消火栓系统的控制装置。

⑤防烟、排烟系统及空调通风系统的控制装置。

⑥常开防火门、防火卷帘的控制装置。

⑦电梯回降控制装置。

⑧消防应急广播控制装置。

⑨消防专用电话装置。

⑩消防应急照明与疏散指示系统的控制装置。

(2)消防设备的控制方式

消防控制设备应根据建筑形式、工程规模、管理体制及功能要求，合理确定其控制方式。消防控制设备的控制电源及信号回路电压应采用直流24V。

①单体建筑宜集中控制。

②大型建筑宜采用分散与集中相结合控制。

(3)消防控制室

①消防控制室的门应向疏散方向开启，且入口处应设置明显的标志。

②消防控制室的送、回风管在其穿墙处应设防火阀。

③消防控制室内严禁与其无关的电气线路及管路穿过。

④消防控制室周围不应布置电磁场干扰较强及其他影响消防控制设备工作的设备用房。

⑤消防控制室内设备的布置应符合下列要求：

A. 设备面盘前的操作距离：单列布置时不应小于1.5m；双列布置时不应小于2m。

B. 在值班人员经常工作的一面，设备面盘至墙的距离不应小于3m。

C. 设备面盘后的维修距离不宜小于1m。

D. 设备面盘的排列长度大于4m时，其两端应设置宽度不小于1m的通道。

E. 与建筑其他弱电系统合用的消防控制室内，消防设备应集中设置，并应与其他设备间有明显间隔。

F. 火灾报警控制器和消防联动控制器安装在墙上时，其主显示屏高度宜为1.5～1.8m，其靠近门轴的侧面距墙不应小于0.5m，正面操作距离不应小于1.2m。

(4)消防控制室应具有的控制功能

①消防控制室的控制设备应有下列控制及显示功能：

A. 控制消防设备的启停，并应显示其工作状态。

B. 消防水泵、防烟和排烟风机的启停，除自动控制外，还应能手动直接控制。

C. 显示火灾报警、故障报警部位。

D. 显示保护对象的重点部位、疏散通道及消防设备所在位置的平面图或模拟图等。

E. 显示系统供电电源的工作状态。

F. 消防控制室应设置火灾警报装置与应急广播的控制装置，其控制程序应符合下列要求：

a. 消防控制室的消防通信设备，应符合消防专用电话的设置规定。

b. 消防控制室在确认火灾后，应能切断有关部位的非消防电源，并接通警报装置及火灾应急照明灯和疏散标志灯。

c. 消防控制室在确认火灾后，应能控制电梯全部停于首层，并接收其反馈信号。

②消防控制设备对室内消火栓系统应有下列控制、显示功能：

A. 控制消防水泵的启停。

B. 显示消防水泵的工作、故障状态。

C. 显示启泵按钮的位置。

③消防控制设备对自动喷水灭火系统应有下列控制、显示功能：

A. 控制系统的启停。

B. 显示消防水泵的工作、故障状态。

C. 显示水流指示器、报警阀、安全信号阀的工作状态。

④消防控制设备对管网气体灭火系统应有下列控制、显示功能：

A. 显示系统的手动、自动工作状态。

B. 在报警、喷射各阶段，控制室应有相应的声光警报信号，并能手动切除声响信号。

C. 在延时阶段，应自动关闭防火门、窗，停止通风空调系统，关闭有关部位防火阀。

D. 显示气体灭火系统防护区的报警、喷放及防火门(帘)、通风空调等设备的状态。

⑤消防控制设备对泡沫灭火系统应有下列控制、显示功能：

A. 控制泡沫泵及消防水泵的启停。

B. 显示系统的工作状态。

⑥消防控制设备对干粉灭火系统应有下列控制、显示功能：

A. 控制系统的启停。

B. 显示系统的工作状态。

⑦消防控制设备对常开防火门的控制，应符合下列要求：

A. 门任一侧的火灾探测器报警后，防火门应自动关闭。

B. 防火门关闭信号应送到消防控制室。

⑧消防控制设备对防火卷帘的控制，应符合下列要求：

A. 疏散通道上的防火卷帘两侧，应设置火灾探测器组及其警报装置，且两侧应设置手动控制按钮。

B. 疏散通道上的防火卷帘，应按下列程序自动控制下降：

a. 感烟探测器动作后，卷帘下降至距地(楼)面1.8m。

b. 感温探测器动作后，卷帘下降到底。

c. 用作防火分隔的防火卷帘，火灾探测器动作后，卷帘应下降到底。

d. 感烟、感温火灾探测器的报警信号及防火卷帘的关闭信号应送至消防控制室。

⑨火灾报警后，消防控制设备对防烟、排烟设施应有下列控制、显示功能：

A. 停止有关部位的空调送风，关闭电动防火阀，并接收其反馈信号。

B. 启动有关部位的防烟和排烟风机、排烟阀等，并接收其反馈信号。

C. 控制挡烟垂壁等防烟设施。

4. 平面图中设备的选择、布置及管线计算

(1)探测器的选择及布置

根据房间使用功能及层高确定探测器种类，量出平面图中所计算房间的地面面积，再考虑修正系数K，K值根据人员数量多少确定，人员数量越大，疏散要求越高，就越需要尽早报警，以便尽早疏散，一般容纳人数超过10000人的公共场所宜取0.7~0.8；容纳人数为2000~10000人的公共场所宜取0.8~0.9，容纳人数为500~2000人的公共场所宜取0.9~1.0，其他场所可取1.0。同时，还要看房顶坡度是多少，然后分别算出每个探测区域内的探测器数量，最后进行布置(关于布置方法前已叙及)。

$$N = \frac{S}{K \cdot A}$$

火灾探测器的选用原则如下：

①对火灾初期有阴燃阶段，产生大量的烟和少量的热，很少有或没有火焰辐射的场所，应选择感烟火灾探测器。

②对火灾发展迅速，产生大量的热、烟和火焰辐射的场所，可选择感温探测器、感烟探测器、火焰探测器或其组合。

③对火灾发展迅速，有强烈的火焰辐射和少量烟、热的场所，应选择火焰探测器。

④对火灾初期有阴燃阶段，且需要早期探测的场所，宜增设一氧化碳火灾探测器。

⑤对使用、生产可燃气体或可燃蒸气的场所，应选择可燃气体探测器。

⑥应根据保护场所可能发生火灾的部位和燃烧材料的分析，以及火灾探测器的类型、灵敏度和响应时间等选择相应的火灾探测器；对火灾形成特征不可预料的场所，可根据模拟试验的结果选择火灾探测器。

⑦同一探测区域内设置多个火灾探测器时，可选择具有复合判断火灾功能的火灾探测器和火灾报警控制器。

探测器种类选择在探测器中已有表可查，但这里还需进一步说明其种类选择范围。

A. 下列场所宜选用光电和离子感烟探测器：

电子计算机房、电梯机房、通信机房、楼梯、走道、办公楼、饭店、教学楼的厅堂、办公室、卧室等，有电气火灾危险性的场所、书库、档案库、电影或电视放映室等。

B. 有下列情况的场所不宜选用光电感烟探测器：

存在高频电磁干扰；在正常情况下有烟滞留，可能产生蒸气和油雾；大量积聚粉尘。

C. 有下列情况的场所不宜选用离子感烟探测器：

产生醇类、醚类酮类等有机物质；可能产生腐蚀性气体；有大量粉尘、水雾滞留；相对湿度长期大于95%；在正常情况下有烟滞留；气流速度大于5m/s。

D. 有下列情况的场所宜选用火焰探测器：

需要对火焰作出快速反应；无阴燃阶段的火灾；火灾时有强烈的火焰辐射。

E. 下列情况的场所不宜选用火焰探测器：

在正常情况下有明火作业及X射线、弧光等影响；探测器的"视线"易被遮挡；探测器的镜头易被污染；探测器易受阳光或其他光源直接或间接照射。

F. 下列情况的场所宜选用感温探测器：

可能发生无烟火灾；在正常情况下有烟和蒸气滞留，吸烟室、小会议室、烘干车间、茶炉房、发电机房、锅炉房、汽车库等；其他不宜安装感烟探测器的厅堂和公共场所；相对湿度经常高于95%以上；有大量粉尘等。

(2)火灾报警装置的选择及布置

火灾自动报警系统应有自动和手动两种触发装置。

自动触发器件有：压力开关、水流指示器、火灾探测器等。

手动触发器件有：手动报警按钮、消火栓报警按钮。

①手动报警按钮设置要求

A. 要求探测区域内的每个防火分区至少设置一个手动报警按钮。手动报警按钮的数量应按一个防火分区内的任何位置到最近一个手动报警按钮的距离不大于30m考虑。

B. 手动报警按钮的安装场所：各楼层的电梯间、电梯前室；主要通道等经常有人通过的地方；大厅、过厅、主要公共活动场所的出入口；餐厅、多功能厅等处的主要出入口。

C. 手动报警按钮的布线，宜独立设置。

D. 手动报警按钮墙上安装底边距地高度为1.5m，按钮盒应具有明显的标志和防误动作的保护措施。

②消火栓报警按钮

根据水暖专业提供的消火栓位置，在消火栓内设置报警按钮。

(3)其他附件选择及布置

①输入模块(亦称监控模块)

输入模块的作用是接收现场装置的报警信号，实现信号向消防联动控制器的传输。适用于无地址编码的消火栓报警按钮、水流指示器、压力开关、70℃或280℃防火阀等。输入模块可采用电子编码器完成地址编码设置。

②输入/输出模块(亦称控制模块)

此模块有单输入/单输出、双输入/双输出模块等。输出模块具有直流24V电压输出，用于与继电器触点接成有源输出，满足现场的不同需求。单输入/单输出模块用于将现场各种一次动作并有动作信号输出的被动型设备(如排烟口、送风口、防火阀等)接入到控制总线上。双输入/输出模块可用于完成对二步降防火卷帘门、消防水泵、排烟风机等双动作设备的控制。

双输入/输出模块具有四个编码地址，可接收来自控制器的两次不同动作的命令，具有控制两次不同输出和确认两个不同回答信号的功能。

设置场所：每个报警区域内的模块宜相对集中设置在本报警区域内的金属块箱中，以保障其运行的可靠性和检修的方便。

由于模块工作电压通常为24V，不应与其他电压等级的设备混装，因此严禁将模块设置在配电（控制）柜（箱）内。

本报警区域内的模块不应控制其他报警区域的设备，以免本报警区域发生火灾后影响其他区域受控设备的动作。

（4）消防事故广播与消防专用电话

①消防事故广播及警报装置

火灾警报装置（包括警灯、警笛、警铃等）是当发生火灾时发出警报的装置。火灾事故广播是火灾时（或意外事故时）指挥现场人员进行疏散的设备。火灾发生初期交替使用。

A. 火灾报警装置的设置范围和技术条件：

火灾自动报警系统应设置火灾警报装置；火灾警报装置应设置在每个楼层的楼梯口、消防电梯前室、建筑内部拐角等处的明显部位；考虑光警报器不能影响疏散设施的有效性，故不宜与安全出口指示标志灯具设置在同一墙上。

考虑便于在各个报警区域内部都能听到警报信号声，以满足告知所有人员发生火灾的要求，每个报警区域内应均匀设置火灾警报器，其声压等级不应小于60dB；在环境噪声大于60dB的场所，其声压级应高于背景噪声15dB。

火灾警报器设置在墙上时，其底边距地面高度应大于2.2m。

B. 消防事故广播与其他广播（包含背景音乐等）合用时应符合以下要求：

火灾时，应能在消防控制室将火灾疏散层的扬声器和公共广播扩音机强制转入火灾应急广播状态；消防控制室应能监控用于消防应急广播时的扩音机的工作状态，并能开启扩音机进行广播；床头控制柜设有扬声器时，应有强制切换到应急广播的功能。（其他内容已在前文中叙及）

②消防专用电话

消防专用电话十分必要，它对能否及时报警、消防指挥系统是否畅通起着关键作用。为保证消防报警和灭火指挥畅通，相关内容已在前文叙述。

（5）消防系统的接地

为了保证消防系统的正常工作，对系统的接地规定如下：

①火灾自动报警系统应在消防控制室设置专用接地板，接地装置的接地电阻值应符合下列要求：当采用专用接地装置时，接地电阻值不应大于4Ω；当采用共用接地装置时，接地电阻值不应大于1Ω。

②火灾报警系统应设专用接地干线，由消防控制室引至接地体。

③专用接地干线应采用铜芯绝缘导线，其芯线截面积不应小于$25mm^2$，专用接地干线宜穿硬质型塑料管埋设至接地体。

④由消防控制室接地板引至各消防电子设备的专用接地线应选用铜芯塑料绝缘导线，其芯线截面积不应小于$4mm^2$。

⑤消防电子设备凡采用交流供电时，设备金属外壳和金属支架等应做保护接地，接地线应

与电气保护接地干线(PE线)相连接。

⑥区域报警系统和集中报警系统中各消防电子设备的接地亦应符合上述①~⑤条。

(6)布线及配管

布线及配管,如表7-3所示。

火灾自动报警系统用导线最小截面积 表7-3

类　别	线芯最小截面积(mm^2)	备　注
穿管敷设的绝缘导线	1.00	
线槽内敷设的绝缘导线	0.75	
多芯电缆	0.50	
由探测器到区域报警器	0.75	多股铜芯耐热线
由区域报警器到集中报警器	1.00	单股铜芯线
水流指示器控制线	1.00	
湿式报警阀及信号阀	1.00	
排烟防火电源线	1.50	控制线>1.00mm^2
电动卷帘门电源线	2.50	控制线>1.50mm^2
消火栓控制按钮线	1.50	

①火灾自动报警系统的传输线路应采用铜芯绝缘导线或铜芯电缆,其电压等级不应低于交流3000V,线芯最小截面一般应符合表7-3规定。

②火灾探测器的传输线路,宜采用不同颜色的绝缘导线,以便识别,接线端子应有标号。

③配线中使用的非金属管材、线槽及其附件,均应采用不燃或非延燃性材料制成。

④火灾自动报警系统的传输线,当采用绝缘电线时,应采取穿管(金属管或不燃、难燃型硬质、半硬质塑料管)或封闭式线槽进行保护。

⑤不同电压、不同电流类别、不同系统的线路,不可共管或在线槽的同一槽孔内敷设。横向敷设的报警系统传输线路,若采用穿管布线,则不同防火分区的线路不可共管敷设。

⑥消防联动控制、自动灭火控制、事故广播、通信、应急照明等线路,应穿金属管保护,并宜暗敷在非燃烧体结构内,其保护层厚度不小于3cm。当必须采用明敷时,则应对金属管采取防火保护措施。当采用具有非延燃性绝缘和护套的电缆时,可以不穿金属保护管,但应将其敷设在电缆竖井内。

⑦弱电线路的电缆宜与强电线路的电缆竖井分别设置。若因条件限制,必须合用一个电缆竖井时,则应将弱电线路与强电线路分别布置在竖井两侧。

⑧横向敷设在建筑物内的暗配管,钢管直径不宜大于25mm;水平或垂直敷设在顶棚内或墙内的暗配管,钢管直径不宜大于20mm。

⑨从线槽、接线盒等处引至火灾探测器的底座盒、控制设备的接线盒、扬声器箱等的线路,应穿金属软管保护。

(7)画出系统图及局部施工图详图

设备、管线选好并在平面图中标注后,参考厂家产品样本,再结合平面图画出系统图,并进行相应的标注,如每处导线根数及走向,每个设备数量、所对应的层楼等。

局部施工详图主要是对非标产品或消防控制室而言的。比如非标控制柜(控制琴台)的外形、尺寸及布置图;消防控制室设备布置图,应标明设备位置及各部分距离等。

(8)编写设计说明书(计算书)及装订

前已叙述,不再重复。

总知,消防工程设计是一项十分严肃认真的事情,一定按规范、消防法规设计,决不能凭感情减少任何应该设置的项目,否则,一旦发生火灾,系统出现误报、漏报或灭火不当、联动不合理等,设计者将会承担法律的责任。

另外,还应注意的是:目前,教学、设计、施工单位这三个环节的衔接仍不太紧密,设计时一定要联系工程实际,切实保证能正常施工。这就要求设计者多向工程实际学习,掌握消防施工的实际情况。

第四节　某办公楼消防系统的设计

一、工程概况

(1)建筑概况:某国际商务广场一期项目1号办公楼。地下一层,局部地下设有管线夹层,地上19层;其中地下一层为一期、二期项目的换热站、生活水泵房、10kV中心开闭所及1号楼的10/0.4kV变配电室;一层为商铺、办公大堂、物业办公室及整个地块的消防总控制室;2~19层为单元分隔式办公。1号楼总建筑面积2599.76m^2,地下建筑面积为1227.18m^2;地上建筑面积为24732.58m^2;建筑高度为79.3m。

(2)本工程结构形式:结构形式为框架;基础形式为独立基础。

(3)层高:地下一层层高为6.0m;局部夹层层高为1.5m;开闭所层高为6.0m;10/0.4kV变配电室及弱电机房层高为4.5m;一层为4.45m;2~19层层高均为3.9m。

(4)地下室:地下外墙为250mm厚钢筋混凝土,砌筑内墙采用200mm厚MU3.5炉渣混凝土空心砌块。地下室防水采用SBS高聚物改性沥青卷材防水。

二、设计依据

(1)各市政主管部门对本工程初步设计的审批意见及有关市政资料。

(2)建设单位委托的设计任务书及建设方的意见、会议纪要、往来文件。

(3)本工程建筑、结构、给排水、暖通等专业提供的设计资料。

(4)现行的国家及地方颁布的有关建筑设计规程、规范、标准。

①《建筑设计防火规范》(GB 50016—2014)。

②《火灾自动报警系统设计规范》(GB 50116—2013)。

③《消防控制室通用技术要求》(GB 25506—2010)。

④《防火门监控器》(GB 29364—2012)。

⑤《民用建筑设计防火统一技术措施》(DB 22/T 1888—2013)。

(5)现行的国家及地方颁布的有关建筑设计标准图集。

①《火灾自动报警系统设计规范图示》(14X505-1)。

②《消防设备电源监控系统》(10CX504)。

三、设计说明

(1)本工程采用集中报警系统,本工程在1号楼一层设置一处消防控制室,与监控室合用,服务对象为本工程的1、2、3、4防火门监控主机、消防设备电源监控主机及消防电源等配套产品。

(2)消防设备包括火灾报警控制器、火灾联动控制器、消防控制室图形显示装置、消防专用电话总机、消防应急广播装置、防火门监控主机、消防设备电源监控主机及消防电源等配套产品。

(3)系统总线上设置总线短路隔离器,每只总线短路隔离器保护的火灾探测器、手动火灾报警按钮和模块等消防设备的总数不应超过32点;总线穿越防火分区时应在防火分区处设置总线短路隔离器。各受控设备接口的特性参数应与消防联动控制器发出的联动控制信号相匹配。消防联动控制的消防设备,其联动触发信号应采用两个独立的报警触发装置报警信号的"与"逻辑组合。

(4)火灾探测报警系统。

探测器:楼梯间、配电间、风机房、值班室、水泵房、换热站等一般房间设置点型感烟探测器。

手动火灾报警按钮:在每个疏散通道或出入口处设置手动火灾报警按钮;从一个防火分区内的任何位置到最邻近的一个手动火灾报警按钮的步行距离小于30m,超过距离要求时,增设报警按钮,每个手动火灾报警按钮旁均设有消防电话插孔。

(5)消防联动控制系统。

①消火栓系统的联动控制设计。

联动控制方式:消火栓按钮的作用信号作为报警信号及启动消火栓泵的联动触发信号反馈至消防联动控制器,由消防联动控制器联动控制消火栓泵的启动。

手动控制方式:将消火栓泵控制箱(柜)的启停按钮采用专线直接连接至消防控制室的消防联动控制器的手动控制盘,由其直接控制消火栓泵的启动、停止。

②防烟排烟系统的联动控制设计。

联动控制方式:防烟系统由加压送风口所在防火分区内的两只独立的火灾探测器或一只火灾探测器与一只手动报警按钮的报警信号作为送风口开启和加压送风机启动的联动触发信号,并由消防联动控制器联动相关层前室加压送风口开启和加压送风机启动;排烟系统应由同一防烟分区两只独立的火灾探测器的报警信号作为排烟口、排烟阀开启的联动触发信号,并由消防联动控制器联动控制排烟口、排烟阀的开启,排烟口、排烟阀开启的动作信号作为排烟风机启动的联动触发信号,并由消防联动控制器联动控制排烟风机的启动。

手动控制方式:消防联动控制器上手动控制送风口的开启或关闭及防烟风机的启动或停止。防烟风机的启动、停止按钮采用专用线路直接连接至消防控制室的消防联动控制器的手动控制盘,并直接手动控制防烟风机的启动、停止。正压送风口的开启、关闭信号,正压风机的启动、停止信号反馈至消防联动控制器。

③消防应急照明和疏散指示系统的联动控制设计。

A. 本工程采用集中电源集中控制型应急照明系统,由消防联动控制器联动或手动控制应急照明控制主机启动应急照明。

B. 确认火灾后，由发生火灾的报警区域开始顺序启动全楼的疏散通道的消防应急照明和疏散指示系统，系统全部投入应急状态的启动时间≤5s。

④区域显示器。

在每个防火分区/每层防烟楼梯间前室、消防电梯前室内等明显和便于操作的部位设置区域显示器。区域显示器采用壁挂方式安装，底边距地高度为 1.5m。

⑤火灾警报装置。

A. 在楼梯口、走廊、建筑内部拐角等场所的明显部位设置火灾声光报警器。

B. 同一建筑内设置多个火灾声警报器时，火灾自动报警系统应能同时启停所有火灾声警报器工作。

C. 火灾警报器声压级不应小于 60dB；在环境噪声大于 60dB 的场所，其声压级应高于背景噪声 15dB。

D. 火灾声光报警器单次发出火灾警报时间为 8～20s。

⑥消防应急广播系统

A. 在走廊等公共场所设置广播扬声器（背景音乐与消防广播合用，消防广播平面布置详见智能化图纸），保证从一个防火分区内任一位置到最近扬声器直线距离不大于 25m，走道末端至最近扬声器位置不大于 12.5m。

B. 背景音乐与消防应急广播在消防控制室切换，在火灾状态下由消防联动控制器强制切换至消防应急广播状态，同时向全楼进行广播。

C. 消控室应能手动或按预设控制逻辑联动控制选择广播分区、启动或停止应急广播系统，并能监听消防应急广播，在通过传声器进行应急广播时，应自动对广播内容进行录音。

D. 消防应急广播单次语音播放时间宜为 10～30s。声光报警器与消防应急广播采用交替循环播放工作方式。

⑦自动喷水灭火系统的联动控制设计（预作用系统）

A. 联动控制方式：由同一报警区域内两只及以上独立的感烟探测器或一只感烟探测器与一只手动报警按钮的报警信号，作为预作用阀组开启的联动触发信号，由消防联动控制器控制阀组开启，使系统转变为湿式系统。压力开关的动作信号作为触发信号，直接启动喷淋消防泵，其联动控制不受消防联动控制器处于自动或手动状态影响。

B. 手动控制方式：将喷淋泵控制箱（柜）、预作用报警阀组、快速排气阀的启停按钮采用专线直接连接至消防控制室的消防联动控制器的手动控制盘，由其直接控制喷淋消防泵的启动、停止。

C. 水流指示器、压力开关、信号阀、喷淋消防泵的启动和停止动作信号应能反馈至消防联动控制器。

⑧气体灭火系统的联动控制设计。

A. 变电所、开闭所、弱电机房设置气体灭火系统，气体灭火系统由专用气体灭火控制器控制。

B. 控制方式。

联动控制：气体灭火控制器直接连接火灾探测器，由同一防护区域内的两只独立的火灾探测器、一只火灾探测器与一只手动报警按钮的报警信号或防护区外的紧急启动信号作为系统的联动触发信号，探测器组合采用感烟、感温探测器。当气体灭火控制器收到首个触发信号后启动该防护区域内的声光报警器；当收到第二个触发信号后执行下列联动控制：

a. 关闭相关区域的送（排）风机及送（排）风阀门。

b. 停止通风和空气调节系统及关闭设置在该防护区域内的电动防火阀。

c. 联动控制防护区域开口封闭装置的启动，包括关闭防护区域的门、窗。当气体灭火控制器收到第二个触发信号后，启动气体灭火装置，气体灭火控制器可设定不大于30s的延迟喷射时间。

手动控制方式：在防护区疏散出口门外，气体灭火控制器上应设置手动启动、停止按钮。手动启动按钮按下，执行上述联动控制 a、b、c 以及启动气体灭火装置。手动停止按钮按下时，停止正在执行的联动操作。

C. 气体灭火防护区出口外上方设置表示气体喷洒的声光报警器，启动气体灭火同时启动此声光报警器。

D. 气体灭火装置启动及喷放各阶段信号，反馈至消防联动控制器。

E. 气体灭火控制器通过 CAN 总线与消控室报警主机联网。

⑨消防设备电源监控系统。

A. 在消防控制室内设置消防设备电源监控器及上位机，消防设备现场设置监控传感器。消防设备电源监控传感器设置在下述位置：

a. 消防设备末端双电源转换开关处。

b. 消防设备配电箱内主配电回路处。

c. 消防设备配电箱内各配电支路处。

B. 当消防设备电源发生过压、欠压、断相、过流、中断供电等故障时，现场消防设备电源监控传感器将故障信号传递给消防设备监控器，消防设备监控器发出声光报警信号，并实时显示记录被测电源的电压、电流值及故障位置。

C. 系统采用 CAN 总线通信，现场监控传感器自带总线短路隔离器，传感器安装于配电箱内。

D. 本消防设备电源监控系统图仅为监控系统的基本构成及管路预留，由厂家负责专业深化设计及配合现场施工安装布线。

⑩防火门监控系统。

A. 防火门监控系统对各种防火门的开启、关闭及故障状态进行监控。当火灾发生时，接收消防联动控制器火警信号，受控断电后自行关闭常开防火门，同时反馈信号至 HB-DCJK 防火门监控器；防火门监控系统能保持防火门常开，也可现场手动推动防火门，实现手动关闭和复位防火门，防火门关闭后成为手动推开后自行关闭的手动推开式活动式防火门。

B. 防火门监控器设置在消防控制室内，壁挂安装；用于显示并控制防火门开启、关闭状态，对防火门处于非正常打开的状态或非正常关闭的状态给出报警提示，使其恢复到正常工作状态，确保防火门功能完好，并上传防火门状态信息至消防联动控制器；防火门监控器专用于防火门监控系统并独立安装，不能兼用其他功能的消防系统，不与其他消防系统共用设备。

C. 防火门监控器 HB-DCJK 可记录 100000 条以上相关故障状态信息；可直接管理 64 台

HB-DCMC 防火门门磁开关及 HB-DCBM 防火门电动闭门器；也可通过 HB-DCFJ 防火门监控分机管理 64 台防火门门磁开关及防火门电动闭门器，防火门监控器可带载 32 台防火门监控分机，防火门监控器至防火门监控分机之间通信采用 CAN 总线，通信线 ZDN + RVS-2 × $1.5mm^2$并联连接，可靠通信距离 2000m。

D. 防火门监控分机 HB-DCFJ 安装于竖井内，防火门监控分机至 HB-DCMC 防火门门磁开关采用通信线 + 电源线 ZDN-RVS-2 ×1.5mm + ZDN-BV-2 ×2.5mm 串联连接，可靠通信距离 1000m，可管理 64 台 HB-DCMC。

E. 防火门监控器应符合国家标准《防火门监控器》(GB 29364—2012)的规定，必须具备国家消防电子产品质量监督检验中心出具的产品型式检验报告。

F. 系统的施工，按照批准的工程设计文件和施工技术方案进行，不得随意变更。

确需变更设计时，应由设计单位负责更改并经图审机构审核。

⑪消防专用电话系统。

A. 为独立的消防通信系统，消防控制室设置总线制消防专用电话总机。

B. 在配电间、值班室、弱电间、柴油发电机房、风机房等处设置消防专用电话分机，消防控制室设置可直接报警的外线电话。

C. 在楼梯间及出口处设置带电话插孔的手动报警按钮。

⑫其他相关的联动控制设计。

A. 消防联动控制器联动切断火灾区域及相关区域的非消防电源。

B. 消防联动控制器联动控制疏散口部的门禁系统处于开启状态。

(6)消防控制室。

①消防控制室的图形显示装置能显示建筑物内设置的全部消防系统及相关设备的动态信息和消防安全管理信息，并预留远程监控系统接口，且具有远程传输信息功能。

②消防控制室设有用于火灾报警的外线电话。

③消防控制室内严禁穿过与消防设施无关的电气线路。

(7)电气火灾监控系统。

①电气火灾监控主机设在消防控制室消防机柜内，对放射式供电回路在低压配电柜馈出回路设置剩余电流监控探测器；当树干式供电回路计算电流不大于 300A 时，在变配电室低压配电柜馈出回路设置剩余电流监控探测器。

②本监控系统只报警，不切断正常供电电源。本系统具有多种软件通信协议，采用双总线通信，实现分布控制，集中管理。

四、设备安装

(1)消防控制设备安装于消防机柜防静电地板上落地安装，设备面盘前的操作距离不小于 1.5m，设备面盘后的维修距离大于或等于 1m。

(2)火灾报警传输设备设置在火灾报警控制器附近，其高度距地 1.5m。

(3)火灾探测器与送风口边的水平净距应大于 1.5m；与墙或其他遮挡物的距离应大于 0.5m。

(4)火灾手动报警按钮及对讲电话插孔底边距地 1.3m(设置明显的消防专用标志)。

(5)火灾声光报警器底边距地2.3m。

(6)可根据现场实际情况,消防模块类产品分区域相对集中设置在模块箱内,模块箱距地2.3m。本设计未集中设置的模块及模块箱附近必须设有尺寸不小于100mm×100mm的消防专用标志。

(7)消火栓按钮接线盒设在消火栓开门侧,底距地1.8m。

(8)模块严禁安装在配电(控制)箱(柜)内。

(9)系统图中总线短路隔离器数量仅供参考,具体安装位置由消防设备厂家现场安装确定。

五、管线敷设

(1)火灾报警总线、消防专用电话线均采用ZDN-RVS-0.45/0.75kV聚氯乙烯绝缘铜芯阻燃耐火软导线;供电线路采用ZDN-BV-0.45/0.75kV聚氯乙烯绝缘铜芯阻燃耐火导线;手动控制线路采用ZCN-KVV-0.6/1.0kV聚氯乙烯绝缘控制电缆。各种导线、电缆均穿低压流体输送用镀锌焊接钢管(SC)或金属线槽(MR)保护,分别沿墙(W)、沿棚(C)、沿地(F)内暗(C)设或明(E)设,24V电源线干线采用4.0mm导线,24V电源线分支线采用2.5mm导线,其余线路均采用1.5mm导线;2根者穿SC15管,4~6根者穿SC20管,5~8根者穿SC25,平面未标注导线根数者均为两根。消防控制室图形显示装置与火灾报警控制器、消防联动控制器等消防设备之间全部采用专用线路连接。

(2)火灾自动报警系统线路暗敷设时应采用金属管、可挠(金属)电气导管保护,并应敷设在不燃烧体的结构层内,且保护层厚度不宜小于30mm;线路明敷设时应采用金属管、可挠(金属)电气导管保护。

六、火灾自动报警系统电源

(1)消防设备电源采用交流电源供电和蓄电池电源。交流电源取自应急照明配电箱,备用电源采用火灾自动报警系统专用的蓄电池电源。

(2)消防设备应急电源输出功率应大于火灾自动报警及联动控制系统全负荷功率的120%,蓄电池组的容量应保证火灾自动报警及联动控制系统在火灾状态同时工作负荷条件下连续工作3h以上。

(3)消防用电设备采用专用回路供电,其配电设备应设有明显标志。

(4)消防控制室图形显示装置、消防通信设备等的电源宜由UPS电源装置或消防设备应急电源供电。

七、其他

(1)火灾自动报警系统设备应选择符合国家有关标准和有关市场准入制度的产品。

(2)所有消防系统的成套设备(包括消防电源设备)均由承包商成套供货,并负责安装调试;箱面应加注“消防”标志,其标志应符合《消防安全标志　第1部分:标志》(GB 13495.1)。

(3)线槽、保护管在穿越不同区域之间墙或楼板处的孔洞应采用非燃性材料严密封堵,详见《钢导管配线安装》(03D301-3)、《线槽配线安装》(96D301-1)。

(4)火灾自动报警联动系统安装施工应密切与相关专业配合,同时须符合《火灾自动报警系统施工及验收规范》(GB 50166—2007)。本工程图纸须消防审批后方可施工。

八、消防系统图

图例、联动模块与被控设备、管线表,如图 7-1 所示。

火灾自动报警及联动控制系统图(一),如图 7-2 所示。

火灾自动报警及联动控制系统图(二),如图 7-3 所示。

消防水炮灭火系统设计说明及系统图、气体灭火系统图,如图 7-4 所示。

防火门电源监控系统图、消防设备电源监控系统图、电气火灾监控系统图,如图 7-5 所示。

九、消防平面图

火灾自动报警平面图、消防联动控制平面图、地下室夹层干线平面图,如图 7-6 ~ 图 7-14 所示。

第二篇

安全防范系统

第八章　安全防范系统概述

随着我国经济的发展,人们的生活水平和生活质量明显提高。人们在改善自己生活条件的同时,对居住环境的安全问题日益关注,加强智能建筑安全防范设施的建设和管理,提高安全防范功能,已成为当前城市建设和管理工作中的重要内容。本章主要介绍安全防范系统的概念、构成、防范手段等内容。

第一节　安全防范系统的构成

一、安全防范基本概念

所谓安全,就是没有危险、不受侵害、不出事故;所谓防范,就是防备、戒备,而防备是指做好准备以应付攻击或避免受害,戒备是指防备和保护。

安全防范定义:做好准备和保护,以应付攻击或者避免受害,从而使被保护对象处于没有危险、不受侵害、不出现事故的安全状态。显而易见,安全是目的,防范是手段,通过防范的手段达到或实现安全的目的,就是安全防范的基本内涵。

实际上,安全有两个层次的含义:一是指自然属性的安全:Safety,它主要是指发生自然灾害(水、火、地震等)和准自然灾害(如产品设计不合理,环境、卫生要求不合格等)所产生的对安全的破坏,这类安全被破坏,主要不是由于人的有目的参与而造成的。二是有明显人为属性的安全:Security,它主要是指由于人的有目的参与(如盗窃、抢劫、刑事犯罪等)而引起的对安全的破坏。

对人类安全的威胁,大致可以分为三类:一类是来自自然界或主要是自然因素引发的安全威胁,可以称为自然属性(或准自然属性)的安全威胁;另一类是来自社会人文环境或主要是人为因素引发的安全威胁,可以称为社会人文属性(或社会属性)的安全威胁;第三类是上述两种因素相互影响、综合作用而产生的对安全的威胁。

因此,建筑安全防范行业应该包括 Safety 和 Security 两层含义,即将安全与防范连在一起使用,构成一个新的复合词“安全防范”。它不仅包括以防盗、防劫、防入侵、防破坏为主要内容的狭义“安全防范”,而且包括防火安全、交通安全、通信安全、信息安全以及人体防护、医疗救助防煤气泄漏等诸多内容,即综合性安全威胁(Safety/Security)。

安全防范系统是以维护社会公共安全和预防、制止重大治安事故为目的,综合运用技防产品和其他相关产品所组成的电子系统或网络。安全防范系统包括入侵报警系统、视频监控系统、门禁控制系统、电子巡查系统、停车场控制系统、对讲系统、消防控制系统等。

二、安全防范的三种基本防范手段

在科学技术日新月异、智能型和技术型犯罪日趋增多,新的犯罪手段层出不穷的今天,安全防范成为社会公共安全科学技术的一部分,安全防范行业是社会公共安全行业的一个分支。

安全防范是包括人力防范(人防)、实体防范(物防)和技术防范(技防)三方面的综合防范体系。对于保护建筑目标来说,人力防范和实体防范是古已有之的传统防范手段,它们是安全防范的基础,具有一定的局限性,随着科学技术的不断进步,这些传统的防范手段也不断融入新科技的内容。人力防范是指执行安全防范任务的具有相应素质人员和/或人员群体的一种有组织的防范行为(包括人、组织和管理等),主要有保安站岗、人员巡查、报警按钮、有线和无线内部通信等;实体防范是指用于安全防范目的、能延迟风险事件发生的各种实体防护手段(包括建(构)筑物、屏障、器具、设备、系统等),主要是实体的防护,如周界的栅栏、围墙、入口门栏等;技术防范的概念是在近代科学技术(最初是电子报警技术)用于安全防范领域并逐渐形成的一种独立防范手段的过程中所产生的一种新的防范概念,是指利用各种电子信息设备组成系统和/或网络,以提高探测、延迟、反应能力和防护功能的安全防范手段,即是以各种现代科学技术、运用技防产品、实施技防工程为手段,以各种技术设备、集成系统和网络来构成安全保证的屏障。只有人防、物防与技防有机地结合,应用现代科学技术手段和设备,对需要进行安全防范的现场和部门进行有效的控制、管理、守卫,充分发挥技防和人防的综合作用,加强社会治安综合治理才是根本出路。

随着现代科学技术的不断发展和普及应用,“技术防范”的概念也越来越普及,技术防范的内容也随着科学技术的进步而不断更新。在科学技术迅猛发展的当今时代,可以说几乎所有的高新技术都将或迟或早地移植、应用于安全防范工作中。因此,“技术防范”在安全防范技术中的地位和作用将越来越重要,它已经带来了安全防范的一次新的革命,电子化安防将是大势所趋。

三、安全防范的三个基本要素

安全防范的三个基本要素是:探测、延迟与反应。探测(Detection)是指感知显形和隐性风险事件的发生并发出报警;延迟(Delay)是指延长和推延风险事件发生的进程;反应(Response)是指组织力量为制止风险事件的发生所采取的快速行动。在安全防范的三种基本手段中,要实现防范的最终目的,都要围绕探测、延迟、反应这三个基本防范要素开展工作、采取措施,以预防和阻止风险事件的发生。当然,三种防范手段在实施防范的过程中,所起的作用有所不同。

人防是利用人们自身的传感器(眼、耳等)进行探测,发现妨害或破坏安全的目标,作出反应;用声音警告、恐吓、设障、武器还击等手段来延迟或阻止危险的发生,在自身力量不足时还要发出求援信号,以期待作出进一步的反应,制止危险的发生或处理已发生的危险。

物防的主要作用在于推迟危险的发生,为“反应”提供足够的时间。现代的实体防范,已不是单纯物质屏障的被动防范,而是越来越多地采用高科技的手段,一方面使实体屏障被破坏的可能性变小,增大延迟时间;另一方面也使实体屏障本身增加探测和反应的功能。

技防可以说是人力防范手段和实体防范手段的功能延伸和加强,是对人力防范和实体防范在技术手段上的补充和加强。它要融入人力防范和实体防范之中,使人力防范和实体防范在探测、延迟、反应三个基本要素中间不断地增加高科技含量,不断提高探测能力、延迟能力和反应能力,使防范手段真正起到作用,达到预期的目的。

探测、延迟和反应三个基本要素之间是相互联系、缺一不可的关系。一方面，探测要准确无误，延迟时间长短要合适，反应要迅速；另一方面，反应的总时间应小于或等于探测加延迟的总时间。

四、安全防范系统的构成模式

1. 安全防范系统的构成

安全防范的基本功能是设防、发现和处置，首先对防护区域和防护目标进行布防，利用防盗报警探测器、摄像机等物理设施来探测、监视防护区域。采用自动化监控、报警等防范技术措施进行管理，再配以保安人员值班和巡逻，一旦有侵害，可及时发现、防患于未然，并可及时处理。安全防范系统的构成，如图 8-1 所示。

（1）视频安防监控系统

视频安防监控系统是利用视频技术探测、监视设防区域并实时显示、记录现场图像的电子系统或网络。

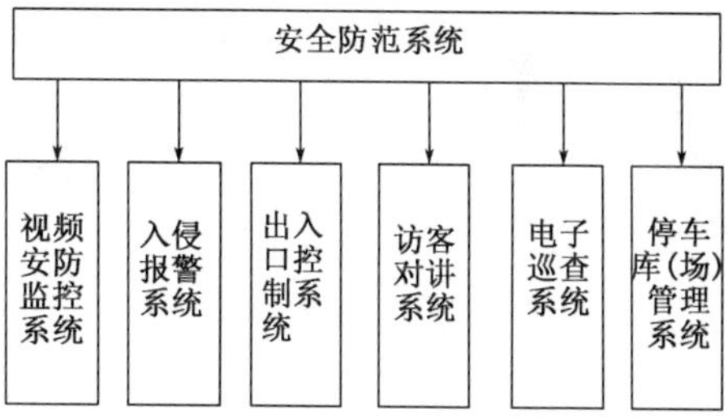

图 8-1　安全防范系统

视频安防监控系统由前端设备、传输电缆、系统的终端设备等组成。电视监控系统的前端设备是各种类型的摄像机（或视频报警器）及其附属设备，传输方式可采用同轴电缆传输或光纤传输；系统的终端设备是显示、记录、控制、通信设备（包括多媒体技术设备），一般采用独立的视频中心控制台或监控—报警中心控制台。

（2）入侵报警系统

入侵报警系统是利用传感器技术和电子信息技术探测并指示非法进入或试图非法进入设防区域的行为、处理报警信息、发出报警信息的电子系统或网络。

入侵报警系统一般由周界防护、建筑物内（外）区域/空间防护和实物目标防护等部分单独或组合构成。系统的前端设备为各种类型的入侵探测器（传感器）。传输方式可以采用有线传输或无线传输，有线传输又可采用专线传输、电话线传输等方式；系统的终端显示、控制、设备通信可采用报警控制器，也可设置报警中心控制台。系统设计时，入侵探测器的配置应使其探测范围有足够的覆盖面，应考虑使用各种不同探测原理的探测器。

（3）出入口控制系统

出入口控制系统是利用自定义符识别或/和模式识别技术对出入口目标进行识别并控制出入口执行机构启闭的电子系统或网络。

出入口控制系统一般由出入口对象（人、物）识别装置、出入口信息处理、控制、通信装置和出入口控制执行机构三部分组成。出入口控制系统应有防止一卡进多人或一卡出多人的防范措施，应有防止同类设备非法复制有效证件卡的密码系统，密码系统应能授权修改。

（4）可视对讲系统

可视对讲系统是指对来访客人与主人之间提供双向通话或可视通话，并由主人遥控防盗门的开关及向保安监控中心进行紧急报警的一种安全防范系统。访客对讲系统适用于智能化住宅小区、高层住宅楼和单元式公寓。

(5)电子巡查系统

电子巡查系统是对保安巡查人员的巡查路线、方式及过程进行管理和控制的电子系统。

电子巡查系统是按设定程序路径上的巡查开关或读卡器,使保安人员能够按照预定的顺序,在安全防范区域内的巡视站进行巡逻,可同时保障保安人员以及大楼的安全。

(6)停车场管理系统

停车库(场)管理系统是对进、出停车库(场)的车辆进行自动登录、监控和管理的电子系统或网络。停车场管理系统包括汽车出入口通道管理、停车计费、车库内行车信号指示、库内车位空额显示诱导等。

安全防范系统正在向综合化、智能化方向发展。以往出入口控制系统、入侵报警系统、视频安防监控系统、可视对讲系统、电子巡查系统、停车场管理系统等,是各自独立的系统。目前,先进的安全防范系统一般由计算机协调共同工作,构成集成化安全防范系统,可以对大面积范围、多部位地区进行实时、多功能监控,并能对得到的信息进行及时分析与处理,实现安全防范的目的。由此可见,一个安全防范系统是多个子系统的有机结合,而不是各种设备系统的简单堆砌。

2. 安全防范系统的构成模式

安全防范系统的构成模式是指管理控制结构模式,按其规模大小、复杂程度可分为分散式、组合式、集成式三种类型。

(1)分散式安全防范系统

①相关子系统独立设置,独立运行。系统主机应设置在值班室,系统应设置联动接口,以实现与其他子系统的联动。

②各子系统应能单独对其运行状态进行监测和控制,并能提供可靠的监测数据和管理所需要的报警信息。

③各子系统应能对其运行状况和重要报警信息进行记录,并能向管理部门提供决策所需的主要信息。

④设置紧急报警装置,留有向接处警中心报警的通信接口。

(2)组合式安全防范系统

①安全管理系统应设置在监控中心。通过统一的管理软件实现监控中心对各子系统的联动管理与控制。安全管理系统的故障应不影响各子系统的运行;某一子系统的故障应不影响其他子系统的运行。

②能对各子系统的运行状态进行监测和控制,并能对系统运行状况和报警信息数据等进行记录和显示。可设置必要的数据库。

③能对信息传输系统进行检测,并能与所有重要部位进行有线或无线通信联络。

④设置紧急报警装置。留有向接处警中心联网的通信接口。

⑤留有多个数据输入、输出接口,应能连接各子系统的主机。

(3)集成式安全防范系统

集成式是最高标准模式,随着智能建筑的推广普及,系统集成方式越来越多地应用在安全防范系统工程中,系统集成正向着开放型、网络化方向不断提高。

①安全管理系统设置在监控中心，通过统一的通信平台和管理软件将监控中心设备与各子系统设备联网，实现由监控中心对各子系统的自动化管理与监控。安全管理系统的故障应不影响各子系统的运行；某一子系统的故障应不影响其他子系统的运行。

②能够对各子系统的运行状态进行监测和控制，并对系统运行状况和报警信息数据等进行记录和显示，应设置足够容量的数据库。

③建立以有线传输为主、无线传输为辅的信息传输系统。能够对信息传输系统进行检测，并能与所有重要部位进行有线或无线通信联络。

④设置紧急报警装置。留有向接警中心联网的通信接口。

⑤留有多个数据输入、输出接口，能连接各子系统的主机，能连接上位管理计算机，以实现大规模的系统集成。

第二节　安全防范系统的发展历程

我国安全防范事业开始于20世纪70年代末期，1979年公安部下发77号文件，明确要求各地公安机关建立专门机构开展技术防范工作，由此揭开了我国安全技术防范事业的序幕。20世纪80年代初全国社会公共安全行业管理委员会成立之后，我国安全防范行业得到了蓬勃的发展，80年代中期，公安部科技司成立了安全技术防范处之后，公安部安全技术防范工作领导小组正式成立，下设公安部技术防范管理办公室（设在科技局），统一领导全国的技防工作。

公安部及安防科技的主管部门科技局非常重视安全技术防范工作，在组织机构方面做了全面部署，80年代末期，分别组建了全国安防标准化机构和公安部的质检中心，同时组织制定了大量法规性文件和技术防范产品有关标准，规范了安防产品的生产、销售，加强了市场管理，对于提高安防产品质量、抑制伪劣产品进入市场起到积极作用。特别是公安部和国家质量技术监督局，联合发布了《安全技术防范产品管理办法》，以法规手段加强了安全技术防范产品的质量和市场准入管理。为将我国的安防市场管理与国际接轨，经国家质量技术监督局批准，成立了中国安全技术防范认证委员会，并组建认证委员会的常设工作机构——中国安全技术防范认证中心，在安防行业内开展认证业务，强化安全防范产品监督，进而按国际惯例加强行业管理。安防行业得到了有力的政策支持，同时组织管理也进一步得到落实，这对于推动安防行业的发展具有非常重要的意义。

1992年，经国家民政部批准，中国安全防范产品行业协会成立，协助政府主管部门对安防行业进行管理。十余年来，安全防范标准化技术委员会制定并经批准、发布了近百项安防产品、系统的技术标准，两个检测中心承担了国内外各类安防产品的检测任务。行业协会举办了多次大型的国际安防产品博览会，扩大了安防市场的开放程度，增进了国际安防企业间的交往，加强了国内同行业间的联系，成为安防行业保持巨大凝聚力的重要活动，受到国内外著名安防产品厂商的热烈欢迎。目前，国内从事安防产品生产和安防系统工程设计、施工安装的企业数千家，从业人员达数十万，从业单位遍及各个行业。

经行业协会领导的积极协调、组织，协会与寰岛集团所属的华夏公司合作，组建了“中国安全防范行业网”，对行业内的政策法规以及协会的最新动态进行全面报道。

中国安防事业的发展,已经走过了30余年的历程。回顾中国安防事业的发展历程,它是共和国社会主义建设事业的一部分,是共和国改革开放事业的一部分,它与社会主义建设事业和改革开放事业同步发展、共同前进。30余年来,中国的安防事业取得了蓬勃发展和长足进步。已由简单的安防产品生产发展到了集研发、生产、销售、服务为一体的安防产品生产体系,在行业内已经形成了一批具有自主创新的安防企业,在全球安防产品市场中占有重要席位。

纵观中国安防行业30余年发展历史,不论是管理体制的变化,还是产品服务对象的延伸,进而到安防科技的发展,都清晰地说明了其与中国社会经济发展的关系,也给我们把握我国安防行业的未来以有益的启示。我国的安防事业的发展,正如日中天,方兴未艾。

本章小结

本章主要是使读者对安全防范系统有一个初步的认识。首先介绍了安全防范的概念及安全防范系统的组成、安全防范系统的三种构成模式要求,最后阐述了我国安全防范系统的发展历程。

复习思考题

1. 安全防范的三种基本防范手段是什么?
2. 安全防范系统包括哪些子系统?
3. 简述安全防范系统的构成模式。

第九章　视频安防监控系统

视频安防监控系统是现代监测、控制、管理的重要手段之一。它可以通过摄像机及其辅助设备（如镜头、云台等）直接观看被监视场所的实际情况，并可以把所拍摄的图像用录像、多媒体技术等记录下来。它获得的信息量大，一目了然，是报警复核、动态监控、过程控制和信息记录的有效方法。智能建筑要求视频安防监控系统具有一定的联动控制功能，因此，在控制台上要设有入侵防范及其他紧急情况的联动接口。在接到联动控制报警信号时，启动录像机自动对有警情的被监视区域进行录像。同时物业管理中心工作人员根据警报来源能够控制云台进行跟踪监视，并可采取相应处理措施。

一般来说，视频安防监控系统是安防体系中防范能力极强的一个综合系统，也是楼宇自动化系统的重要组成部分。

第一节　视频安防监控系统概述

视频安防监控系统是利用视频技术探测、监视设防区域并实时显示、记录现场图像的电子系统或网络。

一、视频安防监控系统的组成

视频安防监控系统根据其使用环境、使用部门和系统的功能而具有不同的组成方式，无论系统规模的大小和功能的多少，一般电视监控系统由摄像部分、传输系统、控制/管理、显示和记录四个部分组成，每个部分又由许多设备按照一定的规则组成，如图 9-1 所示。

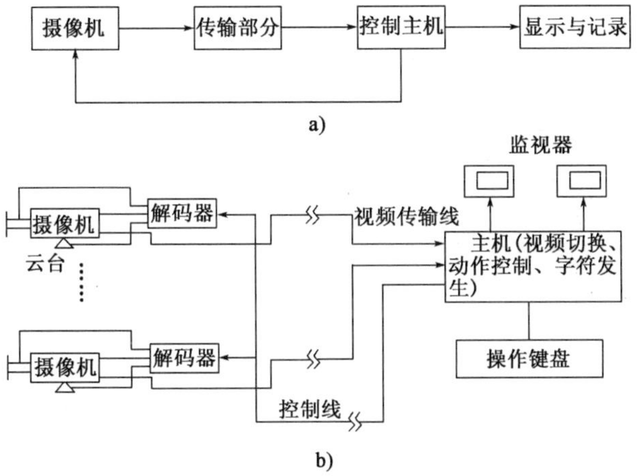

图 9-1　视频安防监控系统的基本组成

a）组成框图；b）示例

根据对监视对象监视方式不同,视频安防监控系统的构成模式一般有四种类型。

1. 单头单尾方式

这是最简单的组成方式,如图9-2a)所示。头指摄像机、尾指监视器。这种由一台摄像机和一台监视器组成的方式用在一处连续监视一个固定目标的场合。

如图9-2b)所示增加了一些功能,比如摄像镜头焦距的长短、光圈的大小、远近聚焦都可以遥控调整,还可以遥控电动云台的左右上下运动和接通摄像机的电源。摄像机加上专用外罩就可以在特殊的环境条件下工作。这些功能的调节都是靠控制器完成的。

2. 单头多尾方式

如图9-2c)所示,它是由一台摄像机向许多监视点输送图像信号,由各个点上的监视器同时观看图像。这种方式用在多处监视同一个固定目标的场合。

3. 多头单尾方式

如图9-2d)所示是多头单尾系统,用在一处集中监视多个目标的场合。它除了控制功能外,它还具有切换信号的功能。如果系统中设有动作控制的要求,那么它就是一个视频信号选切器。

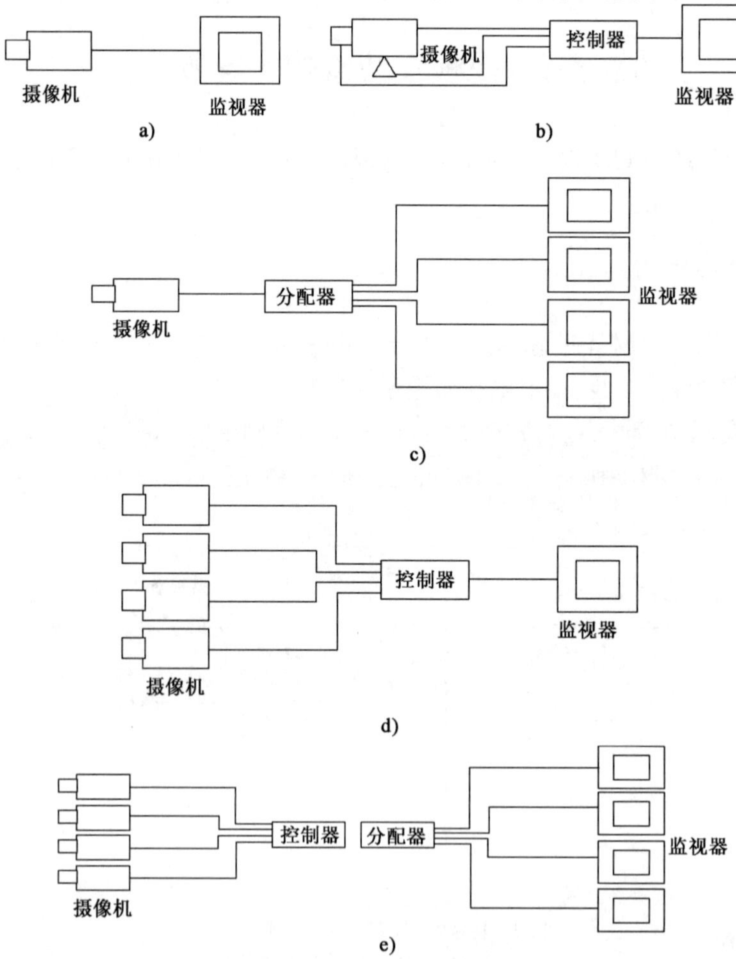

图9-2 视频安防监控系统组成方式

4. 多头多尾方式

如图9-2e）所示是多头多尾任意切换方式的系统，用于多处监视多个目标的场合。此时宜结合对摄像机功能遥控的要求，设置多个视频分配切换装置或矩阵网络。每个监视器都可以选切各自需要的图像。

二、视频安防监控系统的功能

视频安防监控系统是在建筑物的主要通道及周界设置前端摄像机，将图像传送到管理中心。中心对整个建筑物进行实时监控和记录，使中心管理人员充分了解整个建筑物的动态，以便及时发现和处理异常情况。它的功能要求如下：

（1）对小区或公共建筑物的主要出入口、主干道、周界围墙、停车场出入口以及其他重要区域进行记录。

（2）中心监视系统应采用多媒体视像显示技术，由计算机控制、管理及进行图像记录。

（3）报警信号与摄像机联锁控制，录像机与摄像机联锁控制。

（4）系统可与防盗报警系统联动进行图像跟踪及记录，当监控中心接到报警时，监控中心图像视屏上立即弹出与报警相关的摄像机图像信息。

（5）视频失落及设备故障报警。

（6）图像自动、手动切换，云台及镜头的遥控。

（7）报警时，报警类别、时间、确认时间及相关信息的显示、存储、查询及打印。

第二节　视频安防监控系统主要设备

一、摄像部分

摄像部分是视频安防监控系统的前端，是整个系统的“眼睛”，其作用是将所监视目标的光信号变为电信号。它布置在监视场所的某一位置上，使其视角能覆盖整个监视部位。有的，监视场所面积较大，为了减少摄像机所用的数量、简化传输系统及控制与显示系统，会在摄像机上加装电动的（可遥控的）可变焦距（变倍）镜头，使摄像机在所能观察到的距离内查远、查清楚；有时还把摄像机安装在电动云台上，通过控制台的控制，可以使云台带动摄像机进行水平和垂直方向的转动，从而使摄像机能监视的角度、面积扩大。总之，摄像机就像整个系统的眼睛一样，把它监视的内容变为图像信号，传送给控制中心的监视器。因此，摄像部分的好坏以及它产生的图像信号的清晰度将影响着整个系统的质量。认真选择和设置摄像部分是至关重要的。

1. 摄像机

摄像机处于视频安防监控系统的前端，它将被摄物体的光图像转变为电信号—视频信号，为系统提供信号源，因此它是该系统中最重要的设备之一。

摄像机分类如下：

(1)按摄像器件类型划分

为电真空摄像管的摄像机和CCD(固体摄像器件)摄像机,目前一般都采用CCD摄像机。

(2)按颜色划分

有黑白摄像机和彩色摄像机,两者特性比较如表9-1所示。

黑白与彩色摄像机特性对比　　表9-1

项目	黑白摄像机	彩色摄像机	项目	黑白摄像机	彩色摄像机
灵敏度	高	低	图像视觉	只有黑白	有色彩、真实
分辨率	高	低	价格	低	高
尺寸和重量	小	大			

因此,从图像监视角度来说,视频安防监控系统一般宜采用黑白摄像机,只有当对监视区有识别颜色要求时才采用彩色摄像机。

(3)按图像信号处理方式划分

①数字视频(DV)格式的全数字式摄像机。

②带数字信号处理(DSP)功能的摄像机。

③模拟式摄像机。

(4)按摄像机结构划分

①普通单机形:镜头需另配。

②机板形(Board Type):摄像机部件和镜头全部在一块印制电路板上。

③针孔形(Pinhole Type):带针孔镜头的微型化摄像机。

④球形(Dome Type):将摄像机、镜头、防护罩或者还包括云台和解码器组合在一起的球形或半球形摄像前端系统,使用方便。

(5)按摄像机分辨率划分

①摄像像素在25万像素左右、彩色分辨率为330线、黑白分辨率为400线左右的为低档型。

②摄像像素在25万~38万像素之间、彩色分辨率为420线、黑白分辨率为500线左右的中档型。

③摄像像素在38万像素以上、彩色分辨率大于或等于480线、黑白分辨率为600线以上的为高档型。

(6)按摄像机灵敏度划分

①普通型:正常工作所需照度为1~3lx。

②月光型:正常工作所需照度为0.1lx左右。

③星光型:正常工作所需照度为0.01lx以下。

④红外照明型:原则上可以为零照度,采用红外光源成像。

(7)按摄像元件的CCD靶面大小划分

有1in、2/3in、1/2in、1/3in、1/4in等几种。目前,市场1/2in摄像机所占比例急剧下降,1/3in摄像机占据主导地位,1/4in摄像机所占比例将会迅速上升。各种靶面的高、宽尺寸,如表9-2所示。

CCD 摄像机靶面像场的 a、b 值　　表 9-2

像场尺寸 \ 摄像机管径[in(mm)]	1 (25.4)	2/3 (17)	1/2 (13)	1/3 (8.5)	1/4 (6.5)
像场高度 a(高)(mm)	9.6	6.6	4.6	3.6	2.4
像场宽度 b(宽)(mm)	12.8	8.8	6.4	4.8	3.2

在选用摄像机时,除应注意表 9-2 列举的参数外,还有信噪比、电源、功耗、镜头接口、外形尺寸、重量等,彩色摄像机还应注意白平衡、黑平衡、制式等。其中,摄像机的扫描制式有 NTSC 制和 PAL 制等,我国一般都采用 PAL 制式。

2. 摄像机镜头

镜头是摄像机的眼睛,起着收集光线的作用,正确选择镜头以及良好的安装与调试是清晰成像的第一步。

(1)按摄像机镜头分类

其有 1in、2/3in、1/2in、1/3in、1/4in 等规格,镜头规格应与 CCD 靶面尺寸相对应,即摄像机靶面大小为 1/3in 时,镜头同样应选 1/3in 的。为 1in 摄像机设计的镜头可被用于 1/2in 和 2/3in 的摄像机,只是缩小了视场角,但反之则不然,因为 1/2in 和 2/3in 摄像机的镜头无法产生需采用 1in 镜筒才能获得的图像。

(2)按镜头安装分类

有 C 安装座和 CS 安装(特种 C 安装)座。两者螺纹相同,但两者镜头到感光表面的距离不同。前者从镜头安装基准面到焦点的距离为 17.526mm,后者为 12.5mm。

(3)按镜头光圈分类

有手动光圈和自动光圈。自动光圈镜头又有两类:视频输入型——将视频信号及电源从摄像机输送到镜头来控制光圈;DC 输入型——利用摄像机上直流电压直接控制光圈。

(4)按镜头的视场角大小分类

①标准镜头:视角 30°左右,在 1/2in CCD 摄像机中,标准镜头焦距定为 12mm;在 1/3in CCD 摄像机中,标准镜头焦距定为 8mm。

②广角镜头:视角 90°以上,可提供较宽广的视野。1/2in 和 1/3in CCD 摄像机的广角镜头标准焦距分别为 6mm 和 4mm。

③远摄镜头:视角在 20°以内,此镜头可在远距离情况下将拍摄的物体影像放大,但使观察范围变小。1/2in 和 1/3in CCD 摄像机远摄镜头焦距分别为大于 12mm 和大于 8mm。

④变焦镜头(Zoom Lens)也称为伸缩镜头,有手动变焦镜头(Manual Zoom Lens)和电动变焦镜头(Motorized Zoom Lens)两类。由于在一个镜头内能够使镜头焦距在一定范围内变化,因此可以使被监控的目标放大或缩小。典型的光学放大规格有 6 ~ 20 倍等不同档次,并以电动伸缩镜头应用最普遍。按变焦镜头参数可调整的项目划分为:

A. 三可变镜头:光圈、聚焦、焦距均需人为调节。

B. 二可变镜头:通常是自动光圈镜头,而聚焦和焦距需人为调节。

C. 单可变镜头:一般是自动光圈和自动聚焦的镜头,而焦距需人为调节。

⑤针孔镜头:镜头直径几毫米,可隐蔽安装。

表9-3和9-4为定焦和变焦镜头的参数。

常用定焦距镜头参数表(1) 表9-3

焦距(mm)	最大相对孔径	像场角度		分辨能力(线数/mm)		透射系数	边缘与中心照度比(%)
		水平	垂直	中心	边缘		
15	1:1.3	48°	36°	—	—	—	—
25	1:0.95	32°	24°	—	—	—	—
50	1:2	27°	20°	38	20	—	48
75	1:2	16°	12°	35	17	0.75	40
100	1:2.5	14°	10°	38	18	0.78	70
135	1:2.8	10°	7.8°	30	18	0.85	55
150	1:2.7	8°	6°	40	20	—	—
200	1:4	6°	4.5°	38	30	0.82	80
300	1:4.5	4.5°	3.5°	35	26	0.87	87
500	1:5	2.7°	5°	32	15	0.84	90
750	1:5.6	2°	1.4°	32	16	0.58	95
1000	1:6.3	1.4°	1°	30	20	0.58	95

常用变焦距镜头参数表(2) 表9-4

焦距(mm)	相对孔径	视场角			最近距离(mm)
		对角线	水平	垂直	
12~120	1:2	5°14′ 49°16′	4°12′ 40°16′	35°10′ 30°1′	1.3
12.5~50	1:1.8	12°33′ 47°28′	10°03′ 38°48′	7°33′ 92°35′	1.2
12.5~80	1:1.8	8°58′ 47°28′	6°18′ 38°18′	4°44′ 29°34′	1.5
14~70	1:1.8	8°58′ 42°26′	7°12′ 34°54′	5°24′ 26°32′	1.2
15~150	1:2.5	6°04′ 55°50′	4°58′ 45°54′	30°38′ 35°08′	1.7
16~64	1:2	9°48′ 37°55′	7°52′ 30°45′	5°54′ 23°18′	1.2
18~108	1:2.5	8°24′ 47°36′	6°44′ 38°48′	5°02′ 29°34′	1.5
20~80	1:2.5	11°20′ 43°18′	9°04′ 35°14′	6°48′ 26°44′	1.2
20~100	1:1.8	9°04′ 35°14′	7°16′ 28°30′	5°26′ 21°34′	1.3
25~100	1:1.8	9°04′ 35°14′	7°16′ 28°30′	5°26′ 21°34′	2

3. 云台

摄像机云台是一种安装在摄像机支撑物上的工作台，用于摄像机与支撑物之间的连接，云台具有水平和垂直回转的功能。

云台与摄像机配合使用能达到扩大监视范围的作用，提高了摄像机的使用价值。

云台的种类很多，可按不同方式分类如下：

(1)按安装位置划分

室内云台和室外云台(全天候云台)。室外云台对防雨和抗风能力要求高，但仰角一般较小，以保护摄像机镜头。

(2)按运动方式划分

有固定支架云台和电动云台。电动云台按运动方向又分水平旋转云台(转台)和全方位旋转云台两类。表9-5为几种常用电动云台的特性。

几种常用电动云台的特性 表9-5

性能＼种类		室内限位旋转式	室外限位旋转式	室外连续旋转式	室外自动反转式
水平旋转速度		6°/s	3.2°/s	—	6°/s
垂直旋转速度		3°/s	3°/s	3°/s	—
水平旋转角		0～350°	0～350°	0～360°	0～350°
垂直旋转角	仰	45°	15°	30°	30°
	俯	45°	60°	60°	60°
抗风力		—	60m/s	60m/s	60m/s

(3)按承受负载能力分

转载云台：最大负重90.8N(20lbf)。

中载云台：最大负重227N(50lbf)。

重载云台：最大负重454N(100lbf)。

防爆云台：用于危险环境，可负重100lbf。

(4)按旋转速度分

恒速云台：只有一档速度，一般水平转速最小值为6°～12°/s，垂直俯仰速度为3°～3.5°/s。

可变速云台：水平转速为0～400°/s，垂直倾斜速度多为0～120°/s，最高可达400°/s。

4. 防护罩

摄像机作为电子设备，其使用范围受元器件使用环境条件的限制。为了使摄像机能在各种条件下应用，就要使用防护罩。

摄像机防护罩按其功能和使用环境可分为室内型防护罩、室外型防护罩、特殊型防护罩。

(1)室内型防护罩的要求比较简单，其主要是保护摄像机在室内的良好使用，有防灰尘、隐蔽功能，使监视具有隐蔽性，被监视场合和对象不易察觉，可采用针孔镜头，并带有装饰性的隐蔽防护外罩，隐蔽方式多样。例如，带有半球形玻璃防护罩的CCD摄像机，外形类似一般家用照明灯具，安装在室内天花板或墙上，可对室内进行窥摄，具有隐蔽性强、监视范围大等特点。对室内防护罩还要求外形美观、简单，安装也要求简单实用等。不过，有些使用环境条件良好，也可省去室内防护罩，直接将摄像机安装在支架上进行现场监视。

（2）室外防护罩要比室内防护罩复杂得多，其主要功能有防晒、防雨、防尘、防冻、防结露。气温35℃以上时，要有冷却装置，低于0℃时要有加热装置。一般室外防护罩都有温度继电器，在温度高时自动打开风扇冷却，温度低时自动加热。下雨时可以人为控制刮水器刷雨。有些室外防护罩的玻璃可以加热，如果防护罩有结霜，可以加热除霜。我国幅员辽阔，气候复杂，南方高温、潮湿，北方干燥、寒冷，在选择防护罩时应注意使用的地理环境。例如在南方，最冷在0℃左右，不需要带加热功能的防护罩，而在北方，则需要有此功能。室外防护罩的优劣对摄像机在室外应用非常重要，在设计时不可忽视。

摄像机防护罩的设备包括刮水器、清洁器、防霜器、加热器和风扇等，在选择防护罩时应根据摄像机安装环境条件，适当配备上述附属设备。

刮水器用于防止雨雪附着在摄像机镜头上，一般都安装于机头朝上的摄像机罩上。防霜器实际上是把防护罩前的窗玻璃改为导电玻璃，并用约10W功率的电源加热，即可避免霜雾。加热器用于温度在10℃以下的环境使机罩内的温度保持在0℃以上。风扇则用于温度比较高的环境，采用风冷方式以保证摄像机正常的工作温度。

5. 一体化摄像机

一体化摄像机现在专指可自动聚焦、镜头内设的摄像机，其技术从家用摄像机技术发展而来，与传统摄像机相比，一体化摄像机体积小巧、美观，安装、使用方便，监控范围广、性价比高，在成功应用于教育行业视频展示台之后，正对安防监控系统产业形成新一轮的冲击。

（1）一体化摄像机的定义

对于一体化摄像机，一直以来有几种不同的理解，有指半球形一体机、快速球形一体机、组合云台的一体化摄像机和镜头内设的一体机。严格来说，快速球形摄像机、半球形摄像机与一般的一体机不是一个概念，但所用摄像机技术是一样的，因而一般也会将其归为一体化范畴。现在通常所说的一体化摄像机应专指镜头内建、可自动聚焦的一体化摄像机。

（2）一体化摄像机的特点

与传统摄像机相比，一体机体积小巧、美观，在安装方面具有优势，比较方便，其电源、视频、控制信号均有直接插口，不像传统摄像机有麻烦的连线。一体机成像系统（镜头）、CCD、DSP技术专利均被国际知名企业所掌握，相对传统摄像机来说，一体机质量可以得到较好的控制。同时，一体化摄像机监控范围广、性价比高。传统摄像机定位系统不够灵活，多需要手动对焦，而一体化摄像机最大的优点就是具有自动聚焦功能。

可以做到良好的防水功能也是一体化摄像机的特色之一，室外型一体化摄像机都具有防水功能，而传统摄像机需和云台、防护罩配合使用才可以达到防水的功能。

（3）一体化摄像机的类型

一体化摄像机种类繁多，目前的市场主体可分为彩色高解型和日夜转换型，以16倍、18倍、20倍、22倍变倍最多，其他6倍、10倍应用较少。总体来说，一体机的趋势是照度越来越低、倍数越来越高。如三星的SCC-C4203P型一体化摄像机，需要具有日夜彩色自动转黑白功能，内置22倍光学变焦及10倍电子变焦镜头，彩色最低需要照度0.02lx，黑白最低需要照度

0.002lx。

(4)一体化摄像机的发展及前景

一体化摄像机的发展方向可从几个方面来看：

①成像技术：镜头倍数高，拍摄距离广、远。

②像素数高：提高图像清晰度。

③实用性：开发商的思路、对市场的理解，决定其产品是否具有实用价值。

一体化摄像机的技术有日夜自动转换功能、图像遮盖效果、图像翻滚、图像报警等。与普通摄像机一样，一体化摄像机在数字化及网络功能上也有新的进展，主要是数字化处理技术，在一体机内部嵌入 IP 处理模块，具备网络功能；另外就是目标锁定、自动跟踪功能。理论上来说，自动跟踪功能可以很好地实现，可是实际应用中在多目标跟踪时一体机只能自动选择最大的目标进行锁定。网络功能与自动跟踪功能也是未来摄像机(包括一体化摄像机和普通摄像机)发展的方向。

一体化摄像机市场应用呈快速增长之势，而价格呈不断下降之势，早期普遍认为一体化摄像机价格太高，影响了一体化摄像机的市场开拓，而从综合性价比及实用性来说，一体化摄像机以其独特的魅力，正在成为 CCTV 监控系统的新宠。

二、传输部分

传输部分的任务是把现场摄像机发出的信号传送到控制中心。它一般包括线缆调制解调设备、线路驱动设备等。

监视现场和控制中心之间有两种信号需要传输：一种是摄像机得到的图像信号要传到控制中心，一种是控制中心的控制信号要传送到现场，控制现场设备。

视频信号的传输可以是直接控制，即控制中心把控制量直接送入被控设备，如云台和变焦距镜头所需的电源、电流信号等。这种方式适用于现场控制设备较少的情况。

其次，当控制云台、镜头数量很多时，需要大量的控制线缆，线路也复杂，需采用多线编码的间接控制。这种方式中，控制中心直接把控制命令编成二进制或其他方式的并行码，由多线传输到现场的控制设备，再将它转换成控制量，对现场设备进行控制。这种方式比上一种方式用线少，在近距离控制时常采用。

另外，控制信号还可采用通信编码间接控制。这种方式采用串行通信编码控制方式，用单根线可以控制多路控制信号，到现场后再进行解码。这种方式可以传送 1000m 以上，能够大大节约线路费用。

除上述方式外，还有一种控制信号和视频信号共用一条电缆的同轴视控传输方式。这种方式不需要另行敷设控制电缆。其实现方法有两种：一种是频率分割，即把控制信号调制在与视频信号不同的频率范围内，然后同视频信号一起传送，到现场后把它们分解开；另一种是利用视频信号场消隐期间传送控制信号。同轴视控在短距离传送时较其他方法有明显的优点，但目前此类设备价格比较昂贵，设计时可综合考虑。

三、控制部分

控制部分是整个系统的“心脏”和“大脑”，是实现整个系统功能的指挥中心。控制部分主要由总控制台(有些系统还设有副控制台)组成。总控制台主要的功能有:视频信号放大与分配、图像信号的校正与补偿、图像信号的切换、图像信号(或包括声音信号)的记录、摄像机及其辅助部件(如镜头、云台、防护罩等)的控制(遥控)等等。在上述的各部分中,对图像质量影响最大的是放大与分配、校正与补偿、图像信号的切换三部分。总控制台的另一个重要方面是能对摄像机、镜头、云台、防护罩等进行遥控,以完成对被监视的场所全面、详细地监视或跟踪监视。总控制台上的录像机,可以随时把发生情况的被监视场所的图像记录下来,以便事后备查或作为重要依据。还有的总控制台上设有"多画面分割器",如 4 画面、9 画面、16 画面等。也就是说,通过这个设备,可以在一台监视器上同时显示出 4 个、9 个、16 个摄像机送来的各个被监视场所的图像画面,并用一台常规录像机或长延时录像机进行记录。上述这些功能的设置,要根据系统的要求而定,对于一些重要场所,为保证图像的连续和清晰,不采取以上方法或选用以上设备。

总控制台对摄像机及其辅助设备(如镜头、云台、防护罩等)的控制一般采用总线方式,把控制信号送给各摄像机附近"终端解码箱",在终端解码箱上将总控制台送来的编码控制信号解出,成为控制动作的命令信号,再去控制摄像机及其辅助设备的各种动作(如镜头的变倍、云台的转动等)。在某些摄像机距离控制中心很近的情况下,为节省开支,也可采用由控制台直接送出控制动作的命令信号——即"开、关"信号。总之,根据系统构成的情况及要求,可以综合考虑,以完成对总控制台的设计要求或订购要求。

1. 视(音)频切换器

视(音)频切换器是一种将多路摄像机的输出视频信号和音频信号,有选择地切换到一台或几台显示器和录像机上进行显示和记录的开关切换设备。

在视频安防监控系统中,一般有几个、几十个、上百个乃至上千个摄像机安装在安全防范现场,它们传送回来的视频图像在视频安防监控系统中一般没有必要实行一对一显示,以减少显示器的数量。通常情况下,采用 4∶1、6∶1、8∶1 或 12∶1 的方式进行手动切换或自动顺序切换即可满足安全防范工作的需求。

视(音)频切换器具有手动切换选择、自动顺序切换选择、同步显示和监听一组摄像机图像和声音的功能。具有报警功能的视频切换器带有与视频输入相同输入路径的报警输入端子,可以同时响应报警输入信号,进行报警联动摄像机图像的切换显示。

目前,常用的切换器有视(音)频切换器、视频切换器、报警输入视频切换器等。

2. 视频矩阵切换控制主机

视频矩阵切换控制主机的功能是将多台摄像机的视频图像按需要向各个视频输出装置做交叉传送,即可以选择任意一台摄像机的图像在任一指定的监视器上输出显示,犹如 M 台摄像机和 N 台监视器构成的 $M \times N$ 矩阵,一般视应用需要和装置中模板数量的多少,矩阵切换系统可大可小,最小系统可以是 4×1、大型系统可以达到 1024×256 或更大,如图 9-3 所示。

视频切换控制主机是视频安防监控系统的核心,多为插卡式箱体,除内有装置外,还插有一块含微处理器的 CPU 板、数量不等的视频输入板、视频输出板、报警接口板等,有许多的视频 BNC 接插座、控制连线插座及操作键盘插座等。

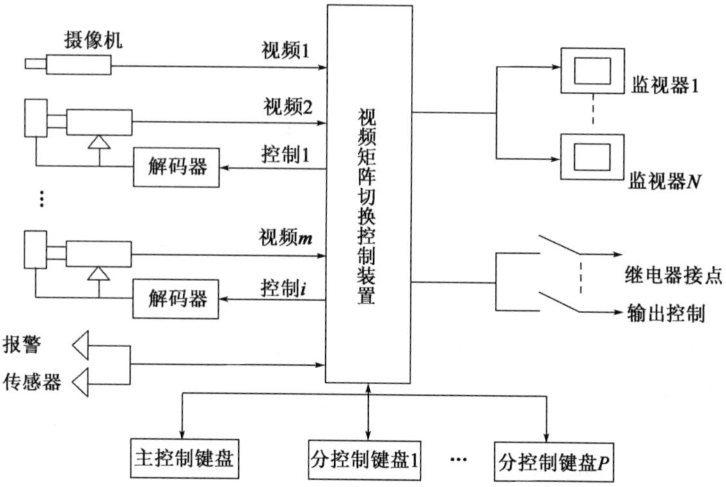

图 9-3　视频矩阵切换控制主机

(1)矩阵切换主机的分类

①按系统的连接方式分类

可分为并联连接方式矩阵切换主机和星形连接方式矩阵切换主机两种。

并联连接方式指电视监控系统中的所有控制设备(如矩阵切换主机、操作键盘、解码器、多媒体电脑控制平台、报警接口箱等)之间是通过一根通信总线相连接的,各控制设备之间的数据交换都是在这根通信总线上传输的。这一通信总线一般采用 RS-485 接口。在中小型电视监控系统中常常采用,具有施工简单、便于维护、便于扩展、节省材料等特点。

星形连接方式指电视监控系统中的所有控制设备(如矩阵切换主机、操作键盘、解码器、多媒体电脑控制平台、报警接口箱等)之间是通过矩阵切换主机相连接的,各控制设备之间的数据交换都要通过矩阵切换主机进行转发。这种连接方式在大中型监控系统中常常采用,具有施工简单、便于维护、便于扩展、便于管理等特点。

②按系统的容量大小分类

可分为小规模矩阵切换主机和大规模矩阵切换主机两种。

小规模矩阵切换主其矩阵规模已经固定,在以后的使用中不能随意扩展。如常见的 32 × 16(32 路视频输入、16 路视频输出)、16 × 8(16 路视频输入、8 路视频输出)、8 × 4(8 路视频输入、4 路视频输出)矩阵切换主机均属于小规模矩阵切换主机。其特点是产品体积较小,成本低。

大规模矩阵切换主机亦可称为可变容量矩阵切换主机。这类矩阵切换主机的规模一般都较大,且在产品设计时,充分考虑了其矩阵规模的可扩展性。在以后的使用中,用户根据不同时期的需要可随意扩展。如常见的 128 × 32(128 路视频输入、32 路视频输出)、1024 × 64(1024 路视频输入、64 路视频输出)矩阵切换主机均属于大规模矩阵切换主机。其特点是产品体积较大、成本相对较高、系统扩展非常方便。

(2)矩阵切换主机具备的主要功能

①接收各种视频装置的图像输入,并根据操作键盘的控制将它们有序地切换到相应的监视器上供显示或记录,完成视频矩阵切换功能。通常是以电子开关器件实现。

②接收操作键盘的指令，通过解码器完成对摄像机云台、镜头、防护罩的动作控制。

③键盘有口令输入功能，可防止未授权者非法使用本系统，多个键盘之间有优先等级安排。

④对系统运行步骤可以进行编程，有数量不等的编程程序可供使用，可以按时间顺序来触发运行所需程序。

⑤有一定数量的报警输入和继电器接点输出端，可接收报警信号输入和端接控制输出。

⑥有字符发生器可在屏幕上生成日期、时间、场所、摄像机号等信息。

3. 解码器

按解码器所接收代码形式的不同，通常有三种类型的解码器：一是直接接收由切换控制主机发送来的曼彻斯特码的解码器；二是由切换控制主机将曼彻斯特码转换后接收的 RC-232 或 RS-422 输入型解码器，即该类解码器在距离较近时由 RS-232 方式控制，在距离较远时用 RS-422 方式进行控制；三是经同轴电缆传送代码的同轴视控型解码器。因此，与不同解码器配合使用的云台存在着相互是否兼容的选择。

在以视频矩阵切换与控制主机为核心的系统中，每台摄像机的图像需经过单独的同轴电缆传送到切换与控制主机。对云台与镜头的控制，除近距离和小系统采用多芯电缆做直接控制外，一般是由主机经由双绞线等先送至解码器，由解码器先对传送来的信号进行译码，即确定对哪台摄像单元执行何种控制动作，再经固态继电器做功率放大，驱动指定的云台或镜头完成以下控制动作：

(1)前端摄像机电源的开关控制。

(2)对来自主机的控制命令进行译码，控制对应云台与镜头的运动，目前各厂家所用控制代码不具开放性，已成为阻碍各厂家产品可互换的关键。采用的控制代码主要有曼彻斯特码、SEC RS-422 码、Sensor Net 码等。指令解码器完成的动作包括：

①云台的左右旋转运动。

②云台的上下俯仰运动。

③云台的扫描旋转(定速或变速)。

④云台预置位的快速定位。

⑤镜头光圈大小的改变。

⑥镜头聚焦的调整。

⑦镜头变焦变倍的增减。

⑧镜头预置位的定位。

⑨摄像机刮水器的开关。

⑩某些摄像机防护罩降温风扇的开关(大多数采用温度控制自动开关方式)。

⑪某些摄像机防护罩除霜加热器的开关(大多数采用低温时自动加电，至指定温度时自动关闭方式)。

(3)通过固态继电器提高对执行动作的驱动能力。

(4)与切换控制主机间信息的传输控制。

解码器的各自设计是造成目前监控系统不能相互兼容的根源，未来解码器必须具有开放式的性能。

四、显示和记录部分

显示部分一般由几台或多台监视器组成，它的功能是将传送过来的图像一一显示出来。在电视监控系统中，除了特别重要的部位，一般都不是一台监视器对应一台摄像机进行显示，而是几台摄像机的图像信号用一台监视器轮流切换显示。这样做一是可以节省设备，减少空间的占用；二是因为被监视场所的情况不可能同时都发生意外情况，所以平时只要隔一定的时间（比如几秒）显示一下即可。当某个被监视的场所发生情况时，可以通过切换器将这一路信号切换到某一台监视器上一直显示，并通过控制台对其遥控跟踪记录。所以，在一般的系统中通常都按4∶1，甚至8∶1的摄像机对监视器的比例数设置监视器的数量。目前，常用的摄像机对监视器的比例数为4∶1，即4台摄像机对应一台监视器进行轮流显示，当摄像机的台数很多时，再采用8∶1。另外，由于“画面分割器”的应用，在有些摄像机台数很多的系统中，用画面分割器把几台摄像机送来的图像信号同时显示在一台监视器上，也就是在一台较大屏幕的监视器上，把屏幕分成几个面积相等的小画面，每个画面显示一个摄像机送来的画面。这样可以大大减少监视器，并且操作人员观看起来也比较方便。但是这种方案不宜在一台监视器上同时显示太多的分割画面，否则会使某些细节难以看清楚，影响监控的效果，一般以4分割或9分割较为合适。

为了节省开支，对于非特殊要求的电视监控系统，监视器可采用有视频输入端子的普通电视机，而不必采用造价较高的专用监视器。监视器（或电视机）的屏幕尺寸在14～18in的，如果采用了“画面分割器”，可选用较大屏幕的监视器。

放置监视器的位置应避免让监视器屏幕对着阳光，放置监视器的位置应适合操作者进行观看的距离、角度和高度。一般是在总控制台的后方，放置专用的监视器架子，监视器摆放在架子上。此外，监视器的选择，应满足系统总的功能和技术指标的要求，特别是应满足长时间连续工作的要求。

记录部分中的录像机，其功能是将传送过来的图像一一记录下来，供分析研究使用。

1. 视频监视器

视频监视器是监看图像的显示装置，系统前端中所有摄像机的图像信号以及记录后的回放图像信号都将通过监视器显示出来。电视监控系统的整体质量和技术指标，与监视器本身的质量和技术指标关系极大。也就是说，即使整个系统的前端、传输系统以及中心控制室的设备都很好，但如果监视器质量较差，那么整个系统的综合质量也不高。所以，选择质量好、技术指标能与整个系统设备的技术指标相匹配的监视器是非常重要的。

（1）监视器的分类

①从使用功能上分

黑白监视器与彩色监视器、带音频与不带音频的监视器、专用监视器与收/监两用监视器（接收机），以及显像管式监视器与投影式监视器等。

②从监视器的屏幕尺寸上分

9in、14in、17in、18in、20in、21in、25in、29in、34in等显像管式监视器，还有34in、72in等投影式监视器。此外，还有便携式微型监视器及超大屏幕投影式、电视墙式组合监视器等。

③从性能及质量级别上分

广播级监视器、专业级监视器、普通级监视器。其中广播级监视器的性能质量最高。

(2)监视器的主要技术指标

①清晰度(分辨率)

这是衡量监视器性能质量的一个非常重要的技术指标。通常给出的指标为中心水平清晰度(或分辨率)。按我国及国际上规定的标准及目前电视制式的标准,最高清晰度以800线为上限。在电视监控系统中,根据《民用闭路监视电视系统工程技术规范》(GB 50198—2011)的标准,对清晰度(分辨率)的要求是:黑白监视器水平清晰度应大于或等于400线,彩色监视器应大于或等于270线。

②灰度等级

这是衡量监视器能分辨亮暗层次的技术指标,最高为9级。一般要求大于或等于8级。

③通频带(通带宽度)

这是衡量监视器信号通道频率特性的技术指标。因为视频信号的频带范围是6MHz,所以要求监视器的通频带应大于或等于6MHz。

2. 多画面处理器

多画面处理器是在一台显示器上或一台录像机上,同时显示或记录多个摄像机图像的设备。它一般用在需要多个画面同时显示和记录的场合。

根据输入摄像机视频信号的通道数和在一台监视器上能同时显示的画面数量,通常分为4画面、6画面、双4画面、8画面、9画面和16画面等多种产品。

(1)画面分割器

画面分割器是较简单的画面处理设备,以4画面分割器较多。它把4个摄像机的视频图像压缩显示在一台监视器屏幕上的4个部分。它具有字符显示功能,可以在屏幕上同时显示识别字符和日期时间等,一般具有报警输入和输出功能。可以全屏显示和切换显示每个摄像机的输入图像。有些机型具有2个视频输出端子,可以连接2台监视器,一台监视器固定显示4个分割画面图像,另一台监视器用于全屏或切换显示画面。由于其价格相对较低,并能满足一定需求,因而使用较多。

(2)多画面处理器

多画面处理器是随着数字处理技术发展起来的画面处理设备。它是以数字处理、动态时间分割(DTD)、并行视频处理(PVP)技术和计算机技术相结合发展起来的视频分割显示处理设备。一般具有以下功能和特点:

①屏幕菜单编程、功能菜单设定、菜单快速设置。

②双工或单工操作。双工操作时可用一台录像机实时录像,另一台录像机回放。在一台多画面处理器内同时进行,互不影响。

③采用数字图像处理技术,可以由编程任意设定画面在屏幕上显示的位置。点触式冻结画面。

④现场满屏、顺序切换、电子变倍放大(ZOOM)、画中画(PIP)、2×2(3×3或4×4)等多种画面显示。

⑤视频信号丢失检测报警、报警输入、视频运动报警检测、联动报警输出、受控报警录像、

报警事件记录。

⑥自动安装检测,包括自动终端检测、自动彩色和黑白图像检测、自动摄像机检测、自动增益控制。

⑦RS-232 遥控和编程、分控键盘、级联多画面处理器。

⑧动态检测、VEXT 自动化录像机录像速度同步。

⑨具有对云台镜头的控制能力。

⑩屏幕字符、日期、时间显示。

除了以上介绍的功能外,各种画面处理器还有各种独特的功能。采用画面处理器即可组成一套独特的小型闭路监控系统用于一些特殊场合。

3. 录像机

录像机是监控系统的记录和重放装置。目前,录像机可分为磁带录像机和数字硬盘录像机两种。

(1)模拟式长时间录像机

使用长时间录像机是记录监控图像的有效途径,有模拟式记录和数字式记录两大类。利用它可以减少不断查换与储存录像带的麻烦。模拟式又分为时滞式(Time Lapse)和实时式(Real Time Video Cassette Recorder)。

模拟式长时间录像机最基本的特征是由伺服电动机(Servo Motor 或 Stepping Motor)直接驱动磁头,使其逐格转动,每记录一幅图像,磁头就转动一格。长时间录像机的类别有:

①24h 实时型录像机

24h 实时型录像机回放时画面动作连续可观,技术上采用 4 磁头结构来抑制出现噪声,其分辨率已能达到黑白 350 线左右,彩色 250 ~ 300 线。使用一盘 E-240 录像带,它可以 16.7 帧/s 的速度做 24h 连续录像,也可以 50 帧/s 图像做 8h 的连续录像。该录像机在与之相连的外部报警传感器被触发时,会从 16.7 帧/s 方式自动转换成 50 帧/s 记录方式,以完整地捕捉该报警事件。为了适应某些部门每周 5 天工作,每天工作 8h 的需要,出现了 40h 连续录像机。

②24h 时滞式录像机

24h 时滞式录像机有 0.02 ~ 0.2s 的时间间隔,即从 50 帧/s 到 5 帧/s,因此在回放 5 帧/s 的录像带时,影像会有不连续感,将给人以动画的效果,典型产品有 3h、6h、12h 和 24h 这 4 种时间记录方式;其水平分辨率在 3h 记录方式时黑白图像为 320 线,彩色图像为 240 线或 300 线,信噪比为 46dB,有声音信号。

做 24h 高密度录像的机型,其带速为 3.9mm/s,每秒可记录 8.33 帧画面,提高了录像密度,该类长时间录像机均带有报警功能,见表 9-6。

24h 高密度录像机 表 9-6

记录类型 \ 磁带类型	可记录时间(h)						录像间隔(s)	声音记录	带速(mm/s)
	E240	E180	E120	E90	E60	E30			
8h	8	6	4	3	2	1	连续	有	11.7(连续)
24h	24	18	12	9	6	3	0.06	有	3.9(连续)

③最长 960h 的时滞式长时间录像机

时滞式长时间录像机工作时的时间间隔是可以由用户选择的，用户可从每盒 E180 录像带 3h 连续记录到间隔长达数秒记录一幅图像的范围选择。长时间录像机中录像时间最长的是一盘录像带能记录 960h，其录像模式有 3h、12h、24h、36h、48h、72h、84h、120h、168h、240h、480h、720h、960h，并带有报警功能；其他长时间录像机还有 168h、720h 等几种。一般选择时间间隔以 5s 以内为佳，彩色分辨率以 240 线为标准，但不少产品的分辨率已达到彩色 300 线，若要达到 500 线左右的水平分辨率，则需要采用 S-VHS 系统的长时间录像机。

（2）数字硬盘录像机

硬盘录像机是将视频图像以数字方式记录保存在计算机的硬磁盘中，故也称为数字视频录像机 DVR（Digital Video Recorder）或数码录像机。DVR 产品的结构主要有两大类：一类是采用工业奔腾 PC 和 Windows 操作系统作平台，在计算机中插入图像采集压缩处理卡，再配上专门开发的操作控制软件，以此构成基本的硬盘录像系统，即基于 PC 的 DVR 系统（PC-Based DVR），其市场份额目前占绝大多数；另一类是非 PC 类的嵌入式数码录像机（Stand Alone DVR），随着今后对系统可靠性要求的提高，此类机型将会占有更多的市场份额。

DVR 除了能记录视频图像外，还能在一个屏幕上以多画面方式实时显示多个视频输入图像，集图像的记录、分割、VGA 显示功能于一身。在记录视频图像的同时，还能对已记录的图像做回放显示或者做备份，成为一机多工系统。

硬磁盘录像机由于是以数字方式记录视频图像，为此对图像需要采用 Motion JPEG、MPEG4 等各种有效的压缩方式进行数字化，而在回放时则需解压缩。这种数字化图像既是实现数字化监控系统的一大进步，又因能通过网络进行图像的远程传输而带来众多的优越性，非常符合未来信息网络化的发展方向。

某产品 DVR 处理流程如图 9-4 所示，主要特点如下：

①可同时输入最多 16 台摄像机的图像进行数字化记录，并可同时观看，即在 S-VGA 主监视器可看到最多 16 画面分割的图像，同时在副监视器上可看到所录制的复合视频图像。

②可将最多 16 路视频图像经压缩后保存在内置的数据硬盘中，1GB 容量可存储 1.5 ~ 4h 的图像。

③在发生报警时，可自动增加记录视频图像的数量至最高 30 ~ 45 帧/s，从而实现智能搜索与智能捕获，并完整地记录报警事件。

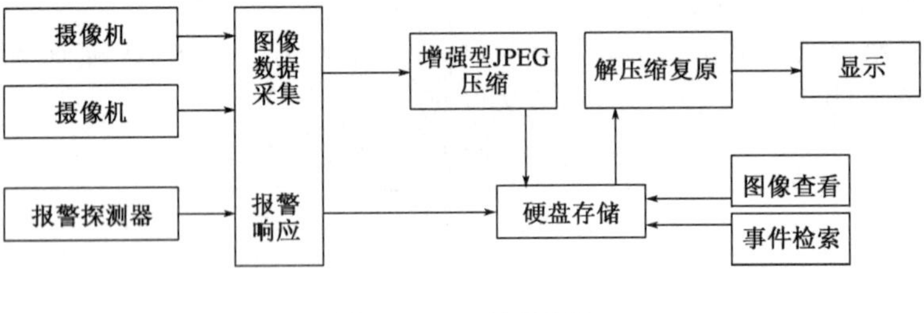

图 9-4　DVR 处理流程

数码录像机的存储容量不断增大，价格不断下降，它的普及和应用是一种趋势。

第三节　视频安防监控系统设计

CCTV 系统的工程设计，应根据使用要求、现场情况、工程规模、系统造价以及用户的特殊需要等来综合考虑，然后由设计者提出实施方案，进行工程设计。

为了使设计合理，必须做好设计前的调查等准备工作。它包括工程概貌调查、被监视对象和环境的调查等。工程概貌调查包括了解系统的功能和要求、系统的规模和技术指标、施工的内容和完成时间、建设目的和投入资金等情况。根据使用部门的实际情况，在十分必要的场合安装 CCTV 系统，并考虑经济的合理性和技术的先进性。被摄对象和环境的调查包括被摄体的大小、是否活动、是室内和还是室外以及照明情况和可选用的安装设置方法等。此外，还要了解用户的要求，如监视和记录的内容、时间（如定期、不定期、连续等），摄像机的镜头、角度和机罩的控制等。

电视监控系统的工程设计，一般分为初步设计（方案设计）和正式设计（施工图设计）。系统的设计方案应根据下列因素确定：

(1)根据系统的技术和功能要求，确定系统组成及设备的选择。

(2)根据建筑平面或实地勘察，确定摄像机和其他设备的设置地点。

(3)根据监视目标和环境的条件，确定摄像机类型及防护措施，在监视区域内它的光照度应与摄像机要求相适应。

(4)根据摄像机分布及环境条件，确定传输电缆的线路路由。

(5)显示设备宜采用黑白电视系统，在对监视目标有彩色要求时，可采用彩色电视机。对于功能较强的大、中型监控电视系统，宜选用微机控制的视频矩阵切换系统。

(6)选用系统设备时，各配套设备的性能及技术要求应协调一致，所用器材应有符合国家标准或行业标准的质量证明。

(7)系统设计应满足安全防范和安全管理功能的宏观动态监控、微观取证的基本要求，并符合在现场条件下运行可靠、操作简单、维修方便等要求。

(8)应考虑建设和技术的发展，满足将来系统进一步发展和扩充，以采用新技术、新产品的可能性。

一、设备的选择

1. 摄像机、镜头、云台的选择

(1)摄像机应根据目标的照度选择不同灵敏度的摄像机，监视目标的最低环境照度至少应高于摄像机最低照度的 50 倍，通常选择时可参照表 9-7 进行。照度与明暗例的关系，如表 9-8 所示。

(2)在一般情况下选用的彩色摄像机，其最低照度应小于 3lx（F/1.4）。用于室外安装的彩色摄像机，其最低照度应小于 1lx（F/1.4），或选用在低照度时能自动转换为黑白图像的彩色摄像机。

(3)在一般的监视系统中，大多数采用黑白摄像机，因为它比彩色摄像机容易达到照度和

清晰度等的较高要求，彩色摄像机主要用于对色彩有一定要求的场合，参见表9-9。

照度与选择摄像机的关系　表9-7

环境照度(lx)	摄像机最低照度(F/1.4)(lx)	
	黑白	彩色
1～30	≤0.1	≤1
30～50		1～2
≥50		≤3

照度与明暗例　表9-8

照度(lx)	明暗例	照度(lx)	明暗例
0.3	晴天月圆之夜的地面	100	饭店大厅
2	夜晚的病房、剧场内的观众席	200	视听室
10	车库、剧场休息时的观众席	500	小型自选商店内、普通办公室
50	旅游饭店的走廊		

彩色和黑白摄像机的选择　表9-9

分类	彩色摄像机	黑白摄像机
信息量	因有颜色而使信息增大(信息量为黑白摄像机的大约10倍)	不能辨别颜色
环境	在光线暗的场所，清晰度差	在光线暗的场所清楚度好(使用红外照明，在照度为0lx的黑暗处也可拍摄)
费用	费用较高	费用低

目前，监控电视系统宜采用固体摄像机(CCD摄像机)。选用固体黑白摄像机时，其水平清晰度应大于或等于500线；选用固体彩色摄像机时，其水平清晰度应大于或等于330线，它们的信噪比均应大于或等于45dB，温度、湿度范围(必要时加防护设备)应符合现场气候条件的变化。

(4)摄像机镜头应顺光源主向对准被摄目标，在只能逆光安装的地方，应选用具有逆光补偿的摄像机。否则，易产生亮处图像白化，暗处图像质量不佳的现象。户内外安装的摄像机均应加装防护套，防护套可根据需要设置遥控雨刷和调温控制系统。

(5)镜头像面尺寸应与摄像机靶面尺寸相适应。摄取固定目标的摄像机，可选用定焦距镜头；在有视角变化的要求的摄像场合，可选用变焦距镜头。镜头焦距的选择可根据视场大小和镜头到监视目标的距离确定。

距离被照物体多远、拍摄图像有多大，由选择广角镜头还是望远镜头来决定，见表9-10。广角镜头具有广阔的视野，但拍摄的被照物体图像小；望远镜头视野窄，但拍摄的被照物体图像大。

(6)电梯轿厢内的摄像机镜头，应根据轿厢体积的大小，选用水平视场角大于或等于90°的广角镜头。

摄像大小与镜头焦距　　表 9-10

镜头种类	1/3in 用	1/2in 用	2/3in 用
标准(mm)	8	12	16
广角(mm)	4	6	8
超广角(mm)	<4	<6	<8
望远(mm)	<8	>12	>16

(7)对景深大、视角范围广的区域,应采用带全景云台的摄像机,并根据区域的大小选用6倍以上的电动遥控变焦距镜头,或采用两只以上定焦距镜头的摄像机分区覆盖。

(8)摄像机应选用自动光圈镜头,尤其是室外的照度变化幅度相当大,必须采用自动光圈控制镜头。在电梯轿厢等光照度恒定或变化较小的场所可选用手动光圈镜头。

2. 显示、记录、切换控制器的选择

(1)安全防范电视监视系统至少应有两台监视器:一台做切换固定监视用,另一台做时序监视用。监视器宜选23~51cm屏幕的监视器。

(2)一般监视器的屏幕尺寸应不小于9in,总时序图像记录用监视器的屏幕尺寸应不小于12in,双工多画面视频处理器用监视器的屏幕尺寸应不小于17in。

(3)安保电视监控系统摄像机的图像应能分组察看、时序及定点察看。

(4)对主要出入口、大堂及电梯轿厢等重点部位的图像应配置双工多画面视频处理器察看。

(5)摄像机与监视器不包括双工多画面视频处理器用监视器。摄像机与监视器的配置应有恰当比例:系统部分摄像机配置双工多画面视频处理器时,应不大于5∶1;5%以上摄像机选用双工多画面视频处理器时,应不大于10∶1;全部摄像机配置双工多画面视频处理器时,应不大于16∶1。

(6)视频信号应做多路分配使用。一般分为三路:一路分组监视,一路录像、监视,一路备份输出。实行分组监视时,应考虑下列因素进行合理编组:

①区别轻重缓急,保证重点部位。

②忙闲适当搭配。

③照顾图像的同类型和连续性。

④同一组内监视目标的照度不宜相差过大。

实行分组监视时,摄像机与监视器之间应有恰当的比例。主要出入口、电梯等需要重点观察的部位不大于2∶1,其他部位不大于6∶1,平均不超过4∶1。

(7)黑白监视器的水平清晰度应大于600线,彩色监视器的水平清晰度应大于350线。

根据用户需要,可采用电视接收机作为监视器,有特殊要求时,可采用大屏幕监视器或投影电视。

在同系统中,录像机的控制方式和磁带规格宜一致,录像机的输入、输出信号应与整个系统的技术指标相适应。

(8)视频切换控制器应能手动或自动编程,对摄像机的各种动作进行程控,并能将所有视频信号在指定的监视器上进行固定或时序显示。视频图像上宜叠加摄像机号、地址、时间等字符。

(9)电视监控系统中应有与报警控制器联网接口的视频切换控制器,报警发生时切换出相应部位的摄像机图像,并能记录和重放。具有存储功能的视频切换控制器,当市电中断或关机时,对所有编程设置、摄像机号、时间、地址等均可保存。

(10)摄像机的图像应有字符显示,以便区分。

(11)电梯轿厢内摄像机的视频信号应与电梯运行层楼信号叠加,并显示在监视器的图像画面上。

(12)下列图像信号应记录:

①事故的现场情况及其全过程。

②出入涉外场所的人流动态。

③预定地点发生报警时的图像信号。

(13)主要出入口、大堂、总服务台、电梯轿厢、首层电梯厅、室外车道、地下车库出入口等重要场所,应配置双工多画面视频处理器和长时间图像记录设备。

(14)系统应配置长时间图像记录设备,对系统的图像信号进行时序或定点记录。

(15)与安全报警装置等联动的摄像系统,宜单独配备相应的图像记录设备。

(16)系统配置的图像记录设备,必须为专用设备。如长时间图像记录设备为录像机时,其工作状态宜设置在24h进行不间断图像记录;报警时自动转至3h工作状态,进行实时图像记录。

(17)大型综合安全消防系统需多点或多级控制时,宜采用多媒体技术,做到文字信息、图表、图像、系统操作在一台PC上完成。

(18)监视器的选择。选择的监视器必须与安装的摄像机性能、监视形态、监视器本身的安装环境相吻合。按用途选择监视器,如表9-11所示。

按用途选择监视器 表9-11

用　途	选择要点
四分割系统	14in以上的监视器比较合适。小于14in的监视器,在显示4分割图像时各摄像机拍的图像很难核实
安放在ELA支架上时	15in以下的监视器比较合适。大于15in时,ELA尺寸的支架不够宽
每台摄像都配有一台监视器时	10in左右至21in左右的监视器比较合适,需认真考虑监视人与监视器间的距离(远且监视器小时,看着困难)和安装场地
各监视器邻接安放时	有金属机壳的监视器比较适合,可以防止监视人之间互相干扰
使用高图像清晰度的摄像机时	适合选用水平图像清晰度高的监视器。如果选用水平图像清晰度低的监视器,则摄像机的性能不能充分发挥出来
用于摄像机对焦时	6in监视器比较适合。如果使用更小的或液晶监视器,则不能进行严格的对焦

(19)监视形态的选择,如表 9-12 所示。

主要监视形态的比较　　表 9-12

系统监视方法	实 时 监 视	VTR 记录
1:1 系统	(1)所有的摄像机拍摄的图像没有空载时间,都可以核实; (2)所占场地大	理想做法是每台摄像机都与 VTR 连接,但从费用和场地方面考虑,可以用帧转换开关和时序转换开关进行记录
四分割系统	(1)节省监视器,但所有摄像机的拍摄的图像没有空载时间,都可以核实; (2)在报警等情况下,可将报警的摄像机拍的图像扩大到整个画面,加以核实	有两种记录方法,一是每台 4 分割器都与 VTR 连接,二是在一台 VTR 上边切换 4 分割画面边记录。空载时间少,但重放时,各台摄像机拍的图像小,很难进行核实
帧切换系统	(1)监控时,按时序显示各摄像机拍的图像,有空载时间; (2)各摄像机拍摄的可在整个画面上显示,容易核实	(1)如果与一般 VTR 组合,则几乎没有空载时间,是一种非常理想的监视形态; (2)如果与慢速 VTR 组合,则有相当多的空载时间; (3)重放时,可以连续观看任何一台摄像机拍的图像,容易核实
时序转换系统	(1)监控时,按时序显示各摄像机拍的图像,有空载时间; (2)各台摄像机拍的图像可在整个画面上显示,容易核实	(1)各台摄像机的图像都有相当多的空载时间; (2)重放时,各台摄像机拍的图像边切换边显示,很难核实

一般来说,如果选择实时监视形态,则采用 4 分割系统,如果用于记录,则采用帧切换系统,可以从价格和场地方面考虑如何选择。

二、摄像点的布置

摄像点的合理布置是影响设计方案是否合理的一个方面。对要求监视区域范围内的景物,要尽可能都进入摄像画面,减小摄像区的死角。要做到这点,摄像机的数量越多越好,这显然是不合理的。为了在不增加较多的摄像机的情况下能达到上述要求,需要对拟定数量的摄像机进行合理的布局设计。

摄像点的合理布局,应根据监视区域或景物的不同,首先明确主摄体和副摄体,将宏观监视与局部重点监视相结合。另外,还需考虑系统的规模和造价等因素。

当一个摄像机需要监视多个不同方向时,如前所述配置遥控电动云台和变焦镜头。但如果多设一、两个固定式摄像机能监视整个场所时,建议不设带云台的摄像机,而是多设几个固定式摄像机,因为云台造价很高,而且还需为此增设一些附属设备。

摄像机镜头应顺光源方向对准监视目标,避免逆光安装。如果必须在逆光地方安装,则可采用可调焦距、光圈、光聚焦的三可变自动光圈镜头,并尽量调整画面对比度使之呈现出清晰的图像。优先采用带有三可变自动光圈镜头的 CCD 型摄像机。

对于摄像机的安装高度,室内 2.5 ~5m 为宜;室外以 3.5 ~10m 为宜,不得低于 3.5m。电梯轿厢内的摄像机安装在其顶部,与电梯操作器成对角处,且摄像机的光轴与电梯两壁及天花板均呈 45°。

摄像机宜设置在监视目标附近不易受外界损伤的地方，应尽量注意远离大功率电源和工作频率在视频范围内的高频设备，以防干扰。从摄像机引出的电缆应留有余量（约 1m），以不影响摄像机的转动。不要利用电缆插头和电源插头去承受电缆的自重量。

由于电视再现图像的对比度所能显示的范围仅为（30～40）∶1，当摄像机的视野内明暗反差较大时，就会出现应看到的暗部看不见。此时，对摄像机的设置位置、摄像方向和照明条件应进行充分的考虑和调整。

对于宾馆、会所的 CCTV 系统，摄像点的布置以及对各监视目标配置摄像机时应符合下列要求：

（1）必须安装摄像机进行监视的部位有：主要出入口、总服务台、电梯（轿厢或电梯厅）、车库、停车场、避难层等。

（2）一般情况下应安装摄像机的部位有：底层休息大厅、外币兑换处、贵重商品柜台、主要通道、自动扶梯等。

（3）可结合宾馆质量管理的需要有选择地安装摄像机，或需埋管线在需要时再安装摄像机的部位有：客房通道，酒吧、咖啡茶座、餐厅，多功能厅等。

关于监视场地照明：黑白电视系统监视目标最低照度应不小于 10lx；彩色电视系统监视目标最低照度就不小于 50lx。零照度环境下宜采用近红外光源或其他光源。监视目标处于雾气环境时，黑白电视系统宜采用高压水银灯或钠灯；彩色电视系统宜采用碘钨灯。具有电动云台的电视系统，其照明灯具宜设置在摄像机防护罩或设置在与云台同方向转动的其他装置上。

三、传输线路

（1）在视频传输系统中，为防止电磁干扰，视频电缆应敷设在接地良好的金属管或金属桥架内。室内线路敷设原则与 CATV 系统基本相同。通常，对摄像机、监控点不多的小系统，宜采用暗管或线槽敷设方式。摄像机、监控点较多的小系统，宜采用电缆桥架敷设方式，并应按出线顺序排列线位，绘制电缆排列断面图。监控室内布线，宜以地槽敷设为主，也可采用电缆桥架，特大系统宜采用活动地板。

电梯内摄像机的随行视频同轴电缆，宜从电梯井道的 1/2 高度处引出，经接地良好的纵向金属管或桥架引入监控室（因电梯机房是强电干扰源）。当与其他视频同轴电缆走同一金属桥架时，宜在该金属桥架内加隔离装置。当干扰严重时，还可采取加视频光隔离器等措施。

（2）室外建设项目安保电视系统，宜采用同轴电缆、光缆传输图像信号。

（3）同轴电缆的选择应满足衰减小、屏蔽好、抗弯曲、防潮性能好等要求。在电磁干扰强的场所应选用高密度、双屏蔽的同轴电缆。

（4）同轴电缆等传输黑白电视基带信号在 5MHz 点、彩色电视基带信号在 5.5MHz 点的不平坦度大于 3dB 时，宜加电缆均衡器；大于 6dB 时，应加电缆均衡放大器。

（5）若保持视频信号优质传输质量，SYV-75-3 电缆不宜长于 50m，SYV-75-5 电缆不宜长于 100m，SYV-75-7 电缆不宜长于 400m，SYV-75-9 电缆不宜长于 60m；若保持视频信号良好传输质量，上述各传输距离可加长一倍。

（6）传输距离较远，监视点分布范围广，或需进入电缆、电视网时，宜采用同轴电缆传输射频调制信号的射频传输方式。长距离传输或需避免强电磁场干扰的传输，宜采用无金属的光缆。光缆抗干扰能力强，可传输十几千米不用补偿。

本章小结

本章介绍的视频安防监控系统是安防系统的重要组成部分。概述了视频安防监控系统的功能、组成及构成方式，并对四种模式作了详细阐述；介绍了组成系统的主要设备，包括前端图像设备、控制显示设备、传输线路等；介绍了视频安防监控系统设计原则和内容等。

复习思考题

1. 视频安防监控系统的组成及构成形式有哪几种？
2. 如何选择摄像机、镜头、云台？
3. 摄像点如何布置？

第十章　入侵报警系统

为了保证居民的人身和财产的安全，建筑物内或住宅小区内采用入侵报警系统是很有必要的。入侵报警系统可以是独立的系统，还可以与视频安防监控系统进行联动，一旦发现有报警或其他突发事件，自动启动视频安防系统，对现场进行实时录像，以协助管理机构尽快找到事件发生的原因。

第一节　入侵报警系统概述

入侵报警系统是利用传感器技术和电子信息技术探测并指示非法进入或试图非法进入设防区域的行为、处理报警信息、发出报警信息的电子系统或网络。

一、入侵报警系统功能

入侵报警系统是利用各种类型的探测器对需要进行保护的区域、财产、人员进行整体防护和报警的系统。入侵报警系统可以灵活地以多种方式进行布防和撤防、以多种方式进行报警，同时系统能够自动记录报警时间、防区，在可能的情况下，可以直接将音视频信息传送到接警中心，或与视频安防监控系统联动实现音视频报警的功能。

（1）系统应对设防区域的非法入侵，进行实时、有效的探测与报警。

（2）系统应自成网络，可独立运行；有输出接口，与其他安全防范系统联网。可用手动或自动以有线或无线方式实施报警。

（3）系统的前端应按需要选择，安装各类入侵探测设备，构成点、线、面立体或其他组合的综合防护体系。

（4）系统应能按时间、区域、部位任意编程设防和撤防。

（5）系统应能对设备运行状态和信号传输线路进行检测，能及时发出故障报警并指出故障部位。

（6）系统应具有防破坏功能，当探测器或其前端设备被拆或线路被切断时，能发出报警。

（7）报警控制设备应能显示和记录报警部位及有关警情数据。

（8）在重要场所和重要部位除设置探测器外，还应设置拾音器、摄像机等报警复合装置。

（9）控制设备设置在安防监控中心。

二、入侵报警系统的构成

入侵报警系统由前端设备、传输设备、处理/控制/管理设备和显示/记录设备四个部分构成，见图 10-1。

1. 前端设备

根据安全防范的具体要求，被保护区域划分为若干个防区，每个防区可以连接一定数量的报警探测器,负责监视保护区域现场的任何入侵活动。常用的报警设备有红外探测器、紧急按钮、微波探测器、超声波探测器、磁开关、玻璃破碎探测器等。报警探测器一般由传感器和信号处理器组成,把压力、振动、声音、电磁场等物理量转换成易于处理的电量(电压、电流、电阻),来获得报警信号。

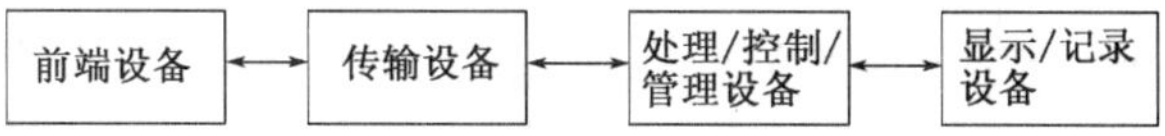

图 10-1　入侵报警系统的组成

2. 传输设备

报警探测器通过信号传输媒体,将报警输出信号传送到报警控制主机,进行响应和处理。同时,报警探测器的控制信号、供电电源等也需要由报警控制主机提供。根据现场使用环境和条件不同,信号传输方式包括有线信号传输和无线信号传输。传输介质有微波信号传输、光纤传输和电话线传输等。

3. 处理/控制/管理设备

处理/控制/管理设备设置在监控中心,是对传输系统传送来的报警信号进行判断、处理、显示、执行、存储和发送的控制设备,对防区进行布防和撤防操作,对系统工作状态进行编程。它带有备用蓄电池,停电时,向前端探测器及系统设备提供不间断供电。

4. 显示/记录设备

对系统的报警信息和运行信息等进行显示和记录。

三、入侵报警系统组成模式

根据传输方式的不同有多线制、总线制、无线制、公共网络四种模式。

1. 多线制

探测器、紧急报警装置通过多芯电缆与报警控制主机之间采用一对一专线相连。适用于距离 100m 以内、防区较少的场合,如图 10-2 所示。

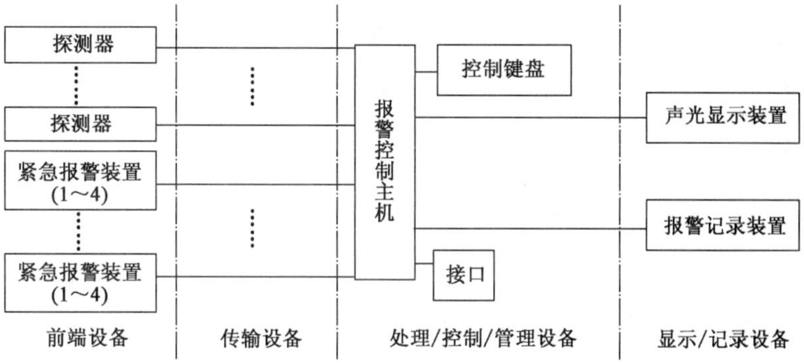

图 10-2　多线制模式

2. 总线制

探测器、紧急报警装置通过其相应的编址模块与报警控制主机之间采用报警总线相连。适用于距离 1500m 以内、防区较多且分散的场合,如图 10-3 所示。

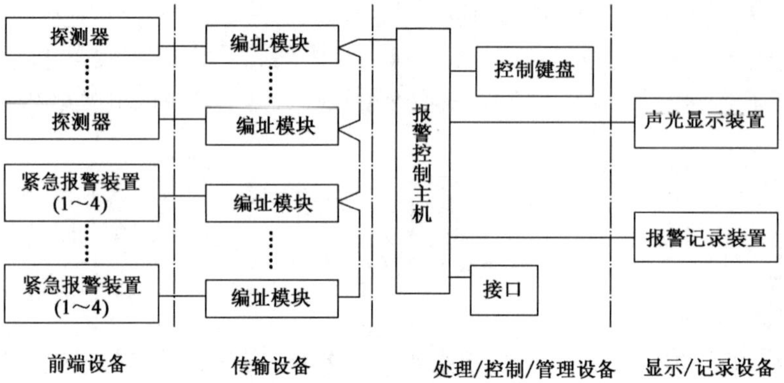

图 10-3　总线制模式

3. 无线制

探测器、紧急报警装置通过其相应的无线设备与报警控制主机通信，其中一个防区内的紧急报警装置不得大于 4 个，适用于布线困难的场所，如图 10-4 所示。

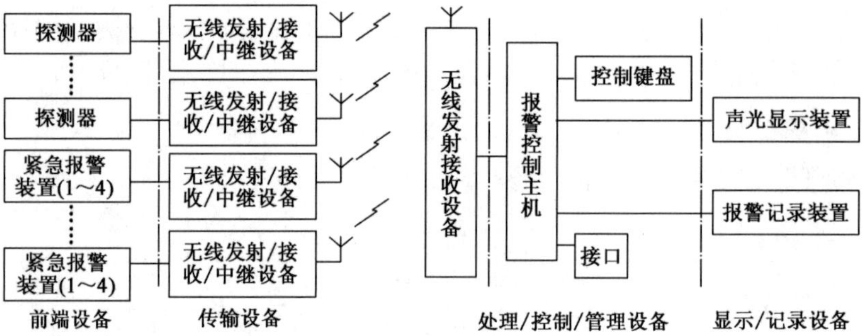

图 10-4　无线制模式

4. 公共网络

探测器、紧急报警装置通过现场报警控制设备和/或网络传输接入设备与报警控制主机之间采用公共网络相连。公共网络可以是有线网络，也可以是有线—无线—有线网络，局域网、广域网、电话网、有线电视网、电力传输网等。适用于距离远大于 1500m、防区很多，或现场要求具有设防、撤防等分控功能的场所，如图 10-5 所示。

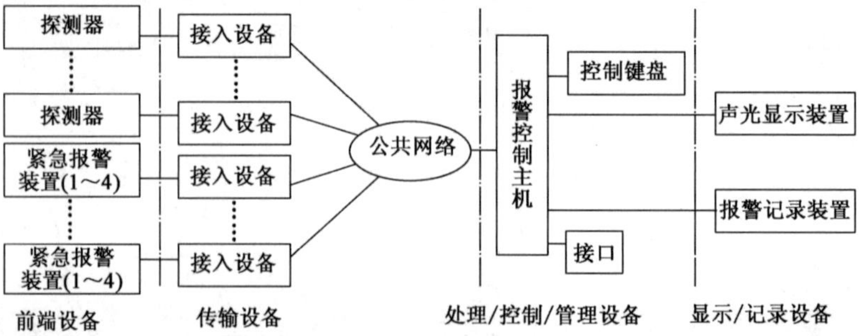

图 10-5　公共网络模式

第二节　入侵报警系统主要设备

一、报警探测装置

1. 防盗探测器

(1)防盗探测器概念

探测器是探测入侵者移动或其他动作的电子或机械部件所组成的装置。探测器通常由传感器和前置信号处理两部分组成,传感器是核心。简单的探测器仅有传感器而没有前置信号处理器。入侵者在实施入侵时总是要发出声响、产生振动波、阻断光路、对地面或某些物体产生压力、破坏原有温度场发出红外光等物理现象,传感器就是利用某些材料对这些物理现象的敏感性而将其转换为相应的电信号和电参量(电压、电流、电阻、电容等),然后经过信号处理器放大、滤波、整形后成为有效的报警信号,并通过传输通道传给报警控制器。防盗报警系统前端探测部分的设备主要是探测器。

(2)防盗探测器的探测范围

探测器的探测范围是指探测器正常工作的感应范围,即探测器能够探测到在此范围以内的所有物体异常运动状态从而发出报警。

(3)防盗探测器的探测距离

探测器的探测距离是指探测器在正常工作时所能探测到的最远距离。

(4)防盗探测器的发射距离

探测器的发射距离是指报警系统中无线器件在被触发后将无线报警信号以电磁波的形式发射出去的最远距离。

(5)防盗探测器的感应灵敏度

探测器的感应灵敏度是指探测器被触发报警时探测距离的远近和反应速度的快慢。感应灵敏度高,则在离探测器很远的距离都能探测到;感应灵敏度低,则只能探测到较近的范围。

2. 防盗探测器的分类

防盗探测器通常按传感器的种类、工作方式、工作原理、传输信道、警戒范围、应用场合等划分。

(1)按传感器的种类分类

按传感器的种类分类,即按可探测的物理量分类,探测器可分为磁控开关探测器、振动探测器、声音探测器、超声波探测器、电场探测器、微波探测器、红外探测器、激光探测器、视频运动探测器等,把两种传感器装于一个探测器里的称为双技术(或双鉴、复合)探测器。

(2)按工作方式分类

按工作方式分类可分为主动式探测器和被动式探测器。主动探测器在工作时,探测器要向探测现场发出某种形式的能量,经过反射或直射在传感器上形成一个稳定信号,当出现危险时,稳定信号被破坏,信号经处理后,产生报警信号。被动探测器在工作时,不需要向探测现场发出信号,而依靠被测体自身存在的能量进行检测。在接收传感器上平时输出一个稳定的信号，出现危险时，稳定信号被破坏，经处理发出报警信号。

(3)按探测电信号传输信道分类

按探测电信号传输信道分类可分为有线探测器和无线探测器。有线探测器是探测电信号由传输线（无论是专用线还是借用线）来传输的探测器，这是目前大量采用的方式。无线探测器是探测电信号由空间电磁波来传输的探测器。在某些防范现场很分散或不便架设传输线的情况下，无线探测器有独特作用。为实现无线传输，必须在探测器和报警控制器之间增加无线信道发射机和接收机。

需要指出的是，有线探测器和无线探测器仅仅是按传输信道（传输方式）进行的分类，任何探测器都可与之组成有线或无线报警系统。

(4)按警戒范围分类

按警戒范围分类可分为点控制探测器、线控制探测器、面控制探测器及空间控制探测器。点控制探测器是指警戒范围仅是一个点的报警器。当这个警戒点的警戒状态被破坏时，即发出报警信号，如磁控开关及各种机电开关探测器。

线控制探测器是指警戒范围是一条线束的探测器。当这条警戒线上任意处的警戒状态被破坏时，即发出报警信号。如激光、主动红外、被动红外，微波（对射型）及双技术探测器，都可构成一种看不见摸不着的无形的警戒线，还有一些看得见摸得着的封锁线，如电场周界传感器、电磁振动周界电缆传感器、压力平衡周界传感器、高压短路周界传感器等。

面控制探测器是指警戒范围是一个面的探测器，当这个警戒面上任意处的警戒状态被破坏时，即发出报警信号，如振动探测器、感应探测器等。有的线控探测器，经组合也可构成面控探测器，如采用多束型或单束型经过多次反射等构成的激光墙、红外墙与微波墙等，也可采用来回布金属线构成线网墙等。

空间控制探测器是指警戒范围是一个空间的报警器。当这个警戒空间内任意处的警戒状态被破坏时，即发出报警信号，例如双技术探测器、超声波探测器、微波探测器、被动红外探测器、电场式探测器、视频运动探测器等。在这些探测器所警戒的空间内，入侵者无论是从门窗、从天花板或从地下等任意处进入警戒空间时，都会产生报警信号。

(5)按应用场合分类

可分为室内探测器与室外探测器。

(6)按工作原理分类

大致可分为机电式探测器、电声式探测器、电光式探测器、电磁式探测器等。

防盗探测器要严格地分类很困难，叙述起来也会有较多的重复，但是从不同角度和侧面进行分类，有利于从整体上对它认识和掌握。

3. 常用入侵探测器工作原理

(1)磁控开关

磁控开关即门磁开关，可分为有线/无线门磁，一般应用在门、窗户上。磁控开关由带金属触点的两个簧片封装在充有惰性气体的玻璃管（也称干簧管）和一块磁铁组成，如图 10-6 所示。

当磁铁靠近干簧管时，管中带金属触点的两个簧片，在磁场作用下被吸合，a、b 接通；磁铁远离干簧管达一定距离时干簧管附近磁场消失或减弱，簧片靠自身弹性作用恢复到原位置，a、b 断开。

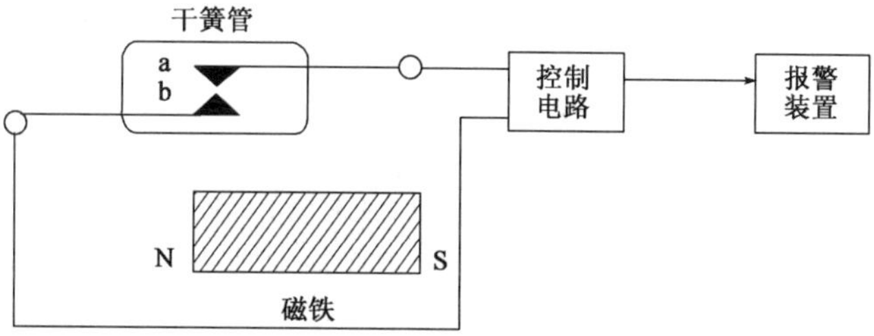

图 10-6　磁控开关报警示意图

使用时，安装在单元的大门、阳台门和窗户上。当有人破坏单元的大门或窗户时，门磁开关将立即将这些动作信号传输给报警控制器进行报警。如图 10-7 所示，干簧管装在门框、窗框等固定部位，磁铁安装在门扇、窗扇等活动部位。磁铁与干簧管的位置需保持适当距离，以保证门、窗关闭时磁铁与干簧管接近，在磁场作用下，干簧管触点闭合，形成通路。当门、窗打开时，磁铁与干簧管远离，干簧管附近磁场消失，其触点断开，控制器产生断路报警信号。

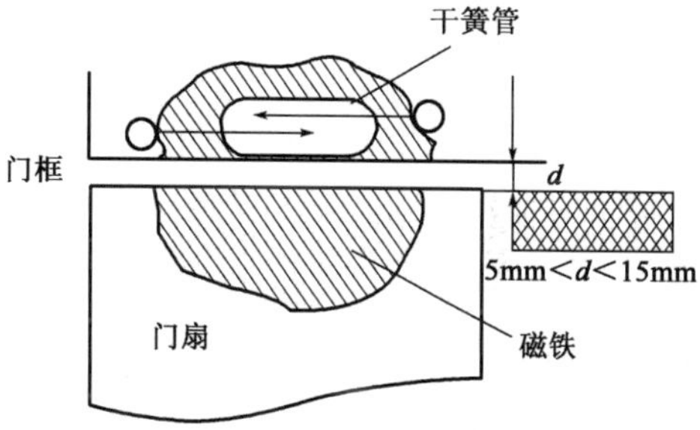

图 10-7　磁控开关报安装示意图

磁控开关也可以多个串联使用，把它们安装在多处门、窗上。无论任何一处门、窗被入侵者打开，控制电路均可发出报警信号。这种方法可以扩大防范范围，如图 10-8 所示。磁控开关由于结构简单、价格低廉、耐腐蚀性好、触点寿命长、体积小、动作快、吸合功率小，因此在实际应用中经常采用。

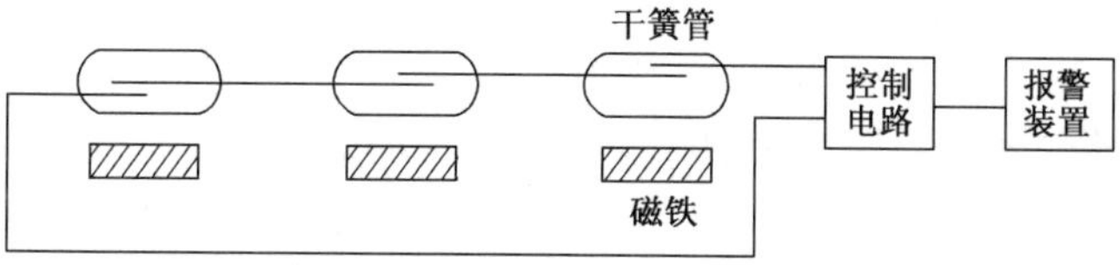

图 10-8　磁控开关的串联使用

安装、使用磁控开关时，应注意如下一些问题：

①干簧管应装在被防范物体的固定部分，安装应稳固，避免受猛烈振动，以防止干簧管碎裂。

②磁控开关不适用有磁性金属的门窗，因为磁性金属易使磁场削弱。此时，可选用微动开关或其他类型开关器件代替磁控开关。

③报警控制区域的布线图应尽量保密，连线节点要接触可靠。

(2)玻璃破碎探测器

玻璃破碎探测器是利用压电陶瓷片的压电效应(压电陶瓷片在外力作用下产生扭曲、变形时将会在其表面产生电荷)制成玻璃破碎入侵探测器。对高频的玻璃破碎声音(10 ~ 15kHz)进行有效检测，而对 10kHz 以下的声音信号(如说话、走路声)有较强的抑制作用。玻璃破碎声发射频率的高低、强度的大小同玻璃厚度、面积有关。玻璃破碎探测器按照工作原理的不同大致分为两大类:一类是声控型的单技术玻璃破碎探测器,它实际上是一种具有选频作用(带宽 10 ~ 15kHz)的具有特殊用途(可将玻璃破碎时产生的高频信号驱除)的声控报警探测器。另一类是双技术玻璃破碎探测器,其中包括声控振动型和次声波玻璃破碎高频声响型,它一般适用于银行的 ATM 机上。

玻璃破碎探测器主要用于周界防护,安装在单元窗户和玻璃门附近的墙上或天花板上。当窗户或阳台门的玻璃被打破时,玻璃破碎探测器探测到玻璃破碎的声音后即将探测到的信号给报警控制器进行报警。

一种具有弯形金属导电簧片的玻璃破碎探测器的结构,如图 10-9 所示。两根特制的金属导电簧片 1 和 2,它们的右端分别置有电极 3 和 4。簧片 1 横向略呈弯曲的形状,它对噪声频率有吸收作用。绝缘体、定位螺钉将金属导电簧片 1 和 2 左端绝缘,使它们的电极可靠地接触,并将簧片系统固定在外壳底座上。两条引线分别将簧片 1 和 2 连接到控制电路输入端。

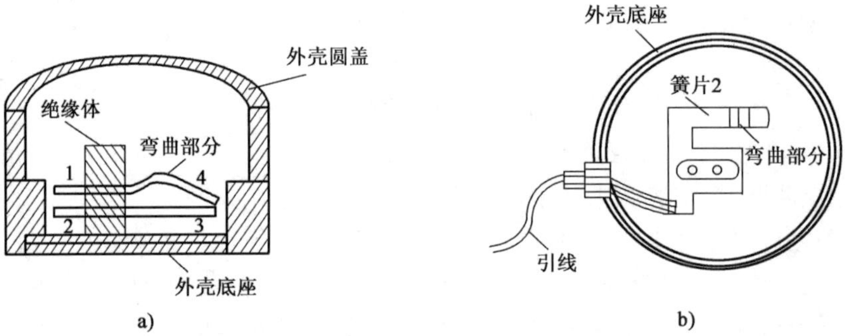

图 10-9　一种具有弯形金属导电簧片的玻璃破碎探测器的结构

a)剖面图;b)仰视图

1、2-导电簧片;3、4-电极

玻璃破碎探测器的外壳需用粘接剂附在需防范玻璃的内侧。环境温度和湿度的变化及轻微振动产生的低频率、甚至敲击玻璃所产生的振动,都能被簧片的几处弯曲部分所吸收,不影响簧片 2 和电极 4,使其仍能保持良好接触。只有当探测到玻璃破碎或足以使玻璃破碎的强冲击力时,这些具有特殊频率的振动,使簧片 2 和 1 产生振动,两者的电极呈现不断开闭状态,触发控制电路产生报警信号。

此外,还有水银开关式、压电检测式、声响检测式等玻璃破碎探测器,它们都是以粘贴玻璃面上的形式,当玻璃破碎或强烈振动时检测报警。因此,这些粘贴式玻璃破碎探测器在布线施工时要仔细、小心。

(3)声控报警探测器

声控报警启用传声器作为传感器(声控头)用来探测入侵者在防范区域内走动或作案活动发出的声响(如开闭门窗、拆卸搬运物品、撬锁时的声响),并将此声响转换为报警点信号经传输线送入报警控制器。此类报警电信号既可送入监听电路转换为音响,供值班人员对防范区直接监听或录音,同时也可以送入报警电路,在现场声响强度达到一定电平时启动报警装置发出声、光报警,如图 10-10 所示。

这种探测报警系统结构比较简单,仅需在警戒现场适当位置安装一些声控头,将音响通过音频放大器送到报警主控器即可，因而成本廉价，安装简便，适合用在环境噪声较小的银行、商品仓库、档案室、机房、博物馆等场合。

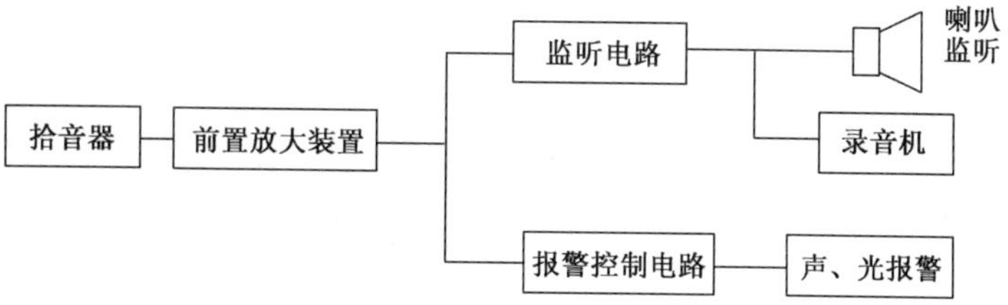

图 10-10　声控报警器示意图

(4)红外入侵探测器

红外入侵探测器是一种辐射能转换器，它是利用红外线的辐射和接收技术构成的报警装置。主要用于将接收到的红外辐射能转换为便于测量或观察的电能、热能等其他形式的能量。根据能量转换方式，红外入侵探测器可分为热探测器和光子探测器两种。热探测器的工作原理是基于入射辐射的热效应引起探测器某一电特性的变化，而光子探测器是基于入射光子流与探测材料相互作用产生的光电效应，具体表现为探测器响应探测材料自由载流子(即电子和/或空穴)数目的变化。由于这种变化是由入射光子数的变化引起的，光子探测器的响应正比于吸收的光子数。而热探测器的响应正比于所吸收的能量。

红外入侵探测器根据其工作原理，又可分为主动式和被动式两种类型。

①主动式红外入侵探测器

主动式红外入侵探测器由收、发装置两部分组成。发射装置向接收装置辐射一束红外线，当被遮断时，接收装置即发出报警信号，如图 10-11 所示。

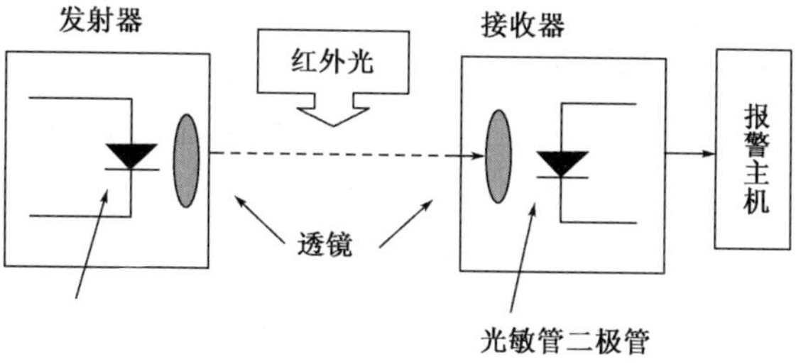

图 10-11　主动式红外入侵探测器原理图

通常，发射装置由多谐振荡器、波形变换电路、红外发光管及光学透镜等组成。振荡器产生脉冲信号，经波形变换及放大后控制红外发光管产生红外脉冲光线，通过聚焦透镜将红外光变为较细的红外光束，射向接收端。接收装置由光学透镜、红外光电管、放大整形电路、功率驱动器及执行机构等组成。光电管将接收到的红外光信号转变为电信号，经整形放大后推动执行机构启动报警设备。因红外线属于非可见光源，入侵者难以发觉与躲避，防御界线非常明确。

为了在更大范围有效地防范，主动红外入侵探测器也可以利用多机采取光墙或光网安装方式组成警戒封锁区或警戒封锁网，甚至可组成立体警戒区。

单光路由一个发射器和接收器组成。收、发装置分别相对，是为了消除交叉误射。单光路警戒面，如图 10-12 所示。

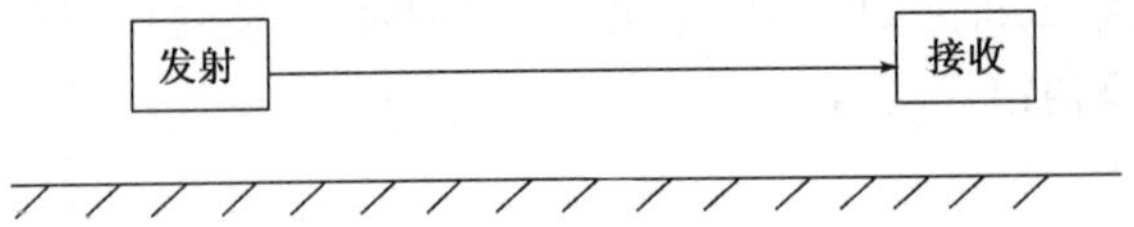

图 10-12　单光路警戒面

双光路由两对发射器和接收器组成。两对收、发装置分别相对，是为了消除交叉误射。双光路警戒面，如图 10-13 所示。多光路警戒面，如图 10-14 所示。

反射单光路警戒区，如图 10-15 所示。

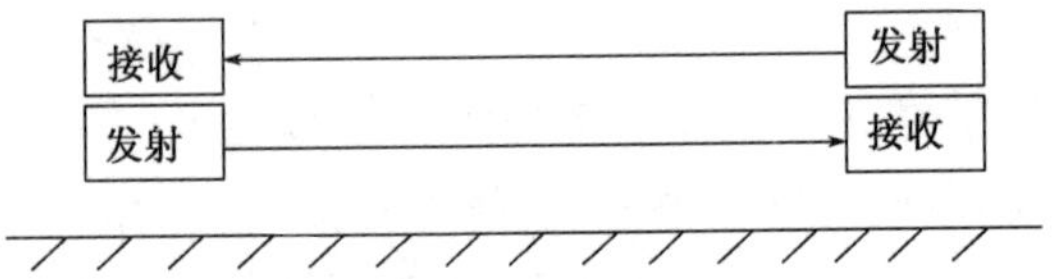

图 10-13　双光路警戒面

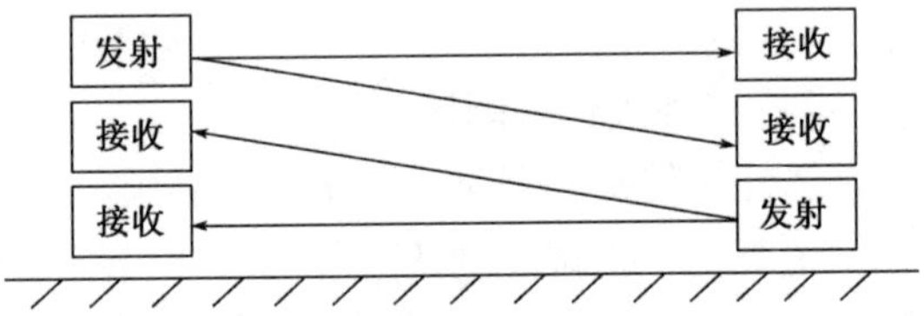

图 10-14　多光路警戒面

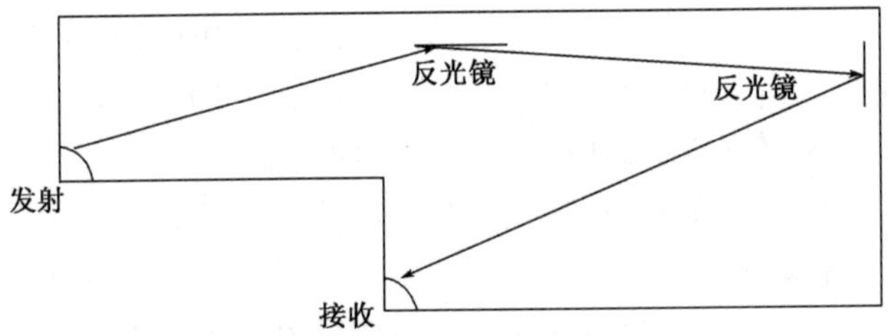

图 10-15　反射单光路警戒面

②被动式红外入侵探测器

被动式红外入侵探测器不向空间辐射能量，而是依靠接收人体发出的红外辐射来进行报警。任何有温度的物体都在不断地向外界辐射红外线，人体的表面温度为 36 ~ 37℃，其大部分辐射能量集中在 8 ~ 12μm 的波长范围内。

被动式红外入侵探测器结构由红外探头和报警控制两部分组成。红外探测器目前用得最多的是热释电探测器，也是作为人体红外辐射转变为电量的传感器。如果把人的红外辐射直接照射在探测器上，也会引起温度变化而输出信号，但这样做，探测距离有限。为了加长探测器探测距离，需附加光学系统来收集红外辐射，通常采用塑镀金属的光学反射系统，或塑料做的菲涅耳透镜作为红外辐射的聚焦系统。被动式红外入侵探测器示意图，如图 10-16 所示。

当人体（入侵者）在这一监视范围中运动时，顺次地进入某一视场，又走出这一视场，热释电传感器对运动的人体一会儿探测到，一会儿又探测不到，于是人体的红外线辐射不断地改变热释电体的温度，使它输出一个又一个相应的信号，此信号就是报警信号。

被动红外入侵探测器的主要特点：

A. 由于它是被动式的，不主动发射红外线，因此其功耗非常小。

B. 安装方便。

C. 与微波报警器相比，红外波长不能穿越砖头水泥等一般建筑物，在室内使用时，不必担心由于室外的运动目标会造成误报。

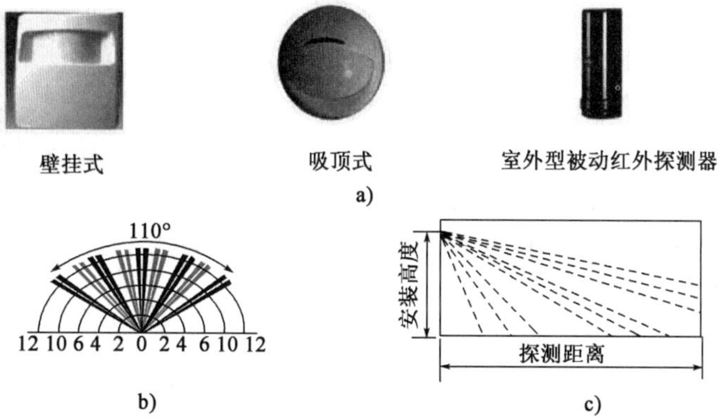

图 10-16　被动式红外入侵探测器示意图

a）被动红外探测器；b）俯视图；c）侧视图

D. 在较大面积的室内安装多个被动红外报警器时，因为它是被动的，所以不会产生系统互扰的问题。

E. 工作不受声音的影响，即声音不会使它产生误报。

（5）微波多普勒探测器

微波多普勒探测器应用多普勒原理，辐射频率大于 9GHz 的电磁波，覆盖一定范围，并能探测到在该范围内移动的人体而产生报警信号的装置。

上述红外探测器报警装置存在着红外线受气候条件（如温度等）变化影响较大的缺点，影响安全性。而微波探测防盗报警器可以克服这些缺点，而且微波能穿透废金属物质，故可安装在隐蔽处或外加装饰物，不易被人发觉而加以破坏，安全性很高。利用微波能量辐射及探测技术构成的探测器称为微波探测器。

微波多普勒探测器报警装置主要是通过电磁波对运动目标产生的多普勒效应而进行报警的。如图 10-17 所示，探测器发出无线电波频率 f_0，同时接收反射波，当有物体在布防区移动时，反射波的频率与发射波的频率有差异，两者频率差为 f_d，称为多普勒频率。当发射信号频率 f_0 = 9.375GHz 时，人体按 0.5 ~ 8m/s 的速度运动时，多普勒频率在 31.25 ~ 520Hz 变动，这是音频段的低频。只要检测出这个频率的信号，就能探知人体在布防区的运动情况，即可完成报警传感功能。微波移动式探测器属于体控型探测器，用于警戒立体空间，一般用于监视室内目标。

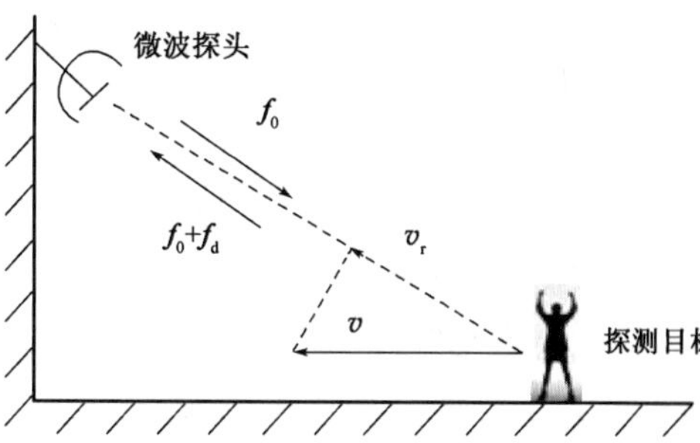

图 10-17　多普勒效应

v-探测目标水平运动速度；v_r-目标和探头相对运动的径向速度；f_0-无线电波频率；f_d-反射波与发射波的频率差

（6）超声波多普勒探测器

超声波多普勒探测器的工作方式与上述微波多普勒探测器类似，只是使用的不是微波而是超声波。因此，超声波多普勒探测器也是利用多普勒效应，超声发射器发射 25 ~ 40kHz 的超声波充满室内空间，超声接收器接收从墙壁、天花板、地板及室内其他物体反射回来的超声能量，并不断与发射波的频率加以比较。当室内没有移动物体时，反射波与发射波的频率相同，不报警；当入侵者在探测区内移动时，超声反射波会产生大约±100Hz的多普勒频率，接收器检测出发射波与反射波之间的频率差异后，即发出报警信号。

超声波多普勒探测器在密封性较好的房间（不能有过多的门窗）效果好，成本较低，而且没有探测死角，即不受物体遮蔽等影响而产生死角。但容易受风和空气流动的影响，因此安装超声波多普勒探测器时不要靠近排风扇和暖气设备，也不要对着玻璃和门窗。

(7)双鉴探测器

为了克服单一技术探测器的缺陷，通常将两种不同技术原理的探测器整合在一起，只有当两种探测技术的传感器都探测到人体移动时才报警的探测器称为双鉴探测器。常见的双鉴探测器以微波+被动红外居多，另外还有红外+空气压力探测器和音频+空气压力的探测器等产品。

被动红外/微波双鉴探测器，它是被动红外探测再加上微波同时探测，进一步减少误报现象的发生，即具有"双重鉴别"能力。

被动红外/微波入侵报警探测器主动向外发射微波，微波在遇到的物体上反射回来，如果物体是静止不动的，则反射的微波频率不产生变化。如果物体是运动的，则反射的微波频率将产生变化。

被动红外/微波入侵报警探测器只有当检测到红外与微波都产生触发信号时才产生报警信号输出。在使用环境较恶劣的场所，如过道、仓库等，流动空气容易触发红外线报警，但流动的空气不反射微波，因此，被动红外/微波入侵报警探测器使用在这种环境中，不会产生误报。需注意的是：微波具有一定的穿透能力，它能穿透一定厚度的墙壁，探测到墙外的行人。水管内流动的液体也能使微波频率发生变化。

红外探测器和红外/微波双鉴探测器通常安装在重要的房间和主要通道的墙上或天花板上。当有人非法侵入后，红外探测器通过探测到人体的温度来确定有人非法侵入，红外/微波双鉴探测器通过探测到人体的温度和移动来确定有人非法侵入，并将探测到的信号传输给报警控制器进行报警。管理人员也可以通过程序来设定红外探测器和红外/微波双鉴探测器的等级和灵敏度。

双鉴探测器的特点：

①微波与被动红外两种方法探测，并经过模糊逻辑数码分析，排除种种普通探测器无法克服的干扰，只对人体移动作出报警，杜绝误报漏报，性能远远超出无微波功能的各种红外探测器。

②具有温度补偿，无论环境温度如何变化，探测灵敏度始终一致，没有温度死区（一般探测器在32~40℃时，灵敏度大幅度下降，或在其他温区极易误报）。

③微波探测稳定可靠，抗干扰能力强，最大可覆盖范围宽，并可予以视区成型设置。

④具有可编程功能，拥有最大的应用灵活性。

为了进一步提高探测器的性能，在双鉴探测器的基础上又增加了微处理器技术的探测器，称为三鉴探测器。

(8)泄漏电缆探测器

泄漏电缆探测器类似于电缆结构，如图10-18所示，其中心是铜导线，外面包围着绝缘材料(如聚乙烯),绝缘材料外面用两条金属(如铜皮)屏蔽层以螺旋方式交叉缠绕并留有方形或圆形孔隙,以便露出绝缘材料层。

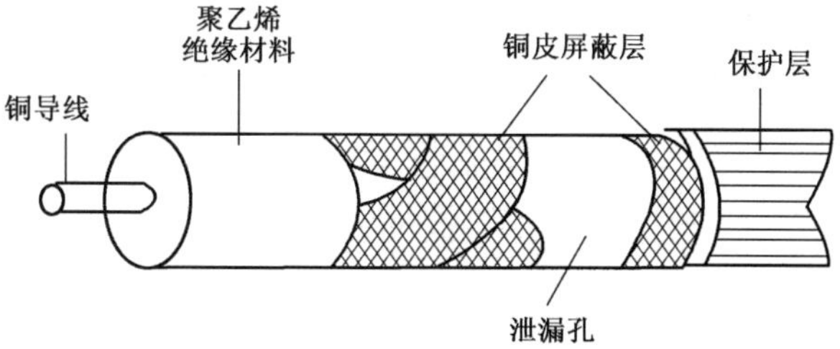

图 10-18　泄漏电缆探测器结构图

电缆最外面是聚乙烯塑料构成的保护层。当电缆传输电磁能量时,屏蔽层的空隙处便将部分电磁能量向空间辐射。为了使电缆在一定长度范围内能够均匀地向空间泄漏能量,空隙的尺寸大小是沿电缆变化的。

把平行安装的两根泄漏电缆分别接到高频信号发射和接收器就组成了泄漏电缆探测。发射产生的脉冲电磁能量沿发射电缆传输并通过泄漏孔接收空间电磁能量并沿电缆送入接收器。这种用于周界防范的泄漏电缆探测器可埋入地下,如图 10-19 所示。当入侵者进入探测区时,空间磁场分布状态发生变化,接收电缆收到的电磁能量产生变化,此能量变化量就是初始的报警信号,经过处理后即可触发报警器工作。

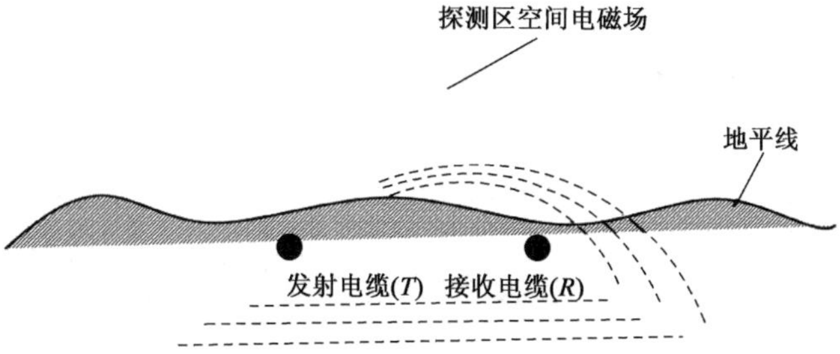

图 10-19　泄漏电缆空间场示意图

泄漏电缆探测器可全天候工作,抗干扰能力强,误报和漏报率都比较低,适用于高保安、长周界的安全防范场所。

对大型建筑物或某些场地的周界进行安全防范,一般可以建立围墙、栅栏或采用值班人员守护的方法。但是围墙、栅栏有可能受到破坏或非法翻越,而值班人员也有出现疏忽或暂离岗位的可能性。为了提高周界安全防范的可靠性,可以安装周界报警装置。实际上,前述的主动式红外入侵探测器和摄像机也可作为周界报警器。周界报警的传感器可以固定安装在现有的围墙或栅栏上,有人翻越或破坏时即可报警。传感器也可以埋设在周界地段的地层下,当入侵者接近或越过周界时产生报警信号,使值班人员及早发现,及时采取制止入侵的措施。

(9)紧急呼救按钮

它在防盗器材当中是最简单的一种器材,它是一个开关,有常开/闭输出,有开关量变化时它就会输出报警信号给主机。主要安装在人员流动比较多的位置,以便在遇到意外情况时可按下紧急呼救按钮向保安部门或其他人进行紧急呼救报警。

二、传输部分

传输部分是传输探测电信号的通道,即信道。根据信道的范围有狭义和广义之分,把仅指传输信号的传输介质称为狭义信道;把除包括传输媒介外,还包括从探测器输出端到报警控制器输入端之间的所有转换器(如发送设备、编码发射机、接收设备等)在内的扩大范围的信道成为广义信道,如图10-20所示。在广义信道中,不管中间过程如何,它们只不过是把探测电信号进行了某种处理而已。

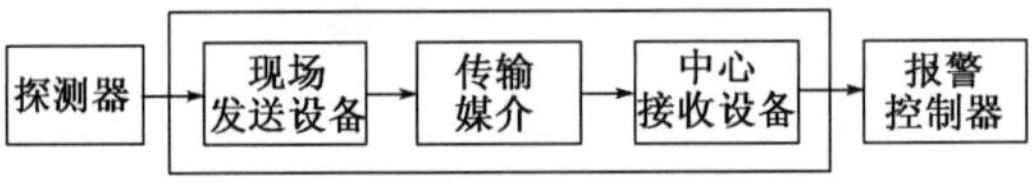

图10-20　广义信道框图

报警传输方式主要区别是:有线传输型、总线型和无线传输型。

1. 有线传输

所谓有线(或称专线)传输,是按照报警需要,专门敷设线缆,将前端探测器与终端报警控制器构成一个体系。

由于自成体系,因此系统稳定、可靠,但是管线敷设复杂,通常用于家庭安防或住宅小区周界和某些特定保护部门的防范。

2. 无线传输

无线报警控制器可与各种无线防盗探测器配合使用。无线传输具有免敷设线缆、施工简单、造价低、扩充容易的优点,尤其适合一些已经完工的项目,无须破土敷设管线,损坏原有景观;其缺点是抗干扰差,一定程度上影响系统运行的稳定,因此在周边有较强干扰源的情况下,最好采用有线传输方式。

3. 总线制传输

总线制传输实际上也是有线传输的一种。通常由主动式红外入侵探测器、总线控制器及普通开关量报警主机构成。前端用户通过RS-485总线与主机连接,主机及各用户机上分别设有总线连接单元,该单元能把用户机发出的报警信号、主机发出的应答控制信号转变为能在总线上进行长距离传递的信号;同时能把总线上的信号转变为用户机和主机能接收的电平信号,适于大型楼宇及小区安全报警。采用CAN总线方式与MT系统中MTGW CAN-RS485总线转换器进行通信,通过MTGW接收和处理RS485终端设备的事件信息,并输出到MTSW智能小区中心管理软件,同时可以监测和报告CAN总线状态以及其他内部系统事件。

总线式报警主机的技术特点是稳定可靠、报警快捷、设计简单、通信速度快、容量大,施工便利,且有RS-232通信接口可与电脑连接,在电脑上显示报警信息。

三、入侵报警控制器

1. 入侵报警控制器

入侵报警控制器即在入侵报警系统中,实施设置警戒、解除警戒、判断、测试、指示、传送报警信息以及完成某些控制功能的设备。包括有线、无线的防盗报警控制、传输、显示、存储等设备。

2. 入侵报警控制器的功能

入侵报警控制器应能接收入侵探测器发出的报警信号，具有按时间、区域部位任意布防和撤防，以及自检、防破坏、声光报警的功能。

(1)入侵报警功能

报警控制器应能直接或间接接收来自入侵探测器和紧急报警装置发出的报警信号，发出声光报警，并指示入侵发生的部位，此时值班人员应对信号进行处理。如监听、监视等。确认有人入侵，立即报告保安和公安机关出现场。若确认为是误报警时，则将报警信号复位。

(2)防破坏报警

短路、断路报警。传输线路被人破坏，如短路、剪断时，报警控制器应立即发出声光报警信号。

防拆报警。入侵者拆卸前端探测器时，报警控制器立即发出声光报警，这种报警不受警戒状态影响，提供全天时的防拆保护。

紧急报警。紧急报警不受警戒状态影响，随时可用。比如：入侵者闯入禁区时，现场人员可巧妙地使用紧急报警装置，报知保安人员。

延时报警。可实现 0 ~ 40s 可调的进入延迟及 100s 固定外出延迟报警。

欠压报警。报警控制器在电源电压小于或等于额定电压的 80% 时，应产生欠压报警。

(3)自检功能

报警控制器有报警系统工作是否正常的自检功能。值班人员可手动自检和程序自检。

(4)电源转换功能

报警控制器有电源转换装置，当主电源断电时，能自动转换到机内备用电源上，按我国国家标准《防盗报警控制器　通用技术条件》(GB 12663)规定：备用电源应能连续工作 4h 以上。

(5)环境适应性能

报警控制器在温度为 $-10 \sim +55℃$，相对湿度不大于 95% 时均能正常工作。

(6)布防与撤防功能

报警主机可手动布防或撤防，也可以定时对系统进行自动布防、撤防。在正常状态下，监视区的探测设备处于撤防状态，不会发出报警；而在布防状态下，如果探测器有报警信号向报警主机传来，则立即报警。布防延时，如果布防时操作人员尚未退出探测区域，那么就要求报警主机能够自动延时一段时间，等操作人员离开后布防才生效。

当警戒现场工作人员下班后应进行布防，现场工作人员上班时应撤防。这种布防在有些报警控制器中可分区进行。

(7)监听功能

报警控制器均有监听功能，在不能确认报警真伪时，将“报警/监听”开关拨至监听位置，即可听到现场声音，若有连续走动、撬、拉抽屉等声音，说明确有入侵发生，应马上报知保安及公安人员。

(8)报警部位显示功能

小容量报警控制器，报警部位一般直接显示在报警器面板上(指示灯闪烁)。大容量报警控制器配有地图显示板，其标记可按使用者意见定做。

(9)记录功能

报警控制器一般都有打印记录功能,可记下报警时间、地点和报警种类等。

(10)通信功能

大型报警控制器一般都留有通信接口,可直接与电话线连接,遇有紧急情况可自动拨通电话。

(11)联动功能

报警后,可自动启动摄像机、灯光、录像机等设备,实现报警、摄像、录像联动功能。

第三节　入侵报警系统的设计

一、设计原则

入侵报警系统工程设计应遵循以下原则:

(1)根据防护对象的风险等级和防护级别、环境条件、功能要求、安全管理要求和建设投资等因素,确定系统的规模、系统模式及应采取的综合防护措施。

(2)根据建设单位提供的设计任务书、建筑平面图和现场勘察报告,进行防区的划分,确定探测器、传输设备的设置位置和选型。

(3)根据防区的数量和分布、信号传输方式、集成管理要求、系统扩充要求等,确定控制设备的配置和管理软件的功能。

(4)系统应以规范化、结构化、模块化、集成化的方式实现,以保证设备的互换性。

二、设计步骤

(1)设计必须根据国家有关规范标准进行,应全面了解建筑物的性质,确定防护目标的风险等级和保护级别。

(2)应全面了解、勘察防护范围及其特点,包括对地形、气候、各种干扰源的了解,以及发生入侵的可能性。

①测量防护目标附近产生的有规律性的电磁波辐射强度和对无线电的干扰强度,调查一年中现场的温度、湿度、风、雨、雾、雷电变化情况和持续时间(以当地气象资料为准)。

②勘察、记录重点保卫部位的所有出入口的位置,门洞尺寸(包括天窗)及其用途、数量、重要程度。

(3)确定防盗报警工作的功能要求和入侵探测器的种类。

(4)根据入侵探测器的探测范围,提出入侵报警系统方案。

(5)根据所用的技术方法和所选的设备,画出系统原理图。

(6)编制主要设备材料表和说明书,标出设备名称/型号规格和数量。

三、设备选择

1. 探测器设备选型

应根据使用条件和防区干扰源情况选择探测器的类型,根据防护要求选择具有相应技术性能的探测器,使得在探测器防护区域内,有盗窃行为发生时不产生漏报警,无盗窃行为发生时尽可能避免误报警。探测设备选型原则如下:

(1)所选用的探测器必须符合相关标准的技术要求。

(2)在探测器防护区域内,发生入侵时,不应产生漏报警,无事故时应尽可能避免误报警。

(3)根据设防部位/环境条件和防区干扰源情况(如气候变化、电磁辐射、小动物出入等)选择探测器的类型。

(4)根据防护要求选择具有相应技术性能的探测器。

(5)应满足防护区域内无盲区探测,且入侵探测器盲区边缘与防护目标间的距离应大于5m。

(6)探测灵敏度满足防范要求。探测器的作用距离覆盖面积一般应留有25% ~30%的余量,能通过灵敏度调整进行调节。在交叉覆盖时应避免相互干扰及各种可能的干扰。

(7)防护区域宜采用两种以上探测原理的入侵探测器(复合型的视为一种)。

各类型入侵探测器功能比较,如表10-1所示。

入侵探测器功能比较　　表10-1

入侵探测名称		警戒功能	工作场所	主要特点	适于工作的环境和条件	不适于工作的环境及条件
微波	多普勒式	空间	室内	隐蔽,功耗小,穿透力强	可在热源光源流动空气的环境中正常工作	机械振动,有抖动摇摆物体、电磁反射物、电磁干扰
	阻挡式	点线	室内 室外	与运动物体速度无关	室外全天候工作适于远距离直线周界警式	收发之间视线内不得有障碍物或运动、摆动物体
红外线	被动式	空间	室内	隐蔽,昼夜可用功耗低	静态背景	收发间视线内不得有障碍物,地形起伏、周界不规则,大雾、大雪恶劣气候
	阻挡式	点线	室内 室外	隐蔽,便于伪装,寿命长	在室外与围栏配合使用做周界报警	背景有红外辐射变化既有热源、振动、冷热气流、阳光直射、背景与目标温度接近,有强电磁干扰
超声波		空间	室内	无死角,不受电磁干扰	隔声性能好的密闭房间	振动热源、噪声源、多门窗的房间,温湿度及气流变化大的场合
激光		线	室内 室外	隐蔽性好,价高,调整困难	长距离直线周界警戒	(同阻挡式红外报警器)
声控		空间	室内	有自我复核能力	无噪声干扰的安静场所与其他类型报警器配合做报警复核用	有噪声干扰的热闹场合
监控电视CCTV		空间面	室内 室外	报警与摄像复核相结合	静态景物及照度缓慢变化的场合	背景有动态景物及照度快速变化的场合
双技术报警器		空间	室内	误报极小	其他类型报警器不适用的环境均可	强电磁干扰

2. 传输线路选择

目前,无论是国内还是国际上,采用有线尤其是专用线传输的报警系统占多数。无论是区域控制还是集中控制,采取集中供电和信号显示的也居多数,选用现场供电的很少,因为采用集中供电,便于管理。一般现场的各个探测器都是靠专用线和控制器连接起来的,这种传输线相当于整个报警系统的神经,在报警系统中无论哪根线断了、破了或选的不合适,或在布线施工中弄错了,都会使报警系统的局部或全部造成瘫痪。因此在对报警系统有线传输部分设计时,应对以下问题进行认真考虑。

(1)导线规格的选择

对系统中的信号传输线,无须计算导线截面积,因为信号电流太小,只需考虑机械强度。但共用信号线时要计算,尤其是对许多探测器共用一条线时,需要进行计算。

对集中供电的电源线,一定要根据这对导线上所承受的总负载和由控制器供电部位到最远的探测器之间的距离进行计算和选线。

铜线的导线截面积为:

$$S_{Cu} = \frac{IL}{54.4\Delta U}$$

式中:I——导线中通过的最大电流(A);

L——导线的长度(m);

ΔU——允许的电压降(V);

S_{Cu}——铜线的导线截面(mm^2)。

铝线的导线截面积为:

$$S_{Al} = \frac{IL}{34\Delta U}$$

式中:S_{Al}——铝线的导线截面(mm^2)。

ΔU(电压降)可由整个系统中所用的探测器的工作电压范围和给系统供电用的电源电压额定值(包括备用电源在内)综合起来考虑,一般选取工作范围最窄的值。假如在一对电源传输线上有多个探测器,其中有的探测器工作电压范围为10.5~16V;有的为11~13V;有的为8~15V等。而电源电压额定值则为12V,按取下限最高值,上限最低值的原则来选,因为只有这样来选定ΔU,计算出来的导线规格,才能满足整个系统的要求。本例中的ΔU应为1V。

(2)导线选色和标号

在一个系统中,最好根据导线所起的作用选色和标号,有标准的执行标准,没标准的自己配色和编号,这样会使众多的导线层次清楚,对下道工序和维修都方便。例如:电源(+)为红色;地(-)为黑色;共用信号线为黄色;巡检线为绿色;地址信号线为白色等,地址信号线不多时也可用不同的颜色来区分,如果采用并行传输的大系统,地址信号线太多时,可用不同的颜色来分区域或分层,每区每层再编号。力争做到层次分明,多而不乱。

(3)导线配管

为了保护传输线,使其免受外界的干扰和破坏,一般都穿管或线槽敷设。但穿管时应注意以下几点:

①不同电源电压回路的导线,在没有采取电路隔离措施时,一般不得穿在同一管内(电压

为 65V 以下的传输线路除外)，尤其是强电传输线(如 220V、380V 或更高的电压)和安全电传输线(如 65V 以下的 12V、24V、48V 等)对弱电压和信号会产生强烈的干扰，会使弱电压不稳、弱信号失真。此外，万一有破皮短路，也会给低电压的设备和操作维修者造成严重的威胁。

②穿在管内的导线不得有接头，因为检查维修不方便。

③穿在管内导线的总截面面积(包括绝缘层)不应超过管内截面面积的 40%。

④传输线路布局。整个系统传输线路的布局走向设计，应从整个系统防护区域的整体着眼，查明地形结构及环境情况，选择安全易施工而捷径的路线。

本章小结

本章在概述了入侵报警系统的组成及功能的基础上，首先介绍了防盗探测器的种类和常用防盗探测器的工作原理，并对各类型探测器进行了比较。接着又介绍了防盗报警控制器的功能。最后介绍了入侵探测系统设计原则、步骤和设备选择等内容。

复习思考题

1. 入侵报警系统由哪几部分组成?
2. 什么是防盗探测器的探测范围?
3. 被动式红外入侵探测器的特点是什么?
4. 了解一些常用的报警信号的传输方法。

第十一章　出入口控制系统

出入口控制系统也称为门禁管理系统。出入口控制系统是安全防范系统的一个应用非常普遍的设备,是确保智能建筑的安全、实现智能化管理简便有效的措施。

出入口控制系统是对建筑物正常的出入通道进行管理,控制人员出入、控制人员在楼内或相关区域的行动。此项任务过去由保安人员、门锁和围墙来完成,但是人有疏忽的时候,另外还有感情成分,钥匙会丢失、被盗和复制等情况。智能大厦采用的是电子出入口控制系统,可以解决上述问题。

当今,随着智能化建筑的高速发展和普及,门禁系统改变了传统意义上的门卫值班概念,它使门卫管理自动化,更加可靠,更加安全,是门卫安全防范领域的重大进步。通常,出入口控制方式有以下三种:

第一种方式是在需要了解其通行状态的门上安装门磁开关(如办公室门、通道门、营业大厅门等)。当通行门开/关时,安装在门上的门磁开关,会向系统控制中心发出该门开/关的状态信号,同时,系统控制中心将该门开/关的时间、状态、地址,记录在计算机硬盘中。另外,也可以利用时间诱发程序命令,设定某一时间区间内(如上班时间),被监视的门无需向系统管理中心报告其开关状态,而在其他的时间区间(如下班时间),被监视的门开/关时,向系统管理中心报警,同时记录。

第二种方式是在需要监视和控制的门(如楼梯间通道门、防火门等)上,除了安装门磁开关以外,还要安装电动门锁。系统管理中心除了可以监视这些门的状态外,还可以直接控制这些门的开启和关闭。另外,也可以利用时间诱发程序命令,设某通道门在一个时间区间(如上班时间)内处于开启状态,在其他时间(如下班时间以后)处于闭锁状态。或利用事件诱发程序命令,在发生火警时,联动防火门立即关闭。

第三种方式是在需要监视、控制和身份识别的门或有通道门的高保安区(如金库门、主要设备控制中心机房、计算机房、配电房等),除了安装门磁开关、电控锁之外,还要安装磁卡识别器或密码键盘等出入口控制装置,由中心控制室监控,采用计算机多重任务处理,对各通道的位置、通行对象及通行时间等实时进行控制或设定程序控制,并将所有的活动用打印机或计算机记录,为管理人员提供系统所有运转的详细记录。

第一节　出入口控制系统概述

出入口控制系统定义为利用自定义符识别或/和模式识别技术对出入口目标进行识别并控制出入口执行机构启闭的电子系统或网络。

一、出入口控制系统的组成

出入口控制系统,一般具有如图 11-1 所示的结构图,它包括三个层次的设备。底层是直接与人打交道的设备,有读卡机、电控门锁、出门按钮、报警传感器和报警器等。它们用来接收人员的输入信息,再转换成电信号送至控制器,同时根据来自控制器的信号,完成开锁、闭锁工作。中间层是控制器,控制器接收底层设备发来的有关人员的信息,同自己存储的信息相比较以作出判断,然后再发出处理信息。上层是监控计算机,管理整个防区的出入口,对防区内所有的控制器所产生的信息进行分析、处理和管理,并作为局域网的一部分与其他子系统联网。

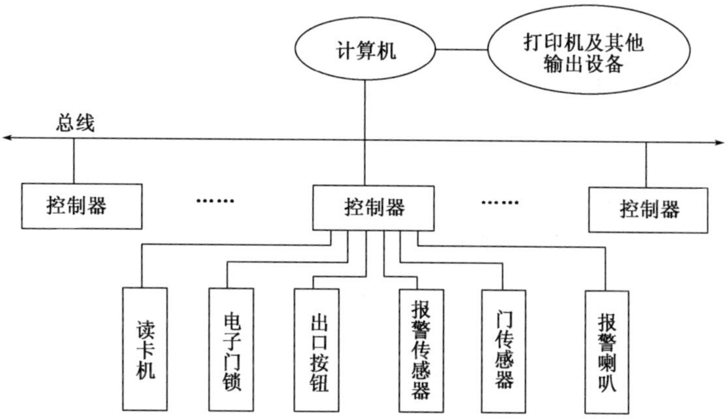

图 11-1　出入口控制结构图

出入口控制系统主要由识读、传输、管理/控制和执行四部分组成。其组成框图,如图 11-2 所示。

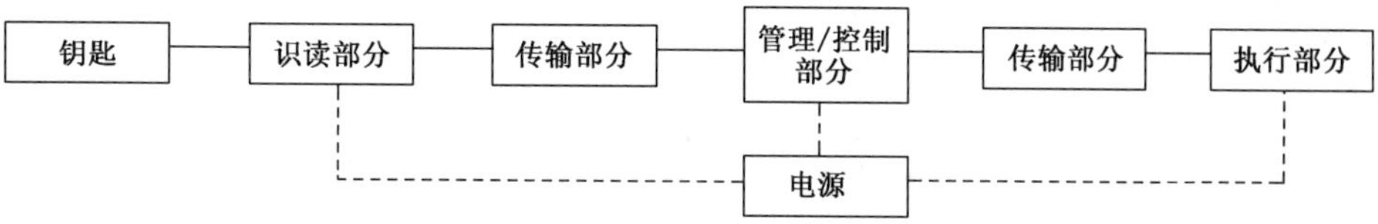

图 11-2　出入口控制系统组成框图

(1)控制主机

负责接收信号以及辨别信号后,进行开关门或发报的动作。

(2)控制器

出入口控制系统的核心部分,相当于计算机的 CPU,它负责整个系统输入输出的处理、存储及控制等。

(3)读卡器

是读取卡片中数据(生物特征信息)的设备。

(4)门锁

用来锁住门体,除非断电或送电,否则正常运行情形下不应自动开门。

(5)卡片

卡片是开门的钥匙,可以在卡片上打印持卡人的个人照片,可实现开门卡、胸卡合二为一。

(6)出门按钮

按一下即可打开门,适用于对出入无限制的情况,通常安装在室内。

(7)门磁开关

用于检测门的安全开关状态等。

单个控制器就可以组成一个简单的门禁系统,用来管理一个或几个门。多个控制器通过通信网络同计算机连接起来就组成了整个建筑的门禁系统。计算机装有门禁系统的管理软件,它管理着系统中所有的控制器,向它们发送控制命令,对它们进行设置,接收其发来的信息,完成系统中所有信息的分析与处理。

二、出入口控制系统功能

(1)对通道进出权限的管理

对通道进出权限的管理主要有以下几个方面:

①进出通道的权限就是对每个通道设置哪些人可以进出、哪些人不能进出。

②进出通道的方式就是对可以进出该通道的人进行进出方式的授权,进出方式通常有密码、读卡(生物识别)、读卡(生物识别)+密码三种方式。

③进出通道的时段就是设置通过该通道的人在什么时间范围内可以进出。

(2)实时监控功能

系统管理人员可以通过微机实时查看每个门区人员的进出情况(同时有照片显示)、每个门区的状态(包括门的开关,各种非正常状态报警等);也可以在紧急状态打开或关闭有关的门。

(3)出入记录检查功能

系统可储存所有的进出记录、状态记录,可按不同的查询条件查询,配备相应考勤软件可实现考勤、门禁一卡通。

(4)异常报警功能

在异常情况下可以实现电脑报警或报警器报警,如非法侵入、门超时未关等。根据系统的不同,出入口控制系统还可以实现以下一些特殊功能。

①反潜回功能

持卡人必须依照预先设定好的路线进出,否则下一通道刷卡无效。本功能是防止持卡人尾随别人进入。

②防尾随功能

持卡人必须关上刚进入的门才能打开下一个门,本功能与反潜回实现的功能一样,只是方式不同。

(5)消防报警监控联动功能

在出现火警时门禁系统可以自动打开所有电控锁让里面的人随时逃生。与监控联动通常是指监控系统自动将有人刷卡时(有效/无效)录下当时的情况,同时也将门禁系统出现警报时的情况记录下来。

(6)网络设置管理监控功能

大多数门禁系统只能用一台计算机管理,而技术先进的系统则可以在网络上任何一个授权的位置对整个系统进行设置监控查询管理,也可以通过因特网上进行异地设置管理监控查询。

(7)逻辑开门功能

简单来说,就是同一个门需要几个人同时刷卡(或其他方式)才能打开电控门锁。

三、出入口控制系统的特点

(1)每个用户持有一个独立的卡、指纹或密码,它们可以随时从系统中取消。卡等一旦丢失,即可使其失效,而不必像机械锁那样重新配钥匙,并更新所有人的钥匙,甚至换锁。

(2)可以预先设置任何人的优先权或权限。一部分人可以进入某个部门的某些门,另一部分人可以进入另一组门。这样可以控制谁什么时间可以进入什么地方,还可以设置一个人在哪几天或者一天可以多少次进入哪些门。

(3)系统所有活动都可以记录下来,以备事后分析。

(4)用很少的管理员就可以在控制中心控制整个大楼内外所有出入口。

(5)系统的管理操作用密码控制,防止任意改动。

(6)整个系统有备用电源,保证停电后一段时间内仍能正常工作。

(7)具有紧急全开门或全闭门功能。

四、出入口控制系统的分类

(1)按进出识别方式划分

出入口控制系统按进出识别方式划分可分为密码识别、卡片识别、生物识别。

识别出入人员的身份是否被授权可以进出是出入口控制系统的关键技术。有效授权的方式是持有身份卡、特定密码或控制中心记忆有被授权人的人体特征。因此,出入口控制系统一般分为卡片出入控制系统和密码识别控制系统以及人体自动识别技术出入控制系统三大类。

①密码识别

通过检验输入的密码是否正确来识别进出权限,通常每三个月更换一次密码。

②卡片识别　通过读卡或读卡加密码方式来识别进出权限。按卡片种类又分为:

A. 磁卡

优点:成本较低;一人一卡(加密码),安全一般,可连计算机,有开门记录。

缺点:卡片设备有磨损,寿命较短;卡片容易复制;不易双向控制。卡片信息容易因外界磁场丢失,使卡片无效。

B. 射频卡

优点:卡片无接触,开门方便安全;寿命长,理论数据至少10年;安全性高,可连计算机,有开门记录;可以实现双向控制。卡片很难被复制。

缺点:成本较高。

卡片种类很多,通常有磁卡、条码卡、射频识别卡、威根卡、智能卡、光卡、光符识别卡等。有关各种卡片的性能特点,如表11-1所示。目前,智能卡的应用已经越来越多。

几种卡识别技术的主要性能和指标　　表 11-1

类型	条码卡	磁卡	IC 卡	RFID 卡	光卡	威根卡
信息载体	纸等	磁性材料	EPROM	EPROM	合金塑胶	金属丝
信息量	较小	较大	大	较大	最大	较小
可修改性	不可	可	可	可	不可,但可追加	不可
读卡方式	CCD 扫描	电磁转换	电方式	无线收发	激光	电磁转换
保密性	较差	较好	最好	好	好	较好
智能化	无	无	有	无	无	无
抗干扰	怕污染	怕强磁场	静电干扰	电波干扰	怕污染等	电磁干扰
证卡寿命	较短	短	长	较长	较短	较短
ISO 标准	有	有	有,不全	在制定中	有	有
证卡价格	低	较高	高	较高	较高	较高
读/写速度	写:高 读:低	高	较低	较低	高	较高
特点	简单可靠,接触识读	可改写	信息安全可靠	可遥读	信息量大	较安全可靠
弱点	抗污染差	寿命短	卡价格高	易受电磁波干扰	表面保护要求高	不便推广应用

C. 生物识别

通过检验人员生物特征等方式来识别进出,有指纹型、虹膜型、面部识别型。

优点:从识别角度来说安全性极好;无须携带卡片。

缺点:成本很高。识别率不高,对环境要求高,对使用者要求高(比如指纹不能划伤、眼不能红肿出血、脸上不能有伤,或胡子的多少),使用不方便(比如虹膜型的和面部识别型的,安装位置高度一定,但使用者的身高却各不相同)。

(2)按其硬件构成模式划分

出入口控制系统按其硬件构成模式划分可分为一体型和分体型。

①一体型,出入口控制系统的各个组成部分通过内部连接、组合或集成在一起,实现出入口控制的所有功能,如图 11-3 所示。

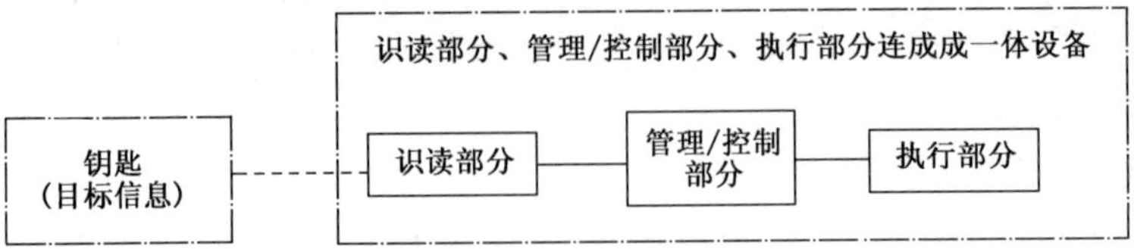

图 11-3　一体型结构框图

②分体型,出入口控制系统的各个组成部分,在结构上有分开的部分,也有通过不同方式组合的部分。分开部分与组合部分之间通过电子、机电等手段连成为一个系统,实现出入口控制的所有功能,如图 11-4 所示。

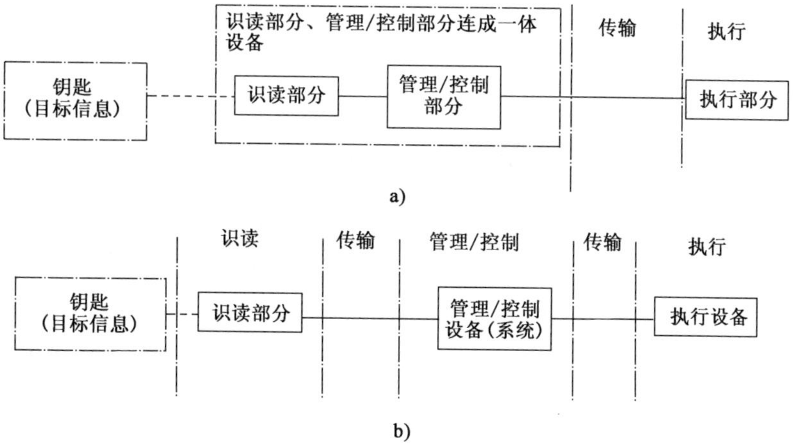

图 11-4　分体型结构框图

a)分体型结构组成之一;b)分体型结构组成之二

(3)出入口控制系统按其管理/控制方式划分

出入口控制系统按其管理/控制方式划分可分为独立控制型、联网控制型和数据载体传输控制型。

①独立控制型:出入口控制系统,其管理/控制部分的全部显示/编程/管理/控制等功能均在一个设备(出入口控制器)内完成,如图 11-5 所示。

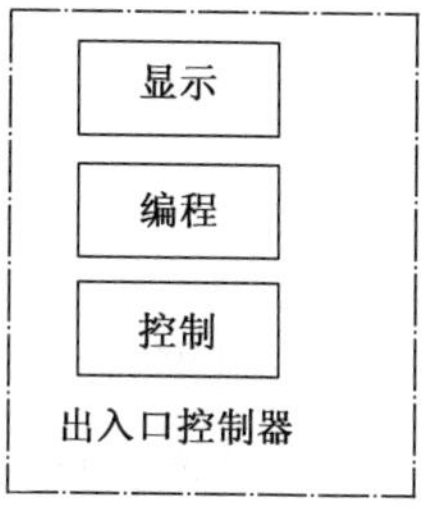

图 11-5　独立控制型结构框图

②联网控制型:出入口控制系统,其管理/控制部分的全部显示/编程/管理/控制功能不在一个设备(出入口控制器)内完成。其中,显示/编程功能由另外的设备完成。设备之间的数据传输通过有线和/或无线数据通道及网络设备实现,如图 11-6 所示。

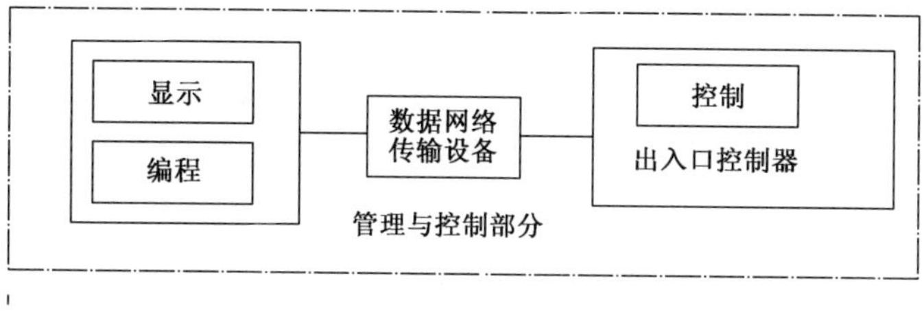

图 11-6　联网控制结构框图

③数据载体传输控制型:出入口控制系统与联网型出入口控制系统区别仅在于数据传输的方式不同。其管理/控制部分的全部显示/编程/管理/控制等功能不是在一个设备(出入口控制器)内完成。其中,显示/编程工作同另外的设备完成。设备之间的数据传输通过对可移动的、可读写的数据载体的输入/导出操作完成,如图 11-7 所示。

出入口控制系统是一种典型的集散控制系统。系统采用集中管理、分散控制的方式。管理中心管理主机主要负责对系统的集中管理,分布在现场的控制设备负责对出入口目标的识别和设备的控制。现场设备能脱离系统独立工作。门禁管理系统可与入侵报警系统、视频监控系统联动。

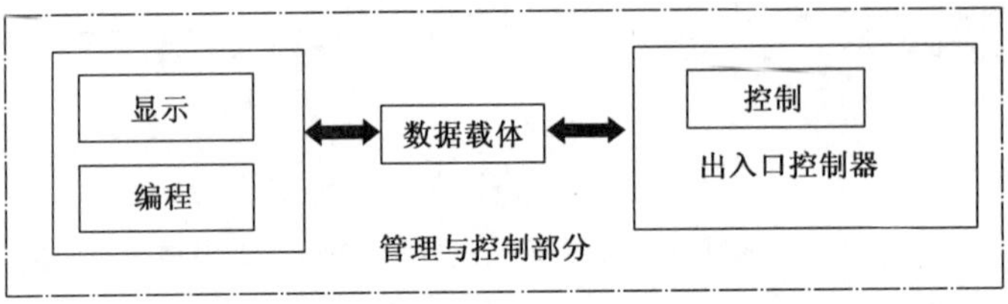

图 11-7 数据载体传输控制结构框图

出入口控制系统的适用范围,理论上是一切需要控制出入的门都可安装门禁系统。主要是对重要的通行口、出入口、电梯进行出入控制,一般常用于银行、金融机构、重要办公楼、办公室、住宅单元门、酒店客房门、电梯厅、军事基地、厂矿企业、各类停车场等。在受控门上安装门磁开关、电子门锁或读卡机等控制装置,由中央控制室监控,上班时间被控门的开和关无须向管理中心报警和记录,下班时间被控门的开和关向管理中心报警和记录。

五、出入口控制系统管理法则

一个功能完善的出入口控制系统,必须对系统运行方式进行妥善组织。例如按什么法则、允许哪些用户出入、允许他们在什么日期及时间范围内出入、允许他们通过哪个门出入等,必须作出明确规定。由于保护区的保安密级不同、出入人员身份不同,在管理上,系统对于不同的受控制的门可能会有不同控制方式的要求。比较常用的方式有以下几种:

1. 进出双向控制

出入者在进入保安区及退出保安区时,都需要出入口控制系统验明身份。只有授权者才允许出入。这种控制方式使系统除可掌握何人在何时进入保安区域外,还可了解何人在何时离开了保安区域,还可以了解当前共有多少人在保安区域内、他们都是谁。

2. 多重控制

在一些保安密级较高的区域,出入时段可置多重鉴别,或采用同一种鉴别方式进行多重检验,或采用几种不同鉴别方式重叠验证。只有在各次、各种鉴别都获允许的情况下,才允许通过。

3. 两人同时出入

可通过把系统设置成只有两人同时通过各自验证后才允许进入或退出保安区域的方式来实现安全级别的增强。

4. 出入次数控制

对用户限制出入次数,当出入次数达到限定值后该用户将不再允许通过。

5. 出入日期(或时间)控制

对用户的允许出入的日期、时间加以限制,在规定日期及时间之外,不允许出入,超过限定期限也将被禁止通过。

第二节　出入口控制系统主要设备

出入口控制系统是安全防范自动化系统的主要子系统。它是根据建筑物安全技术防范管理的需要,对需要控制的各类出入口,按各种不同的通行对象及其准入级别,对其进出时间、通行位置等实施实时控制与管理,并具有报警功能。

系统一般由出入口对象(人、物)识别装置、信息处理/控制/通信装置和控制执行机构三部分组成。系统系统应有防止一卡进多人或一卡出多人的防范措施,应有防止同类设备非法复制有效证件卡的密码系统,密码系统应能授权修改。

一、识读装置

1. 密码识别

个人身份识别码(PIN)是指每个有权出入的人所对应的一组代码,作为身份识别的依据,这个代码被存储到出入口控制系统中。当用户想进入时,必须在键盘上输入他的身份识别码。系统将输入的号码与系统所存储的代码相比较。如结果一致,将允许该人通过。反之,则禁止出入。

为了增加保密功能,经常将密码输入与卡片控制方式两者同时使用。在这种情况下,通常是要求用户首先插卡,系统将根据卡中信息,调出该用户的有关资料,然后要求用户通过键盘输入他的个人识别代码,并将该代码与个人资料中所存储的代码相比较,一致时才允许通过。这组代码可以由用户选择,也可以由系统来指定。通常使用4~6位数字。这种方式也有它的弱点:个人身份识别码及出入凭证,可以由用户提供给一个无权出入的人,也可以通过强制手段得到。

在个人身份识别码出入口控制系统中,代码的输入要通过键盘,常用的有两种不同工作方式的键盘:固定式与乱序式。固定式键盘指的是像电话机键盘一样,0~9数字在键盘上的位置是固定不变的。但使用这种键盘的缺点在于当用户输入密码时,容易被他人记住、仿冒,保密性不高,所以现行应用中一般都与卡片机配套使用。而乱序式键盘上0~9的数字键,在显示键盘上的位置、排列方式不是固定的,而是随机的,每次使用时显示数字的顺序都不一样。这样就避免了别人窃取密码、冒用,从而提高了系统的安全性。当然,乱序键盘输入密码与刷卡两者并用,则是最为理想的。

2. 卡片识别

卡片式出入口控制技术是早已获得广泛使用的传统的出入口控制技术。该系统是以各类卡片经读出装置识别后决定是否允许出入。这类系统具有下列基本功能:

可提供能被机器识别的唯一的身份代码;可对每个经过编码的证件的出入进行记录;可实现不必对证件本身操作,即可终止持证人的出入权限;可提供多级出入权限。例如,只能在指定的出入口出入或只能在当天的特定的时间出入。

系统可在每次有出入请求时查验出入权限记录,并且按要求对每次出入的时间、出入的位置、身份识别号码进行记录,并列表显示。

可对证件进行编码的技术是多种多样的,依其工作方式可分为两大类:接触式和感应式。

(1)接触卡识别技术

接触卡识别技术(条形码)是一组彼此间隙很小且本身宽度不同的平行条纹,根据条纹本身宽度及其间隙大小的不同进行编码。条形码阅读机可对条纹进行扫描,并将获取的数据送到译码电路,经译码后,实现编码的识别。

一般情况下,条形码是粘在证件上的(常置于塑胶卡的夹层中)。由于复制起来相对容易,所以条形码广泛应用于安全性要求不高的出入口控制场所。

另外,在使用频率高的地方读卡器容易磨损,潮湿、肮脏、过冷、过热等恶劣环境也使其应用受到限制。

①磁条识别技术

磁条识别技术目前已广泛应用于商业及信用卡等系统中,当磁卡从读卡机中划过时,系统便从位于磁卡一侧的磁条中读取数据。目前,有三种材料可作为磁条的磁性材料。第一种是单层300Oe(1Oe = 80A/m)(磁强强度单位)的磁条。它的缺点是数据较其他种类更容易被消除。第二种为双层300/4000Oe,以保护4000Oe层的数据不被消除,但300Oe层数据的意外改写或删除还是有可能发生的。第三种材料也是信贷应用中使用最广泛的一种,它是在4000eO层上覆盖了一层保护层,几乎不可能被意外改写或删除。使用字母数字编码方式,可将持卡人的姓名及卡号两项都进行编码。由于可对磁条内的数据进行编码或复制的设备并不难得到,所以伪造也就相对容易。不过这种情况可以通过一些专有的、非标准化的编码方式和读取方式的应用得到很大程度上的改善。

②内嵌技术与威根卡

威根卡是目前国际上非常流行的。它的输出信号格式已成为事实上的工业标准。这种技术下的编码是由卡片内具有特殊磁性的、极细的内嵌式金属丝形成。由于这些金属丝是由厂家制造,一旦打开卡片,金属丝排列即被破坏,故无法复制,防伪效果好。另外,特制金属丝不受磁场磁化,所以有防磁、防水效果,可用于恶劣环境中,应用范围广。

③视觉识别技术与红外线卡

应用视觉识别技术的证件中,内嵌一个含有几何点阵的薄片,读卡机中的探测器通过对点阵的几何图样来确认编码。为了提高防伪性能,在其制作中采用了红外技术,在只有当红外线照射下才透明的基层上,用在红外线照射下不透明的油墨来印制图样。也可将点阵制成在可见光下不透明而在红外光下透明的卡中。这种技术提供了很好的保护方式,使得卡片很难被伪造。而且,这种卡可以做成完全非磁性和非金属性,故不会对敏感的金属探测器产生影响。

(2)感应式卡片识别技术(射频卡,RF卡)

RF卡使用了射频感应识别技术,是一种以无线方式传送数据的集成电路卡片,被非常耐用的塑料外套保护着,可防水、防污,它具有数据处理及安全认证功能等特点。

RF卡在读写时处于非接触操作状态,避免由于接触不良所造成的读写错误等,同时避免了灰尘、油污等外部恶劣环境对读写卡的影响。

操作简单、快捷,RF卡采取无线通信方式,使用时无方向要求,还只有防冲突功能。

RF卡中存有快速防冲突机制,能防止卡片之间出现数据干扰,因此终端可以同时处理多张卡片,便于一卡多用。RF卡中有多个分区,每个分区又各自有自己的密码,所以可将不同的分区用于不同的应用，实现一卡多用。

射频卡与接触式 IC 卡相比较，射频卡具有以下优点：

①可靠性高

射频卡与读写器之间无机械接触，避免了由于接触读写而产生的各种故障。特别在一些条件恶劣、干扰很大的环境里，由于其完全封闭的封装方式，不仅可以防止由于粗暴插卡、非卡外物插入、灰尘、油污等导致接触不良，而且具有防水气、防静电、防振动和防电磁干扰的优良特性。射频卡表面无裸露的芯片，无须担心芯片脱落、静电击穿、弯曲损坏等问题。

②操作方便、快捷

由于采用非接触通信，读写器在 1 ~ 30cm 范围内就可以对卡片操作，所以不必像 IC 卡那样进行插拔工作。非接触卡使用时没有方向性，卡片可以任意方向掠过读写器表面，完成一次操作仅需 0.1s，可大大提高每次使用的速度。射频系统一个重要优点是具有隔墙感应特性。因此读卡机及发射接收天线能被隐蔽安装在墙的建筑结构内，因而不容易遭到破坏。

③防冲突、抗干扰性好，可同时处理多张卡

射频卡中有快速防冲突机制，能防止卡片之间出现数据干扰，在多卡"同时"进入读写范围内时，读写设备可一一对卡进行处理。这提高了应用的并行性，也无形中提高了系统的工作速度。

④应用范围广

射频卡的存储器结构特点使是一卡多用，可应用于不同的系统，用户根据不同的应用设定不同的密码和访问条件。

⑤加密性能好

射频卡的序列号是唯一的，制造厂家在产品出厂前已将此序列号固化，不可再更改。射频卡与读写器之间采用双向验证机制，即读写器验证射频卡的合法性，同时射频卡也验证读写器的合法性；处理前，射频卡要与读写器进行三次相互认证，而且在通信过程中所有的数据都加密。此外，卡中各个扇区都有自己的操作密码和访问条件。

系统的工作过程是这样的：读卡机发射出射频电磁波，在一个范围内产生磁场；当有卡进入该区域范围时，识别卡中的射频电路被磁场激发，从而发出射频电波，将该卡的识别码传回读卡机。读卡机将收到的信号送至解码器，经解码后送至主机，核查此编码是否正确，完成感应识别功能。接触式感应卡工作原理，如图 11-8 所示。

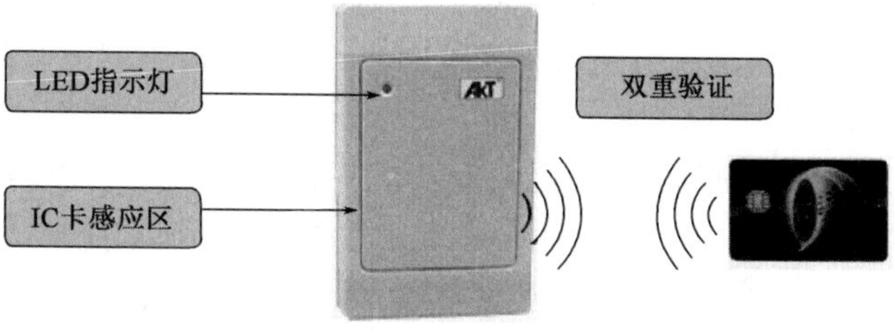

图 11-8　接触式感应卡工作原理

感应卡可以按多种不同的方式来划分：根据卡的能量来源、根据卡的工作频率范围、根据卡的编码形式。

主动式感应卡中的电路依靠与卡片封装在一起的长寿电池供电。一类为只有卡进入检测区后，电池才供电；另外一类则为全天始终供电，一直发射信号，但只有进入检测区后才能被读卡机天线收到。而被动式感应卡的供电则是由进入检测区后收到的读卡机发射出的射频信号来提供能量。

读卡机和卡的工作频率对不同的系统来说各有不同。低频卡工作在33～500kHz。高频卡则工作在2.5MHz～10GHz。随着工作频率的增加，阅读范围和卡与读卡机之间的通信速度将增加。同样，系统的成本也将增加。

感应卡常采用的工作方式是发射和接收频率不同。一般接收频率皆为发射频率的一半，在应用中感应卡一进入检测范围马上发射返回信号，此时返回信号与激发电磁场同时存在，且两组电磁场频率偏差量可保证在一定的范围内。从而保证无论在何种环境中都能正常工作。

只读感应卡的编码通常是在制造时就确定的一组特定的编码，是无法更改的。而可擦写式感应卡的数据区一般比只读卡大，并且可根据系统管理人员的需要编程。感应式读卡机工作时是非接触性的，即使是频繁的读、写或移动，也不必担心接触不良或数据被损坏。由于感应式卡或出入口控制系统具有保密性强、环境适应性强、工作可靠、稳定、使用方便等特点，在国内外已经得到了广泛的应用，如韩国、巴西、加拿大的公交、地铁收费系统。我国的香港、北京、上海、广州、珠海、太原等城市也已发行了公交卡，还有公路收费、停车场收费、门禁系统、考勤系统以及购物收费系统等。

目前，还有其他几种正在应用的、能产生唯一编码的技术：声表面波技术（SAW）——这种技术是利用压电介质晶体表面所感应到的无线电信号来产生表面波，然后通过金属换能器转换后，传输至读卡器识别。电子调谐电路——这种编码技术通过卡中的一个具有特定谐振频率的调谐电路来产生。在这种方式下，读卡机始终在工作频率范围内变换发射的无线电频率，当卡靠近读卡机时，读卡机便可滤出与卡的频率产生谐振的那个频率，从而实现检测功能。

（3）智能卡识别

IC卡（Integrated Circuit Card）就是集成电路卡。它是一种随着半导体技术的发展和社会对信息安全性要求的日益提高应运而生的。它是将集成电路芯片镶嵌在塑料基片之中制成的，并被封装成卡片的形式，其外形与磁卡相似。IC卡的应用最早出现于20世纪70年代，由法国首创。一般使用3BM以下半导体技术制造。IC卡具有数据的写入和存储能力。IC卡存储器中的内容根据需要可以有条件的供外部读取，或供内部信息处理和校验用。根据卡中的集成电路不同，IC卡可分为存储器卡、逻辑加密卡、智能卡三类。

①存储器卡：此类卡中的集成电路为EEPROM（电擦除可编程只读存储器）。它仅有数据存储能力，没有数据处理功能。

②逻辑加密卡：卡中的集成电路具有加密逻辑和EEPROM。对卡中的数据进行操作前，必须验证每个卡的操作密码。密码的验证是由卡中的芯片完成，而不是由读卡终端完成。卡中有一个错误计数器，如果连续三次验证密码失败，则卡中数据被自动锁死，该卡不能再使用。

③智能卡：也称为灵巧卡。卡中的集成电路包括CPU（中央处理器）、EEPROM、RAM（随机存储器）以及固化在ROM（只读存储器）中的COS（片内操作系统）。分为通用型和专用型两种。专用型是指其中CPU为专用的、保密的。与通用型的主要差别在于其有很好的物理保护措施。智能卡的发展方向是保密的专用型。

IC 卡采用先进的半导体制造技术和信息安全技术，IC 卡相对于其他种类的卡具有以下 4 大特点：

①RAM、ROM、EEPROM 等存储器，存储容量可以从几字节到几兆字节。卡上可以存储文字、声音、图形、图像等各种信息。

②体积小，重量轻，抗干扰能力强，便于携带，易于使用。

③安全性高。IC 卡从硬件和软件等几个方面实施其安全策略，可以控制卡内不同区域的存储特性。

④对网络要求不高：IC 卡的安全可靠性使其在应用中对计算机网络的实时性、敏感性要求降低，十分符合当前国情，有利于在网络质量不高的环境中应用。

IC 卡和磁卡比较有以下 4 大优点：

①IC 卡的安全性比磁卡高得多，IC 卡内信息加密后不可复制，安全密码核对错误有自毁功能，而磁卡很容易被复制。

②IC 卡的存储容量大，内含微处理器，存储器可分成若干应用区，便于一卡多用，方便保管。

③IC 卡防磁，防一定强度的静电，抗干扰能力强，可靠性比磁卡高。一般至少可重复读写 10 万次以上，使用寿命长。

④IC 卡的读写机构比磁卡的读写机构简单可靠，造价便宜，容易推广，维护方便。

正是由于上述优点，使得 IC 卡应用得到迅速普及，不仅仅应用于保安及出入口控制系统，也广泛用于金融、电信、智能大厦等领域。

3. 人体特征识别技术

人体特征识别系统是建立在每个人所具有的一些独一无二的生物特征的基础上。目前已经投入使用的这类设备可实现对手形、笔迹、视网膜、指纹、语音和其他许多特征的识别。所有人体特征识别系统均需围绕下列三个难题进行研究：一是可用于识别人体特征的唯一独特性；二是特征的变化性；三是提供可处理这些特征的实用系统的困难性。

(1)手形与指纹识别技术

①手形识别技术

对手形进行识别的设备是建立在对人手的几何外形进行三维测量的基础上。因为每个人的手形都不一样，所以可以作为识别的条件。主要通过确定人手的几个外形上的特征，如手和手指在不同部位的宽度、手指的长度、手指的厚度和手指弯曲部分的曲率等，来实现识别功能。

为了测量这些特征，手形检测系统将光束通过一对镜面反射照向手掌(俯视及侧视)，投射到一个反射镜面，然后送入一个由光敏二极管组成的阵列。最终结果映象经过数字化作为一个手形样本被存储到设备的存储器中，通常此类设备足以存储 1 万以上个样本。

要使用这类设备，使用者必须提供一个经有效编码的卡或 4 位数的 PIN(个人身份码)，并将手放在测试板上，调准放在测试板上的手指位置等待扫描。为帮助使用者将手调到合适的位置，在有的仪器上装了 LED，平时常亮，只有手的摆放合乎要求时，LED 才熄灭，可以进行扫描。扫描过后，将扫描结果与 RAM 中的样本进行比较，从而实现识别功能。

注册过程与识别过程很相似，只不过对注册者的手要检测三次，然后将三次检测结果取平均值来构成样本。尽管测试板上定位标志最适合用于右手的检测,但将左手放于测试板上的掌形中也可以实现注册与检测。

经测试表明,该类设备错误拒绝发生率约为0.03%(经三次检验),而错误接受发生率为0.1%(经一次检验)。系统完成一次识别需要1s,完成一次注册约需60s。

②指纹识别技术

指纹识别技术的应用已有一百多年的历史了,而且至今仍然被认为是几种最可靠的识别方法之一。指纹是每个人所特有的东西,在不受损伤的条件下,一生都不会发生变化。近些年来,由于自动化技术的发展,指纹识别系统也有了很大的提高。指纹比对通常采用特征点法,抽出指纹上凸状曲线的分歧点或指纹中切断的部分(端点)等特征来识别。为了提高可靠性,系统对手指的摆放位置及指纹分析与比较的精度要求很高。

这类系统通常在登记注册有2000枚指纹左右的情况下,辨识时一般在1s左右。错误拒绝发生率小于1%,错误接受发生率小于0.0001%。因此,可以说指纹识别系统的应用会更加广泛。

(2)视网膜识别技术

人体的血管纹路也是具有独特性的,人的视网膜上血管图样可以利用光学方法透过人眼晶体来测定。如果视网膜不被损伤,从三岁起就会终生不变。每个人的血管路径差异很大,所以被复制的机会很少。通常,这类系统使用一束低强度的发自红外发光二极管的光束环绕着瞳孔中心进行扫描。根据扫描后得到的不同位置所对应的不同反射光束强度来确定视网膜上的血管分布图样。这种方法在不是生物活体时无法反应,因此不可能伪造。但在戴眼镜或患某些眼病时(如白内障)无法进行识别。

在注册过程中,进行扫描时,使用者必须注视检测器中的一个用于校准的目标其时间至少0.2s。通常经过几次这样的扫描,按一定规律将几次扫描结果结合起来从而建立起使用者的参考图样数据。然后将这些数据存储于系统的存储器中。

进行识别检测时,只需做一次类似的扫描,全过程大约需6s,包括输入PIN。目前,也有不需输入PIN的识别模式,工作在这种模式下,由于识别时要对所有已注册的记录进行搜索,从而使检测过程的时间加长,每搜索100个样本约需额外增加1s。在实验室环境下的测试数据表明,这类系统错误拒绝发生率小于0.4%,而错误接受发生率为零。

(3)签字识别技术

利用签名来确认一个人的身份早已获得广泛的应用(如在金融业中已应用多年)。尽管伪造者能够造出在外形上非常相像的签名,但是不太可能正确复制笔画的速度、笔顺、笔运、笔压等,因而就可以利用这些参数来进行识别。

自动笔迹识别系统正是根据笔迹的一些动力学特征进行识别(如笔迹的走向、速度、加速度等)。对这些数据的统计分析表明,每个人的签名都是独特的,并且自身可保持一致性。这些数据可通过安装在书写工具或签字板上的传感器来获得,市面上已有这类系统的实际应用。

(4)语音识别技术

语音识别技术是利用每个人所特有的声音为辨识条件。人们的发音方式取决于多种因素,包括地理影响、声带和嘴形。通过让某个人重复说一套单字或短语,可以获得他的声波纹模板。

语音自动识别系统的应用是与数据自动处理分不开的。语音中可用于识别的特征包括：声波包络、声调周期、相对振幅、声带的谐振频率等。这几种方式可用于安全检测，而且有较好的发展前景。

将被检测人的语音特征与事先早已注册的样本进行对比即可进行识别。但语音特征可受感冒及环境噪声等的影响可能发生错误判断。

(5)面部识别技术

面部识别系统分析面部形状和特征。这些特征包括眼、鼻、口、眉、脸的轮廓、形状和位置关系。因亮度及脸的角度和面部表情各不相同，使得面部识别非常复杂。目前已投入实际应用的系统需要人站在摄像机前面并且对摄像机，但一些更先进的系统，能在人运动时进行识别。

4. 各种识别方法的优缺点

各种识别方法的优缺点比较，如表11-2所示。

各种识别方法的优缺点比较　　表11-2

类型		原理	优点	缺点	备注
密码		输入预先登记的密码进行确认	无携带物品	不能识别个人身份，会泄密或遗忘	要定期查改密码
卡片	磁卡	对磁卡上的磁条存储的个人数据进行读取与识别	价廉、有效	防伪查改较容易，会忘带或丢失	为防止丢失和伪造可与密码法并用
	IC卡	对存储在IC卡中的个人数据进行读取与识别	伪造难，存储容量大，用途广泛	会忘带卡或丢失	使用最多
	非接触式IC卡	对存储在IC卡中的个人数据进行读取与识别	伪造难，操用方便，耐用	会忘带卡或丢失	广泛使用
生物特征识别	指纹	输入指纹与预先存储的指纹进行比对与识别	无携带问题，安全性极高，装置易小型化	对无指纹者或指纹受伤者不能识别	效果好
	掌纹	输入掌纹与预先存储的掌纹进行比对与识别	无携带问题，安全性极高	精确度比指纹法略低	使用较少
	视网膜	用摄像机输入视网膜与存储的视网膜进行比对与识别	无携带问题，安全性最高	对弱视或视网膜充血以及视网膜病变者无法对比识别	摄像光源强度不应对眼睛有伤害

二、管理控制部分和执行部分

1. 管理控制部分和执行部分的功能

(1)应根据安全防范管理的需要，在楼内(外)通行门、出入口、通道、重要办公室门等处设置出入口控制装置。系统应对受控区域的位置、通行对象及通行时间等进行实时控制并设定多级程序控制。系统应有报警功能。

(2)系统的信息处理装置应能对系统中的有关信息自动记录、打印、存储，并有防篡改和防销毁等措施。应有防止同类设备非法复制的密码系统,密码系统应能在授权的情况下修改。

(3)系统的识别装置和执行机构应保证操作的有效性和可靠性,且应有防尾随措施。

(4)系统应能独立运行。应能与电子巡查系统、入侵报警系统、视频安防监控系统等联动。集成式安全防范系统的出入口控制系统应能与安全防范系统的安全管理系统联网,实现安全管理系统对出入口控制系统的自动化管理与控制。组合式安全防范系统的出入口控制系统应能与安全防范系统的安全管理系统连接,实现安全管理系统对出入口控制系统的联动管理与控制。分散式安全防范系统的出入口控制系统,应能向管理部门提供决策所需的主要信息。

(5)系统必须满足紧急逃生时人员疏散的相关要求。疏散出口的门均应设为向疏散方向开启。人员集中场所应采用平推外开门,配有门锁的出入口。在紧急逃生时,应不需要钥匙或其他工具,亦不需要专业的知识或费力便可从建筑物内开启。

2. 管理控制部分和执行部分的主要设备

(1)阴极锁(断电关门、送电开门)

正常闭门情形下,锁体并未通电,而呈现锁门状态,经由外接的控制系统(例如:刷卡机、读卡机)对锁进行通电时,内部的机体会动作,而完成了开门的动作。断电关门则适用于金库等一些财产保险性较高的门禁场合,此时可以用电子机械锁和阴极锁一起搭配使用,一旦人员有危险时,还可以使用旋钮或钥匙开门。

(2)阳极锁(断电开门、送电关门)

正常闭门情形下,锁体持续通电,而呈现锁门状态,经由外接的控制系统(例如:刷卡机、读卡机)对锁进行断电时,内部的机体会动作,而完成开门的动作,如磁力锁。

断电开门适用于消防设施,大多火灾发生的原因都是电线起火,火灾现场的热度可以使五金门锁的机件熔化而无法开门逃生,使许多人在火场中因门锁无法打开而无法逃生。断电开门的好处是:一旦电线起火而引发停电时,通道的防烟门将会动作,阻绝烟雾扩散,人也可以较容易地开门逃生。

第三节　一卡通门禁系统

随着科学技术的发展、生活水平的提高以及现代都市节奏的加快,无论在工作上还是生活上,人们都越来越追求更方便、更实用、更快捷的方式。在人们身边出现的各式各样的智能卡,正在替代一些传统的现金、钥匙、票证、纸卡等。这些智能卡的出现确实大大地方便了人们的工作和生活。作为现代化的智能办公大厦、小区、企业更加需要功能齐全、使用方便、安全性好的智能卡来配合整体智能化的实现。

各种卡类的出现,都有赖于现代信息识别技术的发展。从条码识别技术诞生以来,先后出现了磁条读写技术、接触式 IC 卡读写技术、光电读写技术等,也出现了相对应的卡片类型。但是它们却存在或多或少的不可克服的局限性,不能实现一卡通管理,没有真正达到安全、方便、快捷、舒适、智能的效果。而感应 IC 卡一卡通技术,可以有效地解决这些问题。感应 IC 卡,以其独有的无接触卡方式,独有的恶劣环境适应能力、大容量读写空间、优良的电气和机械特性、极高的安全性,深受各界用户的青睐。

感应卡IC卡一卡通技术正广泛应用于社会的各个领域,在智能化建筑领域也不例外。该技术扩展了智能化系统集成的应用范围,增强了整个建筑物的总体功能,不但可以实现一卡通系统内部各分系统之间的信息交换、共享和统一管理,而且可以实现一卡通系统与建筑物各子系统之间的信息交换、统一管理和联动控制。

一卡通是基于目前的非接触式集智能卡技术、计算机技术、网络通信技术相结合的产物。使得生活在特定区域的人们及访客,只需随身携带一张智能卡,这张卡既可以用来作为上班时的工作卡,又可以用于停车场的停车证明、住宅小区的会所消费购物及公司的食堂消费等。这不仅在很大程度上满足了用户的需要,改变了过去用户在不同场合需携带多张卡的繁琐现象,同时也提高了管理水平及工作效率。一卡通由于其极强的便利性,现在已越来越广泛地被接受,多应用在政府机关、商业大楼、智能小区、校园、大型企业、高速公路收费系统等领域。

一卡通系统的特点如下:

一、方便快捷性

由于选用的非接触式IC卡采用非接触无源通信方式,读写器在10cm内就对卡操作,不用插拔卡,同时无方向性,可大大提高每次使用的速度。

二、安全稳定性

IC卡通过各种智能化终端的读写权限设置和数据的准确记录,杜绝伪造、欺骗行为,并且智能化终端不会因为环境的变化而影响正常运行。实现企业对“人、财、物”资源的准确有效管理。

三、灵活性

由于一卡通系统具有前端功能响应的独立性和其他相关业务的职能管理系统共容性,既可单独使用,又可支持网络环境,即可在任意的网络结构下实现。从而便于系统的扩展和充分利用。

四、一卡多用性

由于非接触式卡具有16个独立的应用区,每个应用区有独立的密码体系和访问条件,因此一张卡不仅能作为企业职工的出入证和身份标识,还可以储存大量的数据以便于查询,同时具有电子货币的功能,如食堂售饭、停车场收费管理等。

五、内部管理自动化

在一卡通系统中,采用计算机网络,内部所有数据进行统一规范管理,这样可大大减少工作量,节约综合管理费用,提高工作效率。

一卡通系统的形成,最主要是由于非接触IC卡在系统中的应用。以前的条码磁卡、接触式 IC 卡由于其存储容量小、安全性能差等缺点,在日常生活中已逐渐被淘汰。而接触式 IC 卡由于芯片外露而导致的污染、损伤、磨损、静电以及插卡等不便利的读写过程,使得其不能满足卡片使用频繁的一卡通系统。

而非接触 IC 卡,不仅继承了接触式 IC 卡的大容量、高安全性等优点,还克服了接触式 IC 卡无法避免的缺点,同时非接触 IC 卡还具有外形尺寸小、集成化程度高、可靠性强等优点,其性能大大高于已经被人们熟悉的接触式 IC 卡。因为非接触 IC 卡采用完全密封的形式和不需接触的工作方式,使之不会受到外界不良因素的影响,而且根据要求,感应卡有不同的感应距离。

第四节　出入口控制系统的设计

出入口控制系统应能根据建筑物的使用功能和安全防范管理的要求,对需要控制的各类出入口,按各种不同的通行对象(人和物)及其准入级别,对其进出实施实时、有效地控制与管理,并应具有报警功能。为此,系统应在被设防区域的出入口位置设置目标识别装置和控制执行机构,对出入目标实施放行、拒绝和报警等各种控制。

出入口控制系统的设计应符合《出入口控制系统技术要求》(GA/T 394—2002)等相关标准的要求。人员安全疏散口,应符合国家标准《建筑设计防火规范》(GB 50016—2014)的要求。

一、一般规定

(1)根据防护对象的风险等级和防护级别、管理要求、环境条件和工程投资等因素,确定系统规模和构成;根据系统功能要求、出入目标数量、出入权限、出入时间段等因素来确定系统的设备选型与配置。

(2)出入口控制系统的设置必须满足消防规定的紧急逃生时人员疏散的相关要求。

(3)供电电源断电时系统闭锁装置的启闭状态应满足管理要求。

(4)执行机构的有效开启时间应满足出入口流量及人员、物品的安全要求。

(5)系统前端设备的选型与设置,应满足现场建筑环境条件和防破坏、防技术开启的要求。

(6)当系统与考勤、计费及目标引导(车库)等一卡通联合设置时,必须保证出入口控制系统的安全性。

二、设备的选择

出入口控制系统中使用的设备必须符合国家法律法规和现行强制性标准的要求,并经法定机构检验或认证合格。

1. 智能控制器

出入口控制系统的核心部分,相当于计算机的 CPU,它负责整个系统输入输出的处理、储备及控制等。厂家提供的一般有两种形式:一种是控制一体机,另一种是分体式门禁配单门或多门控制器。

如选择分体式门禁,通常一个安全门配置一个门禁读卡器,而控制器则可根据各安全门地理位置的分布情况选择单、双门控制器或8门控制器。单、双门控制器不常用,8门控制器适用于大型门禁网络系统,且仅适用于各安全门比较集中的情况,否则,由控制器连接到各安全门的读卡器和电锁的直流信号,由于线路过长,衰减量大,而影响系统的正常运行。单门门禁系统结构,如图11-9所示。多门门禁系统结构,如图11-10所示。

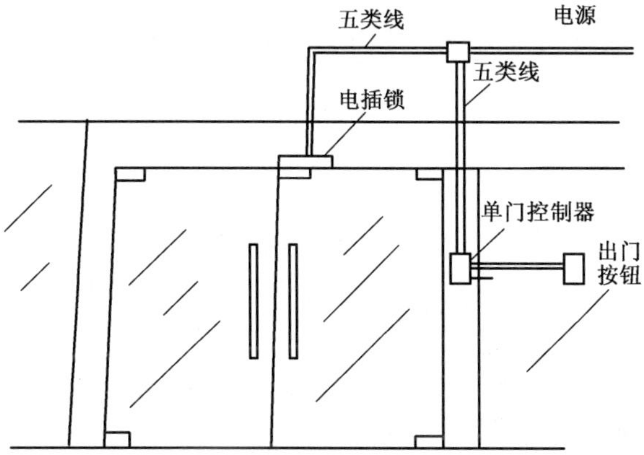

图11-9　单门结构图

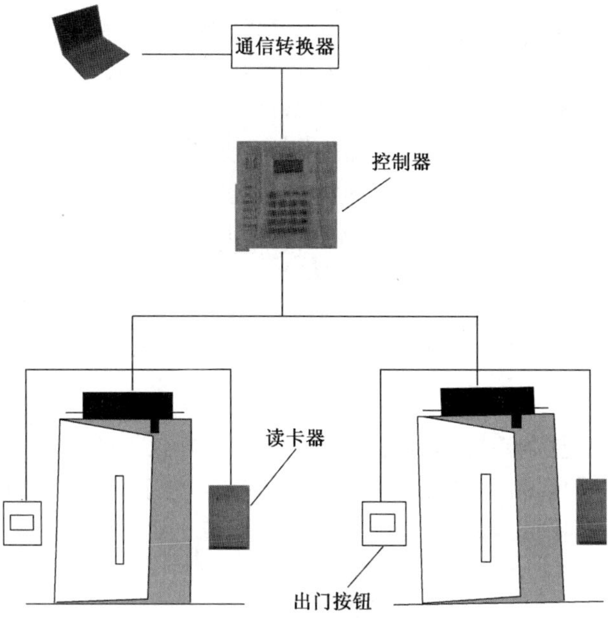

图11-10　多门结构图

2. 电控锁

电控锁是出入口控制系统的执行部件。用户应根据门的材料、出门要求等需求选取不同的锁具。常用的有以下几种类型:

(1)电磁门锁

电磁门锁断电后是开门的,符合消防要求,并配备多种安装架。这种锁具适用于单向的木门、玻璃门、防火门、对开的电动门等。

(2)阳极锁

阳极锁是断电开门型,符合消防要求。它安装在门框的上部,与电磁门锁不同的是阳极锁适用于双向的木门、玻璃门、防火门,而且本身有门磁检测器,可随时检测门的开关状态。

(3)阴极锁

一般的阴极锁为通电开门型,适用于单向木门。安装阴极锁一定要配备UPS电源,因为停电时阴极锁是锁门的。

三、传输线路的选择

(1)传输方式的选择除应符合国家标准《安全防范工程技术规范》(GB 50348—2014)的有关规定外,还应考虑出入口控制点位分布、传输距离、环境条件、系统性能要求及信息容量等因素。

(2)线缆的选型除应符合国家标准《安全防范工程技术规范》(GB 50348—2014)的有关规定外,还应符合下列规定:

①识读设备与控制器之间的通信信号线宜采用多芯屏蔽双绞线。

②门磁开关及出门按钮与控制器之间的通信信号线,线芯最小截面积不宜小于0.50mm^2。

③控制器与执行设备之间的绝缘导线,线芯最小截面积不宜小于0.75mm^2。

④控制器与管理主机之间的通信信号线宜采用双绞铜芯绝缘导线,其线径根据传输距离而定,线芯最小截面积不宜小于0.50mm^2。

(3)执行部分的输入电缆在该出入口的对应受控区、同级别受控区或高级别受控区外的部分,应封闭保护,其保护结构的抗拉伸、抗弯折强度应不低于镀锌钢管。

(4)门禁系统的干线可采用钢管或金属线槽敷设,支线可采用塑料管敷设,线览敷设时信号线与强电线应分开敷设。

◇ 本章小结 ◇

本章介绍了出入口控制系统的组成及功能,各种识别技术的原理及特点,对出入口控制系统的管理法则及授权问题,并对各种识别方法的优缺点进行比较。在系统设计环节阐述了系统设计的相关规定、设备选择和线缆选择等内容。通过本章的学习可以使学生对出入口控制系统的组成、功能、设计内容等有较全面的了解。

复习思考题

1. 出入口控制系统由哪几部分组成?试画出系统的结构框图。
2. 试述各种个人识别卡的优缺点。
3. 出入口控制系统管理法则有哪些?
4. 机关大楼的主要出入口应该设置什么样的出入口控制系统?

第十二章　访客对讲系统

访客对讲系统是智能小区安全防范系统中不可缺少的部分，从最初的单门型普通对讲系统到小区联网型可视对讲系统，再到现在大量应用的对讲、家庭防盗报警与门禁系统相融合，以及信息发布系统的日趋成熟，访客对讲系统已经渗透到了智能小区安全防范系统的各个角落。

第一节　访客对讲系统概述

访客对讲系统是指为来访客人与住户提供双向通话或可视通话，并由住户遥控防盗门的开关及向保安管理中心进行紧急报警的一种安全防范系统。它适用于单元式公寓、高层住宅楼和居住小区等。

一、访客对讲系统组成

访客对讲控制系统是住宅小区自动化系统的最低要求，访客对讲系统有普通对讲和可视对讲两种系统，可视对讲防盗门控制系统逐渐成为住宅小区自动化的标准要求。

访客对讲控制系统一般由管理主机、单元门口主机、室内分机和电控门锁组成。门口机是为来访者提供呼叫主人并与其通话的设备，室内机是用于住户接收呼叫、确认来访者身份并决定是否开门的装置，而管理人员能通过管理机监控、管理全楼或者整个辖区的安全，是确保小区和家庭安全的有效手段。

二、访客对讲系统分类

1. 按是否可视分类

(1)非可视对讲系统

在住宅楼的每个单元首层大门处设有一个电子密码锁，每个住户使用自己家的密码开锁。来访者需进入时，按动大门上室外机面板上对应房号，则被访者家室内机发出振铃声，主人摘机与来访者通话确认身份后，按动室内机上遥控大门电锁开关，打开门允许来访者进入，进入后闭门器使大门自动关闭。此系统还具有报警和求助功能，当住户遇到突发事情，可通过对讲系统与保安人员取得联系。

(2)可视对讲系统

在普通对讲系统上安装摄像机，就能实现可视对讲。可视对讲系统安装在入口处，当有客人来访时，按压室外机按钮，室内机的电视屏幕上即会显示出来访者和室外情况。可视对讲门口主机采用红外线照明设计，使来访者图像在白天和黑夜均清晰可见。

2. 按访客对讲系统的接线方式分类

可分为多线制、总线加多线制、总线制，如图 12-1 及表 12-1 所示。

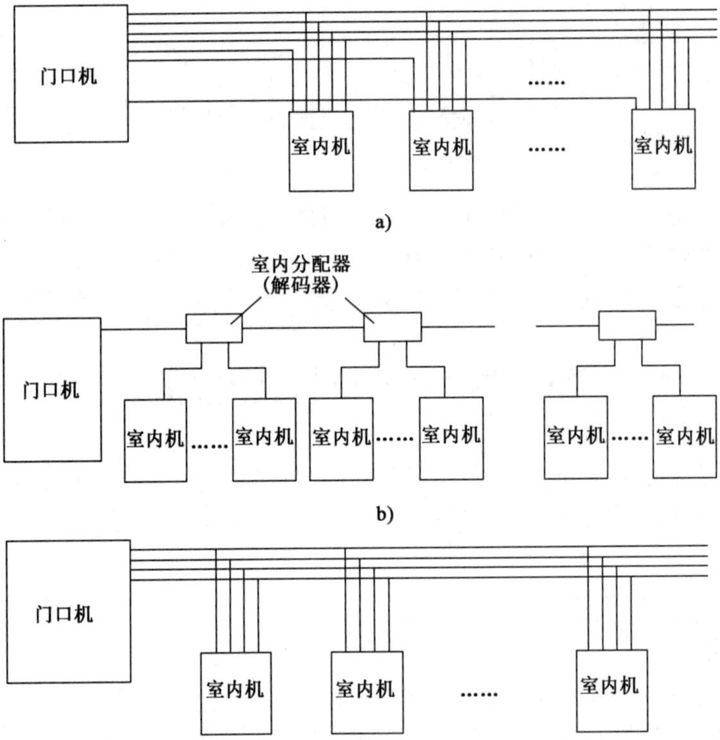

图 12-1　三种访客对讲系统结
a)多线制;b)总线多线制;c)总线制

三种系统的性能对比　　表 12-1

性能	多线制	总线多线制	总线制
设备价格	低	高	较高
施工难易程度	难	较易	容易
系统容量	小	大	大
系统灵活性	小	较大	大
系统功能	弱	强	强
系统扩充	难扩充	易扩充	易扩充
系统故障排除	难	容易	较易
日常维护	难	容易	容易
线材耗用	多	较多	少

(1)多线制系统,通话线、开门线、电源线共用,每户再增加一条门铃线。

(2)总线多线制,采用数字编码技术,一般每层有一个解码器(4 用户或 8 用户),解码器与解码器之间以总线连接,解码器与用户室内机呈星形连接,系统功能多而强。

(3)总线制,将数字编码移至用户室内机中,从而省去解码器,构成完全总线连接,故系统连接更灵活,适应性更强,但若某用户发生短路,会造成整个系统不正常。

三、访客对讲系统功能

访客对讲控制系统是在各单元入口安装防盗门和对讲装置,以实现访客与住户可视对讲。住户可以遥控开启防盗门,有效防止非法人员进入住宅楼内。其主要功能如下:

(1)可实现住户、访客语言/图像传输。

(2)通过室内分机可以遥控开启防盗门电锁。

(3)住户紧急报警(求助)功能。

(4)户间通话功能。

(5)隔离保护和自动恢复功能,各住户的分机经隔离器接入系统总线,当户内发生线路或者其他故障时,不影响系统总线的正常工作。当户内故障排除后,隔离保护器并自动恢复室内机的正常接入。

(6)门口主机采用感应卡门禁开启电控锁。

(7)家庭防盗报警功能,室内分机可接若干报警探测器,经报警系统总线把报警信号送到管理员机。主要报警功能如下:

①按区域部位布、撤防。

②外出与进入延迟报警。

③防线路破坏报警。

④设备自(巡)检报警。

⑤声光报警。

⑥管理员机接到报警信号后产生警笛声,同时显示发生报警的住户门牌号和报警类型。

⑦信息传递功能。通过门口主机上的液晶显示屏,住户可查阅来自物业管理部门送来的短信息。此技术可用在管理员机对住户分机(需增加显示屏)的信息传递和信息交往。

⑧计算机管理系统。把管理员机收到的信息送入计算机,用专用软件对住宅楼对讲系统进行管理。可实现的主要功能如下:

A. 显示、记录呼叫用户门牌号。

B. 显示、记录报警信息,包括日期、时间、报警门牌号、报警信息类型。

C. 存储报警信息。

D. 查询、打印报警记录。

E. 记录住户布/撤防信息。

F. 区分报警信号中的求助、盗警、火警。

G. 巡查自检用户分机,发生故障及时报警。

H. 用地图显示报警位置。

I. 建立住户信息档案(用户资料、用户留言、报警记录、处警记录等)。

第二节　访客对讲系统主要设备

现如今,国内外生产对讲系统设备的厂家很多,无论是设备还是设备间的通信协议没有一个统一标准,但整体上实现的功能基本上一样,该系统所包含的主要设备一般有以下几种。

一、室内分机

室内分机安装于住户内,分可视和非可视两种,其主要功能如下:

(1)当室内分机响铃时,摘机与来访者实现通话或可视通话,按开锁键实现开锁。

(2)可以双向呼叫小区内任一联网室内分机或管理主机与之通话。

(3)可随时监视单元门口情况。

(4)可以任意设置本机密码(唯一)以供在门口主机上实现密码开锁。

(5)可以配接8个报警防区,实现家庭防盗报警功能,可设置24h防区和可撤防防区,可配接布/撤防开关。

(6)利用门口主机刷卡或密码操作可撤防室内分机的可撤防防区。

(7)对于可视分机,可以配接短信接收功能,接收由管理中心发送的短信。

(8)可并接副分机。

二、单元门口主机

单元门口主机安装于单元门口,分可视和非可视两种,其主要功能如下:

(1)呼叫本单元内任一室内分机或管理主机,与之通话或可视通话,接收其开锁信号。

(2)可以通过密码开锁,同时撤防室内分机的可撤防防区。

(3)可以配装读卡器,通过刷卡开锁,同时撤防室内分机的可撤防防区。

(4)内置红外发光管,保证夜间摄取高清晰图像。

三、小区门口主机

随着人们安全防范意识的增强,现在许多小区除了在每个单元安装单元门口主机外,在小区的人行主入口处又安装了小区门口主机,以限制非小区业主随意进入小区。其主要功能如下:

(1)呼叫本小区内任一联网的室内分机或管理主机,与之通话或可视通话,接收其开锁信号。

(2)可以配装读卡器,通过刷卡开锁。

(3)内置红外发光管,保证夜间摄取高清晰图像。

四、管理主机

管理主机安装在小区物业中心,分可视和非可视两种,其主要功能如下:

(1)可以双向呼叫小区内任一联网室内分机与之通话。

(2)接收小区内任一联网的单元门口主机或小区门口主机的呼叫,与之通话或可视通话,遥控开锁。

(3)在任何状态下均可接收各种报警信号并实时显示报警类型、时间、日期。

(4)可对小区内联网的室内分机设置呼叫转移,以防用户被打扰。

(5)采用RS232接口与计算机联机,配合小区管理软件可实现多路报警功能,并实时接收及打印报警信息；实时显示室内分机的布/撤防状态；实现感应卡的注册和删除；实时记录和显示用户每次刷卡开锁的信息；以及可以随意将文字、图像信息群发或有针对性地单发到任一联网的室内分机上。

五、电控门锁

安装在小区各个单元门口处和小区人行主入口处，配合单元门口主机和小区门口主机使用，实现其对门的控制。

六、开关电源

开关电源供电给本系统的所有用电设备，一般安装在小区的各个单元门口处、小区人行主入口处、管理中心等处。

七、隔离器

各住户的分机经隔离器接入系统总线，起着信号放大、故障隔离的作用，当室内发生线路或者其他故障时，不影响系统总线的正常工作。当室内故障排除后，隔离保护器并自动恢复室内机的正常接入。一般安装在单元电气管井内。

第三节　访客对讲系统设计

访客对讲系统在小区中的应用非常广泛，但系统组成样式并非千篇一律，按照系统的规模和设置一般分以下三种：

一、单户型

具备普通对讲或可视对讲、遥控开锁、主动监控，使家中的电话、电视可与单元型可视对讲主机组成单元系统等功能，室内机分台式和扁平挂壁式两种。

二、单元型

单元型普通对讲或可视对讲系统主机分直接按键式和数字编码式两种。这两种系统均采用总线式布线，解码方式有楼层机解码或室内机解码两种方式，室内机一般与单户型的室内机兼容，均可实现普通对讲或可视对讲、遥控开锁等功能，并可挂接管理中心。

1. 直接按键式可视对讲系统

直接按键式可视对讲系统的门口机上有多个按键，分别对应于楼宇中的每一个住户，因此这种系统的容量不大，一般不超过 30 户。其室内机的结构与单对讲型可视对讲类似，图 12-2 为直接按键式可视对讲系统结构图。由图可见，门口机上具有多个按键，每一个按键分别对应一个住户的房门号，当来访者按下标有被访住户房门号的按键时，被访住户即可在其室内机的监视器上看到来访者的面貌，同时还可以拿起对讲机与来访者通话，若按下开锁按钮，即可打开楼宇大门口的电磁锁。由于此门口机为多户共用式,因此,住户的每一次使用时间必须限定,通常是每次使用限时30s。

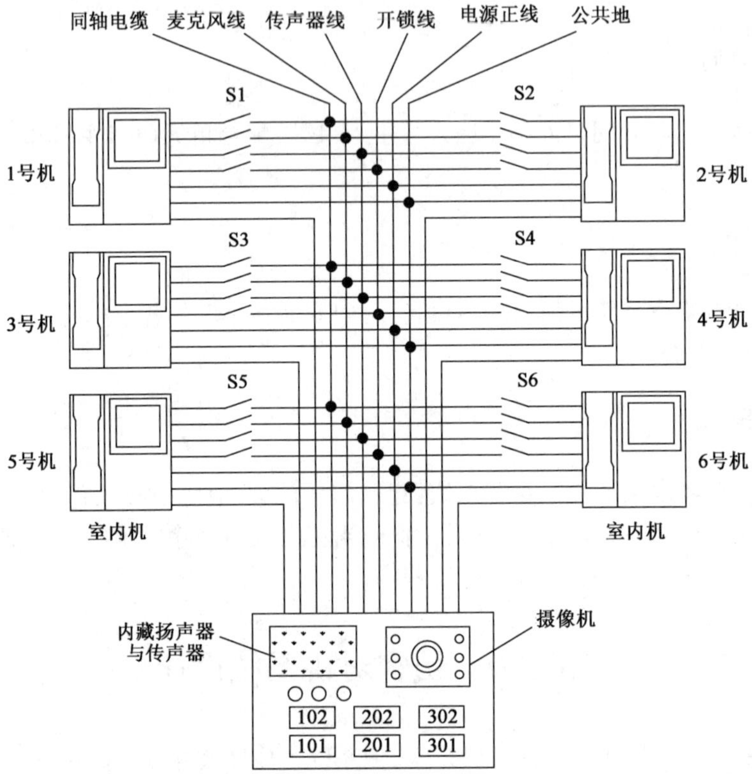

图12-2　直接按键式可视对讲系统结构图

由图可见,各室内机的视频、双向声音及遥控开锁等接线端子都以总线方式与门口机并接,但各呼叫线则单独直接与门口机相连。因此,这种结构的多住户可视对讲系统不需要编码器,但所用线缆较多。

2. 数字编码式可视对讲系统

数字编码式可视对讲系统适用于高层住宅楼及普通住宅楼的多住户场合。由于住户多,直接将每一住户的房门号对应于门口机的一个按键显然是不适合的。因此,数字编码系统将各住户的房门号采用数字编码,即在其门口机上安装一个由10位数字键及"#"键与"＊"键组成拨号键盘。当来访者需访问某住户时,可以像拨电话一样拨通被访住户的房门号,门口机经对输入的4位房门号码译码后,确定被访住户的地址,并将该住户的室内机接入系统总线。此时,如被访住房拿起其室内机上的对讲手柄即可与来访者双向通话,门口摄像机摄取的图像亦同时在其室内机的监视器上显示出来。

三、小区联网型

采用区域集中化管理,功能复杂,各厂家的产品均有自己的特色。一般除具备普通对讲或可视对讲、遥控开锁等基本功能外,还能接收和传送住户的各种安防探测器报警信息和进行紧急求助，能主动呼叫小区内任一住户或群呼所有住户实行广播功能，有的还与多表抄送、IC 卡门禁系统和其他系统构成小区物业管理系统，图 12-3 为小区联网可视对讲系统结构图。

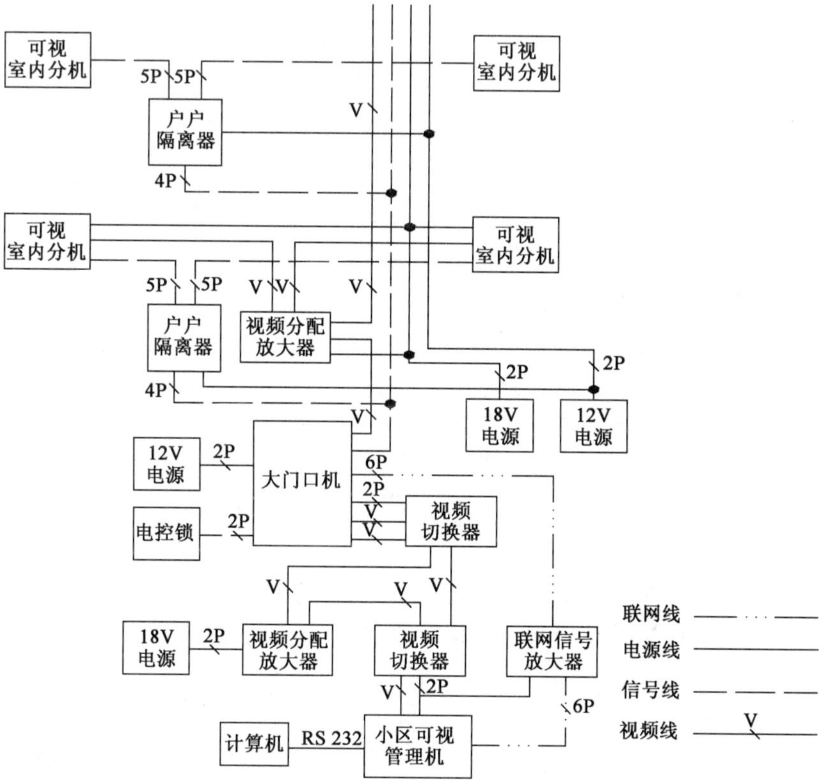

图 12-3　小区联网可视对讲系统结构图

三种类型是从简单到复杂、分散到整体逐步发展的。小区联网系统是现代化住宅小区管理的一种标志，是普通对讲或可视对讲系统的高级形式。

本章小结

本章首先介绍了访客对讲系统的组成、分类、功能及三种规模形式，又对访客对讲系统中的主要设备进行叙述，最后举例介绍了访客对讲系统的应用。

复习思考题

1. 简述访客对讲系统的组成。
2. 访客对讲系统的线制结构有哪几种？
3. 对讲系统所包含的主要设备有哪些？主要功能是什么？

第十三章　电子巡查系统

随着社会的进步与发展,各行各业的管理工作趋向规范化、科学化,计算机在日常生活中随处可见,各种人员对特定的区域、楼宇、设备和货物进行定期或不定期的安全巡查管理。一般的巡查管理制度都是通过巡查人员在巡查记录本上签到的方式来对巡查人员进行管理。但这种方式既难核实时间,又难避免冒签、补签或一次多签等作弊行为,在核查签到时比较费时费力,对于失盗、失职分析难度较大,使得管理制度形同虚设。一旦出现问题,管理层很难判明责任。电子巡查系统就是在该需求的基础上,经过长时间的考察研究、实验开发出来的,它可真实地记录、了解巡查员执行任务时的真实情况,以使巡查工作保质保量地进行。随着非接触式 IC 卡的出现,便自然地产生了感应巡查系统。

第一节　电子巡查系统概述

电子巡查管理系统是对保安巡查人员的巡查路线、方式及过程进行管理和控制的电子系统。电子巡查系统既可以用计算机组成一个独立的系统,也可以纳入整个监控系统。但对于智能化的大厦或小区来说,电子巡查系统也可以与其他子系统合并在一起,以组成一个完整的楼宇自动化系统。

电子巡查系统按控制方式一般分为在线式巡查系统和离线式巡查系统两种。

一、在线巡查系统组成及特点

1. 系统组成

该系统由感应式 IC 卡、门禁读卡器、门禁软件、巡查管理软件、通信转换器等组成。实施时,只需在使用门禁的基础上,增加一套巡查管理软件即可。保安员巡查的读卡数据在经过巡查管理软件筛选后,将作为巡查数据来处理。在线巡查系统组成,如图 13-1 所示。

2. 特点

(1)在门禁系统的基础上,不需增加成本,只需一套软件。

(2)直接从门禁软件中读取数据。可以借助门系统已有的网络设施:如读卡器和控制器节省投入的费用。

(3)任意设置巡查点。

(4)任意设置班次、巡查路线。

(5)强大的报表功能,能生成各类报表,可根据时间、个人、部门、班次等信息来生成报表。

(6)完善的操作员管理程序,多种级别、多种权限。

(7)实时显示巡查情况,对未正常巡查则提示和报警,并保证巡查人员的人身安全。

使用方法是巡查人员在规定的时间内到达指定的巡查站,使用专门的钥匙开启巡查开关或按下巡查点信号箱上的按钮或在巡查站安装的读卡器上刷卡等手段，向系统监控中心发出"巡查到位"的信号，系统监控中心在收到信号的同时将记录巡查到位的时间、巡查站编号及巡查员等信息。

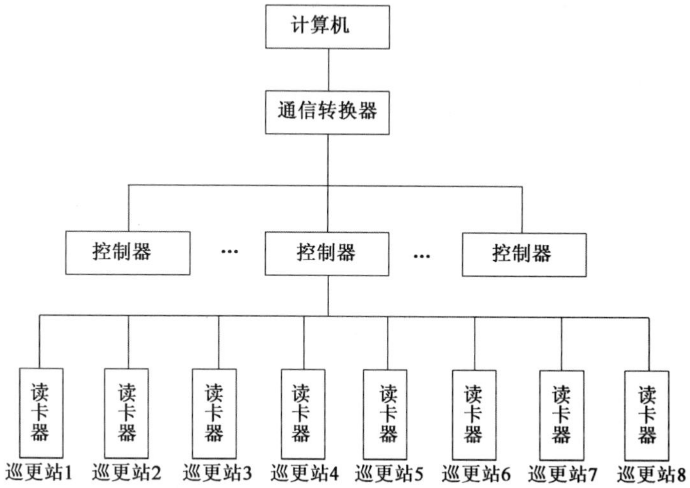

图 13-1　在线巡查系统组成

根据设定的要求，巡查点还可以同时作为紧急报警使用，如果在规定的时间内指定的巡查站未收到巡查人员"到位"信号，则该巡查站将向监控中心发出报警信号；如果巡查站没有按规定的顺序开启巡查站的开关，则未巡视的巡查站将发出未巡视信号，同时中断巡查程序并记录在系统监控中心，监控中心应对此立即作出处理。

在线式巡查系统是在现有门禁系统的基础上增加一些门禁读头（如周界围墙等部位）。巡查员手持标志个人身份的巡查卡通过读卡（感应式或接触式）方式，由联网系统传到中央控制室的微机上，显示当前巡查员的位置。也有的专设一条巡查线路，布设若干读卡器进行打卡。这种方式实时显示巡查员巡逻路线及巡检动态，但不便于变更路线。

在线式巡查系统不能变动巡查站位置，增加巡查点时，需要进行巡查线路的敷设。因此不宜增加及修改巡查站。

二、离线巡查系统的组成及特点

离线巡查系统具有安装简单、使用方便、造价低廉、维护方便等特点。在实际应用中，有90%的巡查工程采用这种方案。即在每个巡查点离地面1.4m处安装一个巡查点信号器（感应IC卡），值班巡查人员手持巡查棒在规定的时间内到指定的巡查点采集该点的信号。巡查棒有很大的存储容量，几个巡查周期后，管理人员将该巡查棒连接到计算机，就能将所有的寻查信息下载到计算机，由计算机进行统计。管理人员可根据巡查数据知道各点巡查人员的检查情况，并能清晰地了解所有巡查路线的运行状况。且所有巡查信息的历史记录都在计算机里储存，以备事后统计和查询。

1. 系统组成

离线巡查系统由主机、信息采集器（巡查棒）、传输器、信息钮等组成，如图13-2所示。

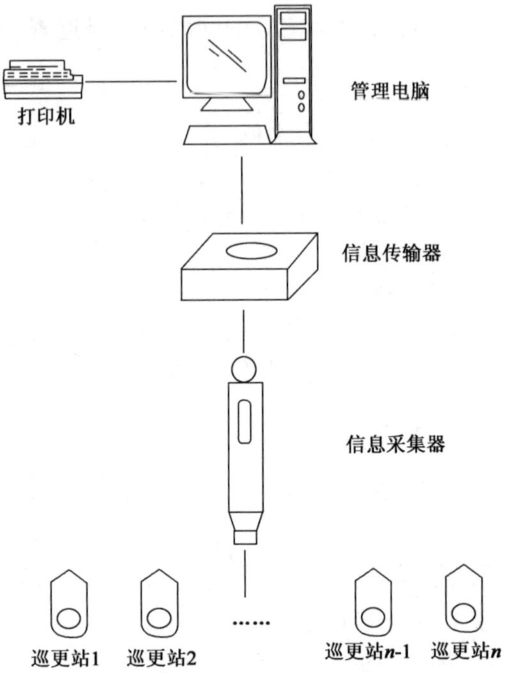

图 13-2　离线巡查系统结构图

2. 特点

(1)不需布线,安装方便。

(2)非接触 IC 卡使读感距离更远(8cm),使用方便。

(3)巡查棒体积小,重量轻,携带方便。

(4)可记录巡查员、巡查点、巡查时间等信息,杜绝作弊。

(5)可任意设置巡查路线,巡查地点和时间。

(6)强大的报表功能,能生成各类报表,并提供多功能数据检索,查询方便。

(7)巡查棒自带液晶显示功能,可直接查询记录。

离线巡查系统可方便地设置巡查站及改变巡查站的位置。由于离线式巡查系统具有工作周期短、无须专门布线、无须专用计算机、扩容方便等优点,因而适应了现代保安工作便利、安全、高效的管理需要,并为越来越多的现代企业、智能小区等采用。

工作原理:是巡查员在指定的路线和时间内,由巡查员用信息采集器在信息钮上读取信息,通过下载传输器将信息采集器采集到的信息传输到计算机,管理软件便会识别巡查员号,显示巡查员巡查的路线和时间,并进行分析处理及打印。

离线方式巡查系统是在巡查路线上布设巡查点感应物,如玻管状感应卡、金属纽扣状感应卡等,巡查员使用手持巡查信息采集器依顺序逐点读取感应物内码,每次读卡自动加上当时时间(月、日、时、分、秒)。回到机房在巡查管理计算机上一次写入微机硬盘(不可修改)并可列表印出。读卡有感应式及接触式两类,前者无磨损但夜间读取不易找到埋设位置。后者读取时需碰击接触一下,有声光提示读取成功,并且有较宽的温度适应性。

离线巡查系统的优点设计灵活,巡查可随时变动或增减;缺点是不能及时传送信息到监控中心。

三、电子巡查系统的功能

保证巡查值班人员能够按巡查程序所规定的路线、时间及到达指定的巡查点,进行巡视,不能迟到,更不能绕道。同时保护巡逻人员的安全。巡查人员如果出现问题,控制中心会很快发觉并及时采取有效措施,从而保证巡查人员的人身安全。

在巡查管理系统中,有的还配备对讲机向系统监控中心报告情况,打印出记录,便于查询同时发出警报,显示情况异常的路段,及时派人前往处理。

巡查程序的编制应具有一定的灵活性,对巡查路线,行走方向以及各巡查点之间的到达时间都应该能够方便进行调整。为了使巡查工作更具保密性,巡查路线应该经常更换。系统应具备如下主要功能:

(1)实现巡查线路的设定和修改。

(2)实现巡查时间的设定和修改。

(3)在重要部位及巡查路线上安装巡查站点,各站点要能被主机识别。

(4)控制中心可查阅、打印各巡查人员的到位时间和工作情况。

(5)具有巡查违规记录、提示。

第二节　电子巡查系统的主要设备

一、电子巡查器

电子巡查器一般用于无线方式,携带方便,可和固定安装的巡查感应器配合使用,记录巡查人员工作情况。可充电,并防水、防尘、防振,保证全天候使用。

二、巡查感应器

巡查感应器一般采用预埋方式,可装在水泥墙、砖墙或其他物体内。每个感应器内设置独立内码,安全性极高,非接触式读取数据,没有接触性磨损,防水、防磁、防尘,寿命长。

三、信息采集器

手持读卡机就是信息采集器,目前的种类和型号比较多,一般由金属浇铸而成,使用9V或12V锂电池供电,配备容量不低于128kB的存储器,内置日期和时间,有防水外壳,能存储5000条以上信息。有些手持读卡机可以直接使用USB接口与计算机连接进行数据传输。

四、数据传输器

数据传输器是计算机的专用外围设备,其上有电源、发送及接收状态指示灯。对于不能直接与计算机进行数据传输的手持读卡机,在插入数据传输器后可通过串行口与计算机连通,从而通过软件读出其中的巡查记录。

五、主机

系统管理主机以视窗软件运行,一方面可以方便地组织和变换巡查路线;另一方面可详细列出巡查人员经过每一个巡查点的地点、时间以及缺巡资料,以便核对巡查人员是否尽责,确保智能建筑周围的安全

第三节 电子巡查系统设计

电子巡查系统应能根据建筑物的使用功能和安全防范管理的要求,按照预先编制的保安人员巡查程序,通过信息识读器或其他方式对保安人员巡逻的工作状态(是否准时、是否遵守顺序等)进行监督、记录,并能对意外情况及时报警。

一、一般规定

(1)系统应能编制保安人员巡查软件,在预先设定的巡查图中,用通行卡读出器或其他方式,对巡查人员的巡查行动、状态进行监督和记录。有线巡查系统的巡查人员可以在发生意外情况时,及时向安防监控中心报警。

(2)系统可独立设置,也可与出入口控制系统或入侵报警系统联合设置。独立设置的在线巡查系统宜与安防系统联网,实现安防监控中心对该系统的集中管理与监控。独立设置的无线巡查系统,应能向监控中心提供所需的主要信息,满足安全管理系统对该系统管理的相关要求。

(3)巡查点的数量根据现场需要确定,巡查点的设置应以不漏巡为原则,安装位置应尽量隐蔽。

(4)在规定的时间内指定巡查点未发出“到位”信号时,应能发出报警信号,宜动相关区域的各类探测、摄像、声控装置。

(5)当采用离线式电子巡查系统时,巡查人员宜配备无线对讲系统,并且到达每一个巡查点后立即与监控中心做巡查报到。

二、电子巡查系统设计步骤

1. 设计巡查路线

巡查点宜设置在主要通道处或重点部位,如楼梯口、楼梯间、电梯前室、门厅、走廊、拐弯处、地下停车场、重点保护房间附近及室外重点部位。

2. 在巡查点设置信息钮

巡查点信息钮安装高度为底边距地 1.4m,在主体施工时配合预埋穿线管及接线盒。巡查点设置,如图 13-3 所示。

对于新建的智能大厦,可根据实际情况选用有线或无线巡查系统,对于智能化住宅小区,宜选用无线巡查系统,对于已建的建筑物宜选用无线巡查系统。

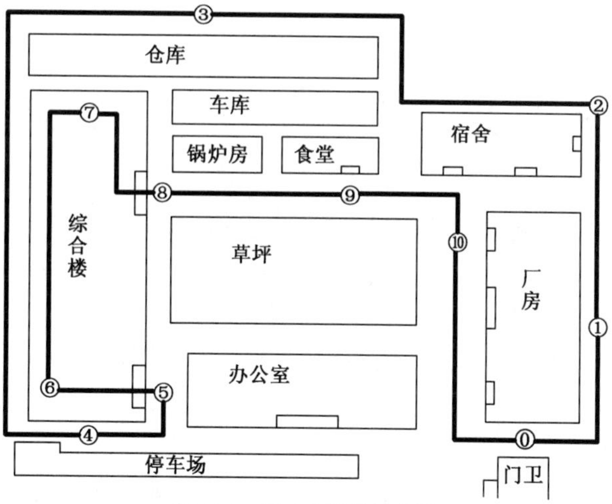

图 13-3　巡查点设置示意图

①~⑩表示巡查点

◈ 本章小结 ◈

本章介绍了在线式电子巡查系统和离线式电子巡查系统的组成、特点及功能，并介绍了巡查系统的主要设备，最后对电子巡查系统设计要求及设计步骤等内容进行了讲述。

复习思考题

1. 电子巡查系统有哪两种工作方式？
2. 离线式电子巡查系统和在线式电子巡查在组成和功能上有哪些区别？
3. 电子巡查系统程序软件的编制要求是什么？

第十四章　停车库(场)管理系统

随着社会经济的快速发展以及城市化、机械化进程加快,小轿车拥有量迅速增长,停车需求也随之增加。传统停车场的人工管理已不能满足使用者和管理者对停车场效率、安全、性能以及管理的需要。因此,停车场自动管理系统就成为驾驶者与管理者的理想选择。

停车场自动管理,是利用高度自动化的机电设备对停车场进行安全、快捷、有效的管理。由于减少了人工的参与,从而最大限度地减少了人员费用,以及人为失误造成的损失,极大地提高了停车场的使用效率。

停车库(场)管理系统是对进、出停车场的车辆进行自动登录、监控和管理的电子系统或网络。

第一节　停车库(场)管理系统概述

随着国民经济的发展,人们生活水平不断提高,越来越多的人将私人汽车作为主要交通工具,停车场也随之成为一种重要的商业资源。停车场的设置多种多样,不同的停车场,其管理和使用方式也存在很大的差别。

一、停车库(场)管理系统的功能

不同性质的停车场需要的管理内容不同,所以管理系统的功能配备也存在很大区别,总体来说停车场管理系统的功能主要包括以下几个方面:

(1)停车位信息管理

停车场的车位使用方式有临时出租、长期出租或出售使用权等,为了管理方便应该将停车场进行区域划分。停车位信息管理可以记录、查改、查询车位的使用方式,同时对长期租用人和车位使用权人进行信息管理和出入凭证的发放。

(2)停车场当前状态显示

在停车场入口处和管理中心显示当前车位占用情况和运行状态。一方面为需要使用者提供服务信息,另一方面管理者可以对停车场状态进行查询和监管。

(3)车辆识别

车辆识别工作是通过车牌识别器完成的,可以由人工按图像识别也可以完全由计算机进行操作。车辆识别一方面可以对长期租用车位者或车位使用权人的车辆不需票卡读取直接升起电动栏杆放入,从而方便使用;另一方面可以在停车场出口根据票卡对照车辆进入时保存的相应资料,防止车辆被盗事件的发生。

(4)车辆防盗

车辆防盗应该属于安全防范系统范畴,也可以在管理系统中设置车辆防盗功能。其一可以通过车辆识别器在车辆出场时进行校对;其二可以使用视频安防系统对停车场内进行监控和信息储存、查询;其三可以在停车位使用红外或微波等电子锁。

(5)电动栏杆控制

停车场进出口处的电动栏杆起到阻拦车辆的作用,在车辆取得进出场权限后电动栏杆可以直接升起,减轻人工工作。当车辆强行出入撞击电动栏杆时,电动栏杆则发出报警信号。

(6)计价收费

在车辆离开停车场时,自动收费系统可以根据票卡信息或车辆进出场时间信息进行计价和收费,可以自动收费也可以由人工根据显示信息收费。

(7)停车场运行信息管理

停车场管理系统的管理中心可以对停车场的运行情况进行保存和分析,为管理人员提供管理参考信息。

二、停车库(场)管理系统类型

1. 根据停车场和周围建筑的关系分类

(1)建筑附属停车场

建筑附属停车场附属于某一建筑或建筑群,主要为本建筑或建筑群业主服务,在满足对内需求的情况下也可以对外服务。建筑附属停车场可以设置在建筑物内,也可在建筑物周边设置,例如大型建筑地下室停车场、住宅小区建筑周边设置的露天停车场或小区绿化覆盖停车场等。

(2)独立式停车场

独立式停车场作为一个独立的使用空间,与周围建筑并不存在直接关系,主要设置在原有车位不能满足使用要求的商业区和写字楼群附近。这种停车场主要作为商业空间使用,以商业服务的方式运行。

2. 根据停车场的服务对象分类

(1)固定服务对象停车场

固定服务对象是指服务对象在一定时间内是固定不变的,并非永久性固定。例如住宅小区停车场主要是为本区域内的业主服务,业主一般购买或按年、季度长期租用停车位,其停车场的服务对象相对固定。

(2)非固定服务对象停车场

非固定服务对象停车场的服务对象是流动的,车位也可自由使用,独立式停车场多为这种情况。

(3)混合服务对象停车场

混合服务对象停车场同时对固定对象和非固定对象提供服务,一般情况下采用分区管理的办法,固定服务对象拥有自己固定的停车位,非固定服务对象随机使用流动车位。

3. 根据收费方式分类

(1)免费停车场

免费停车场有两种:一种是对特定用户实行免费,例如住宅小区免费提供或由业主购买停车位、停车场所有单位内部免费使用车位或停车场;另一种是商业场所或其他服务性场所为顾客提供的免费停车场。

(2)单次收费停车场

对外服务性停车场如果只提供流动服务,则每次使用停车场都需要缴纳一次性使用费,计费方式可以每次固定收费或按使用时间收费。

(3)定时收费停车场

定时收费停车场为长期租用车位的固定用户提供服务,停车位租用费用可按月、季度或年征收。

三、停车库(场)管理系统的组成

停车场(库)管理系统的组成包括停车场入口设备、出口设备、收费设备、图像识别设备、中央管理站等。停车库(场)管理系统实际是一个分布式的集散控制系统,

(1)停车场(库)入口设备:车位显示屏、车辆感应线圈、车辆信息录入和识别器、票卡的发放和监测器件、栅栏门等。

(2)停车场(库)出口设备:车辆出口处应该设置读卡器、车辆信息识别器、计价收费器和报警装置、栅栏门等。

(3)中央管理中心:由管理主机和打印机、UPS电源等设备组成,实现对车位、票卡的管理以及处理一些紧急情况。

第二节 停车场管理系统的主要设备

一、出入口控制机

出入口控制机是使整个系统的功效得以充分发挥的关键设备,是智能卡与系统沟通的桥梁。在使用时只需将卡伸出车窗外在控制机感应读卡器前晃一下,约需0.1s时间即可完成信息交流。读卡工作完成后,其他设备作出进入或外出的相应动作。控制机可在关闭计算机的状态下工作,自动存储信息,供计算机适时调用采集。

对于入口读卡器,如果具有发卡功能则在给临时停车人发卡时直接将入场的时间(年、月、日、时、分)打入票卡,同时将票卡的类别、编号及允许停车位置等信息储存在读卡器中并输入管理中心;如果发卡和验卡是独立进行的,则只辨别驾驶人员票卡是否有效,票卡有效则将入场的时间(年、月、日、时、分)打入票据卡,同时将票卡的类别、编号及允许停车位置等信息储存在读卡器中并输入管理中心,无效则拒绝放行并报警。长期租用停车位人和停车位租用权人的车辆在车牌识别器识别成功时可免除读卡直接放行;在无车牌识别器或识别失败时可在读卡器上读卡,读卡成功则直接放行,读卡失败则拒绝放行并报警。读卡器或车牌识别器允许车辆通过时电动栏杆升起放行,车辆驶过入口感应线圈后,栏杆放下,阻止下一辆车进场。

对于出口读卡器,所有车辆必须验卡,有车牌识别器的出口还可以根据票卡上的信息核对车辆与凭该卡驶入的车辆是否一致,长期租用停车位人和停车位租用权人的车辆在验证无误后直接放行。对于临时停车卡,如果读卡器具有收银功能,则根据票卡信息计算停车费用,同时显示入场和出场时间及所需交纳金额,使用者结清费用后放行同时回收停车卡;如果不具有

收银功能则将出场的时间(年、月、日、时、分)打入票卡同时计算停车费用,持卡人在收银处结清停车费用后放行。车辆获得驶出资格后电动栏杆升起放行,车辆驶过出口感应线圈后,栏杆放下,阻止下一辆车出场。如果票卡无效或票卡存储信息与驶入车辆的牌照不符以及未结清停车费用强行撞击电动栏杆逃逸立即发出报警信号。

二、感应式 IC 卡

由于停车场使用者分为临时停车人、长期租用停车位人和停车位租用权人三种情况,因而对停车人持有的票据卡上的信息要做相应的区分,票卡的发放与使用方式也不同。临时停车人在出入口领卡和退卡;长期租用停车位人和停车位租用权人可在管理中心的营业窗口办理使用卡,在票卡有效期内不需退卡。

票卡的发放(回收)与信息读取可以由一台具有发卡(回收)功能的读卡器完成,也可以单独设置发卡(回收)器和读卡器。

停车场的票据卡有条形码卡、磁卡与 IC 卡三种类型,因此,出入口读卡器的停车信息阅读方式可以有条形码卡、磁卡和 IC 卡读写三类。无论采用哪种票据卡,读卡器的功能都是相似的。

三、电动栏杆

入口电动栏杆由读卡器或车辆识别器控制,出口电动栏杆由读卡器或自动收银机控制。电动栏杆收到放行指令后自动升起;如果栏杆遇到冲撞立即发出报警信号并自动落下,不会损坏电动栏杆机与栏杆。一个电动栏杆机可以控制一根栏杆,也可以控制双侧两根栏杆。栏杆可以由合金或橡胶制成,一般长度为 2.5m。在停车场入口高度有限时,可以将栏杆制造成折线状或伸缩型,以减小升起时的高度。

当车辆处于电动栏杆的正下方时,地感线圈检测到车辆存在,电动栏杆将不会落下,直至车辆全部驶离其正下方。

四、自动计价收银机

自动计价收银机可以直接由出口读卡器提供信息,也可根据停车票卡上的信息或管理中心提供的信息自动计价,向停车人显示进出场时间以及应交纳的停车费用并提交单据。停车人则按显示价格投入现金或使用信用卡,支付停车费。停车费结清后,自动收银机可直接控制电动栏杆放行或同时将停车费收缴的信息打入票卡上。

五、车牌图像识别器

车牌识别器有两个功能;一个是在入口可以识别长期租用停车位人和停车位租用权人的车辆,省略读卡过程,方便使用;另一个是在出口处识别票卡与车辆是否对应,防止偷车事故的发生。长期租用停车位人和停车位租用权人的车辆信息在办理票卡时被保存到数据库中。当车辆驶入停车场入口时,摄像机将车辆外形、色彩与车牌信号送入计算机与长期租用停车位人和停车位租用权人的车辆数据库进行比较,如果辨别为属于该范围车辆则可控制电动栏杆放行,如果不属于则将信息保存在计算机内。车辆出场前,摄像机再次将车辆外形、色彩与车牌信号送入计算机，与该票卡记录的车辆信息相比，若两者相符合即可放行。车辆信息识别的工作可由人工按图像来识别，也可使用特别的操作软件完全由计算机来完成。

六、管理中心设备

管理中心主要由功能完善的 PC、显示器、打印机等外围设备组成。管理中心可以对停车场进行区域划分，为长期租用车位人和车位使用权人发放票卡、确定车位、变更信息以及收缴费用；确定收费方法和计费单位；并且设置密码阻止非授权者侵入管理程序。管理中心也可作为一台服务器通过总线与下属设备连接，实时交换运行数据，对停车场营运的数据做自动统计、档案保存、对停车收费账目进行管理并打印收费报表；管理中心的 CRT 具有很强的图形显示功能，能把停车场平面图、泊车位的实时占用、出入口开闭状态以及通道封锁等情况在屏幕上显示出来，便于停车场的管理与调度；停车场管理系统的车牌识别与泊位调度的功能，也可以在管理中心的计算机上实现。

第三节　停车库(场)管理系统工作流程

停车库(场)的运行包括后台工作和前台工作两部分，后台工作主要是在管理中心对车位和票卡管理，包括车位的分配与区域划分，长期票卡及使用权人票卡的发放、回收、信息查找及收费等；前台工作即现场设备和管理中心的实时工作。

停车库(场)管理系统中，持有效卡的车主在出入停车场时，将卡放在出入口控制机读卡感应区内感应，控制机读卡后自己或通过计算机判断卡的有效性。对于有效卡，有摄像机时计算机会抓拍该车的图像，道闸的闸杆自动升起，中文电子屏显示礼貌用语提示，同时发出礼貌语音提示，车辆通过，系统将相应的数据存入数据库中；若为无效卡或进出图像不符等异常情况时，则不放行。

停车库(场)管理系统具有强大的数据处理功能，可以完成收费管理系统的各种参数设置、数据的收集和统计，可以对发卡系统发行的各种卡进行挂失，并能够打印有效的统计报表。

停车场进出口感应线圈设置如图 14-1 所示，为一入一出双向停车场设备定位示意。

下面从车辆进入停车库(场)和车辆离开停车库(场)两个过程以及特殊情况的处理介绍停车场工作流程。

一、车辆进入停车库(场)过程

(1)永久用户车辆驶入停车库(场)时，读卡器自动检测到车辆进入，并判断所持卡的合法性。如合法，道闸开启，车辆驶入停车场，摄像头抓拍下该车辆的照片，控制器记录下该车辆进入的时间，联机时传入计算机。

(2)临时用户车辆驶入停车库(场)时，从出票机中领取临时卡，读卡器自动检测到车辆进入，并判断所持卡的合法性。如合法，道闸开启，车辆驶入停车场，摄像头抓拍下该车辆的照片，并存在计算机里，控制器记录下该车辆进入的时间，联机时传入电脑。

车辆驶入停车库(场)流程，如图 14-2 所示。

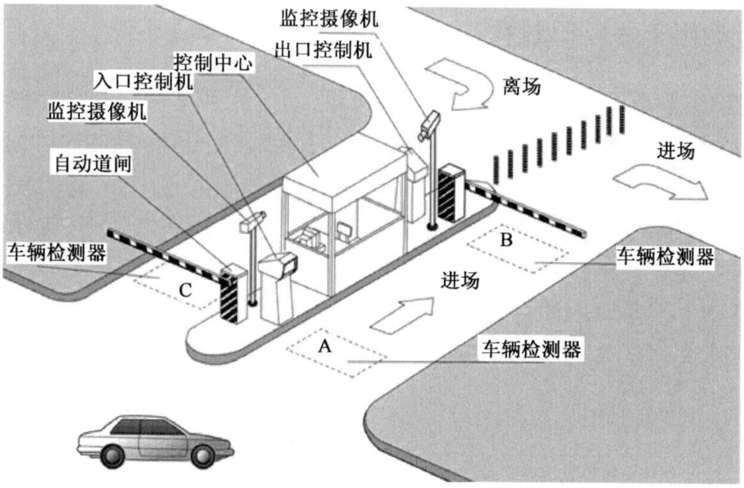

图 14-1　停车场进出口感应线圈设置图

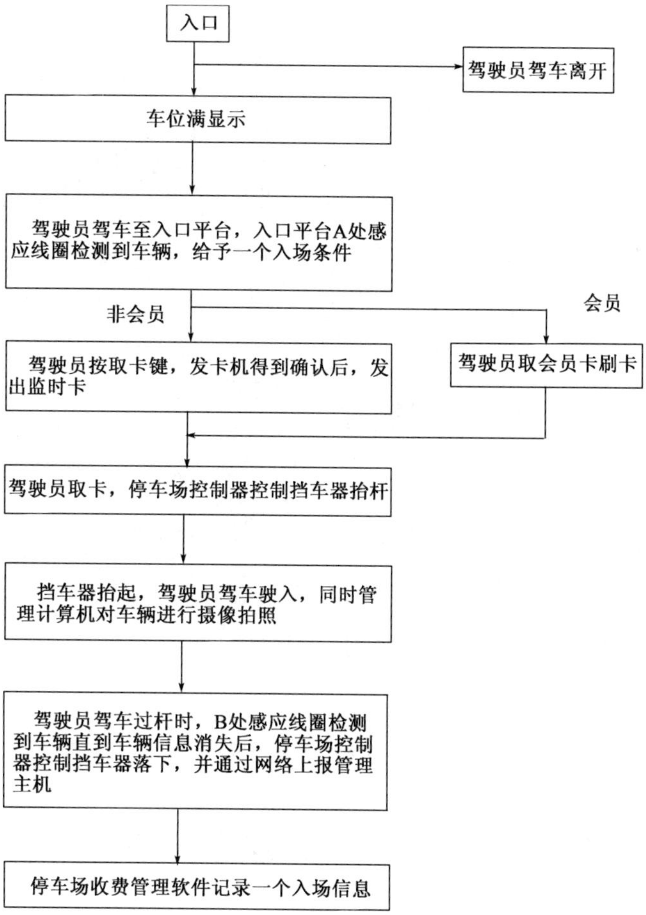

图 14-2　车辆驶入停车库(场)流程图

二、车辆驶离停车库(场)过程

(1)永久用户车辆离开停车库(场)时,读卡器自动检测到车辆离开,并判断所持卡的合法性。如合法,道闸开启,车辆离开停车场,有摄像头时会抓拍下该车辆的照片,控制器记录下该车辆进入的时间,联机时传入计算机。

(2)临时用户车辆离开停车库(场)时,控制器能自动检测到临时卡,提示驾驶员交费,临时车须将临时卡交还管理员,缴纳相应费用后,经保安确认后方能离开。车辆驶出停车场,若有摄像头时会抓拍下该车辆的照片,控制器记录下该车辆离开的时间,联机时传入计算机。

车辆驶离停车库(场)流程,如图14-3所示。

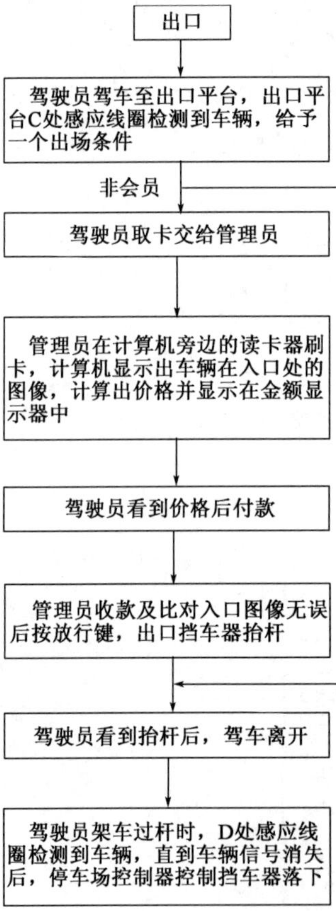

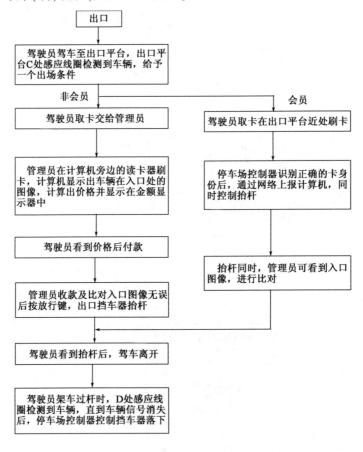

图14-3 车辆驶离停车库(场)流程图

第四节 停车库(场)管理系统设计

停车库(场)管理系统应能根据建筑物的使用功能和安全防范管理的需要,对停车场的车辆通行道口实施出入控制、监视、行车信号指示、停车管理及车辆防盗报警等综合管理。

一、一般规定

(1)根据安全防范管理的需求,设计可以选择如下功能:

①入口处车位显示。

②出入口及场内通道的行车指示。

③车辆出入识别、比对、控制。

④车牌和车型的自动识别。

⑤自动控制出入挡车器。

⑥自动计费与收费金额显示。

⑦多个出入口的联网与监控管理。

⑧停车场整体收费的统计与管理。

⑨分层车辆统计与在位车辆显示。

⑩意外情况发生时向控制中心报警。

(2)宜在停车场的入口区设置出票机。

(3)宜在停车场的出口区设置验票机。

(4)系统可独立运行,也可与安全防范系统的出入口控制系统联合设置。可在停车场内设置独立的视频安防监控系统,并与停车场管理系统联动;停车场管理系统也可与安全防范系统的视频安防监控系统联动。

(5)独立运行的停车场管理系统应能与安全防范系统的安全管理系统联网,并满足安全管理系统对该系统管理的相关要求。

二、停车场管理系统设计要求

(1)消防水泵、火灾自动报警、自动灭火、排烟设备、火灾应急照明、疏散指示标志等消防用电和机械停车设备以及采用升降梯作为车辆疏散出口的升降梯用电应符合下列要求:

①Ⅰ类汽车库、机械停车设备以及采用升降梯作为车辆疏散出口的升降梯用电应按一级负荷供电。

②Ⅱ、Ⅲ类汽车库和Ⅰ类修车库应按二级负荷供电。

(2)消防用电设备的两个电源或两个回路应在最末一级配电箱处自动切换。消防用电的配电线路,必须与其他动力、照明等配电线路分开设置。

(3)除机械式立体汽车库外,汽车库内应设火灾应急照明和疏散指示标志,火灾应急照明和疏散指示标志可采用蓄电池作为备用电源,但其连续供电时间不应小于20min。

(4)火灾应急照明灯宜设在墙上或顶棚上,其地面最低照度不应低于0.5lx。疏散指示标志宜设在疏散口的顶部或疏散通道及转角处,且距地面高度应在1m以下。通道上的指示标志,其间距不宜大于20m。

(5)设有火灾自动报警系统和自动灭火系统的停车场应设置消防控制室,消防控制室可独立设置,也可与其他控制室、值班室组合设置。

(6)采用气体灭火系统、开式泡沫喷淋灭火系统以及设有防火卷帘、排烟设施的汽车库、修车库应设置与火灾报警系统联动的设施。

◈ 本章小结 ◈

本章内容从停车场的分类入手,阐述了停车场管理系统的类型、功能及系统的组成,组成停车场管理系统的各主要设备,车辆驶入及驶离停车场的流程等,最后讲述停车场系统设计规定及设计要求。

复习思考题

1. 停车库(场)管理系统的主要功能是什么?

2. 根据个人观点,你觉得停车库(场)管理系统应该分为几大组块?每一组块完成哪些工作?

3. 停车库(场)管理系统的主要设备有哪些?

4. 停车库(场)管理系统采用的防盗措施主要有哪些?

5. 自己动手设计一个基本的车辆出入停车库(场)程序流程框图。

第十五章　安全防范系统工程设计实例

第一节　某办公楼安全防范系统的设计

某办公楼视频监控及出入口控制系统平面图和系统图,如图 15-1 ~ 图 15-4 所示。

第二节　某住宅楼安全防范系统的设计

一、工程概况

某住宅建筑,建筑总高度 37.65m,12 层,建筑面积 13135.46m^2。二类建筑。剪力墙结构、筏板及桩基础。

二、设计依据

国家现行规范、规程、相关专业提供的工程设计资料及业主提供的有关文件。

《住宅建筑电气设计规范》(JGJ 242—2011)。

《民用建筑电气设计规范》(JGJ 16—2008)。

《安全防范工程技术规范》(GB 50348—2004)。

《住宅区和住宅建筑内通信设施工程设计规范》(GB/T 50605—2010)。

《住宅区和住宅建筑内光纤到户通信设施工程设计规范》(GB 50846—2012)。

三、设计范围

可视对讲访客系统、入侵报警系统。

可视对讲访客系统、入侵报警系统平面图和系统图,如图 15-5 ~ 图 15-7 所示。

本章小结

本章以现行的设计规范、规程、标准为依据,以办公楼和住宅楼为例,分别讲述了视频监控系统、出入口控制系统、访客对讲系统、入侵报警系统的设计内容和设计方法,以平面图和系统图的形式讲解。为大家学习建筑弱电系统工程设计提供参考。

复习思考题

1. 建筑电气弱电工程设计依据有哪些?
2. 建筑电气弱电工程设计的一般步骤是什么?

参 考 文 献

[1] 林火养. 智能小区安全防范系统[M]. 北京:机械工业出版社,2012.
[2] 李英姿. 住宅弱电系统设计教程[M]. 北京:机械工业出版社,2006.
[3] 孙萍. 建筑智能安全系统[M]. 北京:机械工业出版社,2014.
[4] 陈龙. 智能小区及智能大楼的系统设计[M]. 北京:中国建筑工业出版社,2001.
[5] 徐超汉. 住宅小区智能化系统[M]. 北京:电子工业出版社,2002.
[6] 王可崇,乔世军. 建筑设备自动化系统[M]. 北京:人民交通出版社,2003.
[7] 杨志,邓仁明,周齐国. 建筑智能化系统及工程应用[M]. 化学工业出版社,2002.
[8] 李玉云. 建筑设备自动化[M]. 北京:机械工业出版社,2007.
[9] 沈晔. 楼宇自动化技术与工程[M]. 北京:机械工业出版社,2008.
[10] 张振昭. 楼宇智能化技术[M]. 北京:机械工业出版社,2002.
[11] 黎连业. 智能大厦与智能小区安全防范系统的设计与实施[M]. 北京:清华大学出版社,2008.
[12] 中国建筑标准设计研究院. 06SX503 安全防范系统技术设计与安装[S]. 北京:中国计划出版社,2006.
[13] 中国建筑标准设计研究院. 全国民用建筑工程设计技术措施　电气[S]. 北京:中国计划出版社,2009.
[14] 孙萍,张淑敏. 建筑消防与安防[M]. 北京:机械工业出版社,2007.
[15] 周遐. 安防系统工程[M]. 北京:机械工业出版社,2007.
[16] 李英姿. 建筑智能化施工技术[M]. 北京:机械工业出版社,2004.
[17] 孙景芝. 电气消防[M]. 北京:中国建筑工业出版社,2006.
[18] 李红俊,韩冀皖. 数字图像处理技术及其应用[J]. 计算机测量与控制,2002,10(9):620-622.
[19] 李道远,等. 基于小波变换的数字水印综述[J]. 计算机应用与工程,2003,23(10):65-67.
[20] 杨枝灵,王开. Visual C++ 数字图像获取处理及实践应用[M]. 北京:人民邮电出版社,2003.
[21] 聂颖,刘榴娣. 数字信号处理器在可视电话中的应用[J]. 光电工程,1997,24(3):67-70.
[22] 侯遵泽,杨文采. 小波分析应用研究[J]. 物探化探计算技术,1995,17(3):1-9.
[23] 柳涌. 智能建筑设计与施工系列图集[M]. 北京:中国建筑工业出版社,2004.
[24] 陈志新,张少军. 建筑智能化技术综合实训教程[M]. 北京:机械工业出版社,2007.
[25] 北大青鸟环宇消防设备股份有限公司火灾自动报警系统产品应用设计说明书.
[26] 海湾安全技术股份有限公司火灾自动报警及联动系统应用设计说明书.
[27] 中国建筑标准设计研究院. 火灾自动报警系统设计规范—图示[M]. 北京:中国计划出版社,2014.
[28] 火灾自动报警系统设计规范实施指南[J]. 建筑电气,2014,1
[29] 中华人民共和国国家标准. GB 50116—2013　火灾自动报警系统设计规范[S]. 北京:中国计划出版社,2014.
[30] 中华人民共和国国家标准. GB 50016—2014　建筑设计防火规范[S]. 北京:中国计划出版社,2014.
[31] 中华人民共和国行业标准. JGJ 16—2008　民用建筑设计防火规范[S]. 北京:中国计划出版社,2014.
[32] 中华人民共和国国家标准. GB 17945—2010　消防应急照明和疏散指示系统[S]. 北京:中国标准出版社,2010.
[33] 中华人民共和国国家标准. GB 50348—2004　安全防范工程技术规范[S]. 北京:中国计划出版社,2004.
[34] 中华人民共和国国家标准. GB 50394—2007　入侵报警系统工程设计规范[S]. 北京:中国计划出版社,2007.
[35] 中华人民共和国国家标准. GB 50395—2007　视频安防监控系统工程设计规范[S]. 北京:中国计划出版社,2007.
[36] 中华人民共和国国家标准. GB 50396—2007　出入口控制系统工程设计规范[S]. 北京:中国计划出版社,2007.